"十四五"职业教育国家规划教材

UG NX 2212 产品建模实例教程

陈丽华　庞雨花　刘　江　主　编

赵千里　刘　伟　副主编

袁　昊　靳　敏　参　编

电子工业出版社

Publishing House of Electronics Industry

北京·**BEIJING**

内 容 简 介

本书以 UG NX 2212 为平台，从工程实践应用出发，深入浅出地讲解了 UG NX 2212 软件的建模、装配、工程图模块的基础应用。内容包括截止阀各零件的三维建模操作，空压机部分零件三维建模操作；空压机装配实例操作，截止阀阀体工程图实例操作，调羹和礼帽的曲面建模操作。

本书以实例为载体，在做中学，在学中做，注重解题思路和分析方法，操作步骤详细，读者可以按照操作步骤完成实践操作。每个项目根据实际情况设有项目简介、学习目标、思维导图、工作任务、任务分析、任务实施、相关知识、重点串联等。

本书可作为高等职业技术院校相关专业学生的教材，也适合作为工程技术人员和高等院校学生的自学教程。

图书在版编目（CIP）数据

UG NX 2212 产品建模实例教程 / 陈丽华，庞雨花，
刘江主编. -- 北京：电子工业出版社，2024. 11.
ISBN 978-7-121-49094-1

Ⅰ. TB472-39

中国国家版本馆 CIP 数据核字第 20244L6Z61 号

责任编辑：刘　洁
印　　刷：三河市良远印务有限公司
装　　订：三河市良远印务有限公司
出版发行：电子工业出版社
　　　　　北京市海淀区万寿路 173 信箱　邮编　100036
开　　本：787×1 092　1/16　印张：18.75　字数：480 千字
版　　次：2024 年 11 月第 1 版
印　　次：2025 年 3 月第 2 次印刷
定　　价：52.00 元

前　言

本书全面贯彻落实党的二十大提出的"教育、科技、人才是全面建设社会主义现代化国家的基础性、战略性支撑，努力培养造就更多大师、卓越工程师、大国工匠、高技能人才"要求，以推动三维数字化技术及其普及、提升创新驱动能力为宗旨，以"三维数字化""信息化""创新设计制造"为特色，以"创新、创造、创业"为核心而编写的，旨在支撑产业转型升级，践行国家建设目标，培养具有大国工匠精神的高技术、高技能复合型人才。

目前数字化设计的主流软件有 UG NX、SolidWorks、CTAIA 等，本书从"中国制造强国战略"中的核心"中国智造"——制造业的数字化、智能化需求出发，应用主流软件 UG NX 2212 为平台，以项目式案例为载体，按企业产品数字化设计与制造一般流程，设计截止阀各零件的三维建模、空压机部分零件三维建模、空压机装配、截止阀阀体工程图、汤匙和礼帽的曲面建模操作等教学案例，按照"由简单到复杂"的认知规律，在做中学，在学中做，注重解题思路和分析方法，操作步骤详细，理实一体。

本书同时开发了一些数字化资源学习包，可以通过扫码获取学习资源，满足大众学习需求，培养造就"大众创业、万众创新"人才，满足"互联网+"新业态下，科技进步和产业升级要求。同时，所建的所有模型都可作为 3D 打印和加工的基础模型，用户也可根据所学知识自行设计相关产品，并借助 3D 打印等新技术进行功能验证。

本书由常州机电职业技术学院陈丽华、庞雨花、刘江老师主编，赵千里、刘伟老师任副主编，袁昊、靳敏老师参编，庞雨花编写项目 2、项目 3，陈丽华编写项目 4，刘江编写项目 1，赵千里、刘伟编写项目 6，袁昊、靳敏编写项目 5。在本书编写过程中，得到了姜海军、陶波、常州机电职业技术学院数字化设计与制造 21 级、22 级学生以及博世力士乐（常州）有限公司、江苏迪莫工业智能科技有限公司、昆山市奇迹三维科技有限公司、南京双庚电子科技有限公司等公司工程技术人员的大力支持和帮助，在此表示衷心感谢。本书每个项目均配有素材，可到华信教育资源网下载或向编辑（hzh@phei.com.cn）索取。

由于编者水平有限，书中难免有不当之处，恳请批评指正。

编者

2024 年 4 月

目　录

项目 1

UG NX 2212 用户界面

项目简介

　　新世纪以来，新一轮科技革命和产业变革正在孕育兴起，全球科技创新呈现出新的发展态势和特征。这场变革是信息技术与制造业的深度融合，是以制造业数字化、网络化、智能化为核心，建立在物联网基础上，同时叠加新能源、新材料等方面的突破而引发的新一轮变革，将给世界范围内的制造业带来深刻影响。在这样的科技革命大背景下，工业企业都很重视信息化、数字化、智能化建设。

　　UG NX 是目前应用较为广泛的数字化产品开发系统，可帮助用户转变产品生命周期。借助于业界应用最广，并具有完全关联性的一体化的集成 CAD/CAM/CAE 应用程序套件，UG NX 涵盖了产品设计、制造和仿真的完整开发流程。UG NX 建立在为客户提供无与伦比的解决方案的成功经验基础之上，这些解决方案可以全面地改善设计过程的效率，削减成本，并缩短进入市场的时间。UG NX 可以跨越整个产品生命周期的技术创新，把产品制造早期的从概念到生产的过程都集成到一个实现数字化管理和协同的框架中。目前较新版本为 UG NX 2212。

学习目标

【知识目标】

1．熟悉 UG NX 软件用户界面。
2．熟悉文件操作。
3．软件视图操作。
4．软件工作界面定制。

【能力目标】

1．会 UG NX 软件用户界面操作。
2．会文件基本操作。
3．能定制工具条。
4．能进行视图操作。

【思政目标】

1．学会学习：愿意学习新知识、新技术、新方法，独立思考和回答问题，能够从错误中学习经验教训。
2．诚实守信：能够了解、遵守行业法规和标准，真实反馈自己的工作情况。
3．审辩思维：能够对事物进行客观分析和评价，客观评价他人的工作，反思自己的工作。
4．团队协作：能够与人分工协作并共同完成一项任务，共同营造和维护团队的良好工作氛围。

　　5．沟通能力：能够与客户沟通，明确工作目标。

【思维导图】

模块切换　　新建文件
定制工具条　　打开文件
视图操作　　UG NX 2212用户界面　　关闭文件
鼠标操作　　保存文件

图 1-1　知识点思维导图

【课时建议】：教学课时建议 4 课时。

任务 1.1　熟悉 UG NX 2212 用户界面

用户界面

任务引入

　　UG NX 2212 可以全面支持中文名和中文路径，同时新增航空设计选项、创意塑型、偏置 3D 曲线、绘制"截面线"命令，修剪与延伸命令被分割成两个命令，加入了生产线设计（line design）模块等，能够帮助用户以更快的速度开发创新产品，实现更高的效益。因而我们需要掌握 UG NX 2212 的应用。首先，我们熟悉一下 UG NX 2212 用户界面。

任务分析

　　想要应用 UG NX 2212 进行数字化三维造型设计，我们需要知道如何进入 UG NX 2212 界面，熟悉 UG NX 2212 的工作环境和用户界面，会新建、保存、关闭文档；会根据自己的习惯定制工具条及命令，提高建模速度；会查看视图，掌握视图的操作（旋转、平移、缩放）等。

　　"课时建议"：本任务的教学课时建议为 2 课时，重点是 UG NX 2212 文件操作及工具条的定制。

任务实施

　　Step1：进入系统

　　如图 1-1-1 所示，在计算机操作系统（Win10 以上版本）下选择"开始"→"所有程序"→"Siemens NX"→"NX"命令，系统进入如图 1-1-2 所示的初始界面，在初始界面中，能够创建和打开部件。

图 1-1-1　进入 UG NX 2212 路径

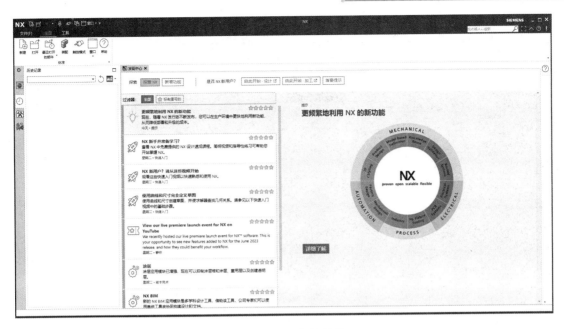

图 1-1-2　UG 初始界面

Step2：新建文件

在初始界面中单击"新建"按钮，弹出如图 1-1-3 所示的"新建"对话框，选择"模型"选项卡，在"名称"框中输入相应的文件名，选择存放的文件夹，单击"确定"按钮。系统进入如图 1-1-4 所示的 UG 基本环境界面。

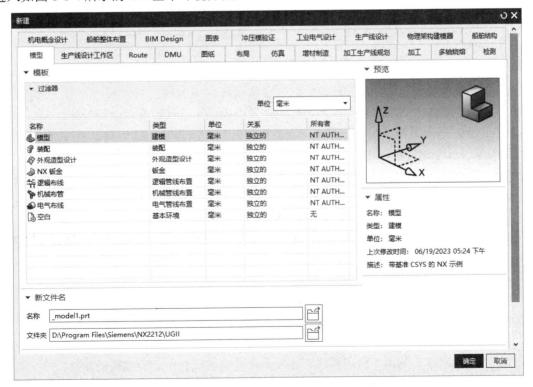

图 1-1-3　"新建"对话框

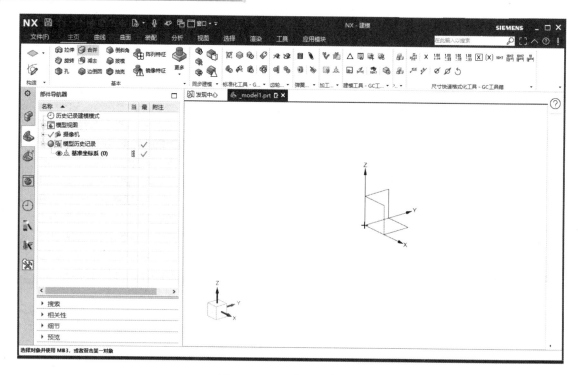

图 1-1-4　UG 基本环境界面

温馨提示：UG NX 软件包括以下几个基本功能模块，如图 1-1-5 所示。

图 1-1-5　NX 2212 基本功能模块

   ：建模模块，能够创建实体模型、曲面和曲线。

   ：钣金模块，启动"钣金"应用模块，其中提供了设计直弯钣金的工具。

   ：外观造型设计模块，启用"外观造型设计"应用模块，其中提供了针对工业设计应用而特别设计创建的设计工具。

   ：制图模块，能够创建模型的工程图。

   ：前/后处理模块，启用"高级仿真"应用模块，其中提供了有限元建模和结果可视化的综合性工具，该应用模块是专门为专业分析员而设计的。

   ：运动模块，启用"运动仿真"应用模块，其中提供了仿真和评估机械系统的大位移复杂运动的工具。

   ：加工模块，能够创建 NC 刀路。

   ：基本环境模块，能够打开文件并进行一些基本操作。

   ：装配模块（图 1-1-5 中未显示），能够实现单个零件到大型组件的安装。

Step3：模块切换

如图 1-1-6 所示，利用"应用模块"选项卡，能够实现各个功能模块的切换。

单击每一应用模块组中的"更多"按钮 ，如图 1-1-7 所示，在弹出的菜单中可以看到相应功能模块组的全部功能模块，每模块的使用需要相应的授权文件，常用的基本功能模块都排在比较靠前的位置，只要单击对应的命令就能进入功能模块进行操作。

图 1-1-6 "应用模块"选项卡   图 1-1-7 "设计"应用模块组的
                                     其他应用模块

Step4：进入"建模"模块

单击"建模"按钮，可以进入"建模"模块，如图 1-1-8 所示标准的 UG NX 窗口由 7 部分组成，各部分的名称和功能如表 1-1-1 所示。

图 1-1-8 标准的 UG NX 窗口

表 1-1-1　窗口名称和功能表

序　号	名　　称	描　　述
1	标题栏	显示文件名称、当前的应用模块、文件名是否是只读状态、从上一次保存至今是否对文件进行过修改
2	菜单栏	UG 相似命令的集合，依据当前的应用模块提供了相应的命令操作
3	工具栏	UG 命令的快捷操作（有时称为工具条）
4	图形显示区域	创建、显示、修改部件的图形窗口
5	资源条	部件导航器、约束导航器、装配导航器、重用库、历史记录、角色选择的查看区域
6	提示栏	提示当前操作该输入的数据或是下一步该如何操作
7	状态栏	当前的操作状态或是最近完成的操作

Step5：绘制模型并保存

Step6：退出 UG 软件。

单击窗口视图（如图 1-1-9 所示）中的 ▣ 符号，在弹出的如图 1-1-10 所示对话框中单击"否-关闭（N）"按钮退出 UG NX 软件，则退出 UG NX 2212 软件并且不保存新建文件；单击"是-保存并关闭（Y）"按钮，表示保存新建文件并退出；单击"取消（C）"按钮，表示取消退出操作。

图 1-1-9　窗口视图

图 1-1-10　"关闭文件"对话框

课后拓展

查阅 UG NX 官网，了解 UG NX 2212 模块功能及新功能，或单击窗口右上角"上下文帮助"按钮，如图 1-1-11 所示，在联网状态下可打开帮助文档，如图 1-1-12 所示。

图 1-1-11　"上下文帮助"按钮

图 1-1-12　帮助文档

任务 1.2　掌握 UG NX 2212 文件操作

文件操作

任务引入

平时我们使用 Word、Excel 时，如果没有可用文档就要新建，对已有的文档要进行编辑也需要打开文档。UG NX 也同样，没有可用文档也要新建 UG 文档，若要修改零件造型，也需要打开 UG 文档；修改完成后，我们需要保存文档。

任务分析

所有软件操作基本相似，但也有不同之处，主要是新建模板及保存格式——后缀不同。例如，Word 文档有不同的模板，如空白文档、证书、奖状模板等，文档的后缀一般是.docx；、Excel 文档也有不同模板，文档的后缀一般是.xlsx；新建 UG 文档时也有模板，如模型、图纸、仿真、加工、检测等，文档的后缀一般是.prt。我们新建时要选择不同模板，一般造型设计使用模型模板，可以直接进入建模环境，方便建模。下面就来完成 UG 文档的新建、保存、关闭、打开操作，体验一下与其他软件操作的区别。

任务实施

Step1：新建文件操作

启动 UG NX 2212，在初始界面状态下，单击"新建"按钮，弹出如图 1-2-1 所示"新建"对话框，选择"模型"选项卡，在模板栏中设置"单位"为毫米，选择"模型"选项，在"新文件名"下的"名称"框中输入文件名称，系统默认以 prt 后缀名来命名模型文件，在"文件夹"框中输入文件的存放路径，也可以通过单击 按钮来指定文件存放的位置，单击"确定"按钮，软件直接进入建模环境。

图 1-2-1 "新建"对话框

温馨提示：

（1）文件名和路径不能有"/、？、*"等符号，否则无效。

（2）UG 文件的后缀为.prt。

（3）"新建"对话框中的模板栏可以让使用者快捷地进入相应的应用模块，而不再需要通过基本环境来选择。

Step2：创建一个 Ø20×48 圆柱体

如图 1-2-2 所示，选择"主页"→"基本"→"更多"→"圆柱"命令 ，或选择"菜单"→"插入"→"设计特征"→"圆柱"命令，出现的"圆柱"对话框如图 1-2-3 所示。

在"类型"选择框中选择第一项"轴、直径和高度",通过定义底面直径与高度的参数来确定圆柱。

图 1-2-2　插入圆柱

在"尺寸"栏下"直径"框中输入 20(单位:mm,省略全书同),在"高度"框中输入48,单击"确定"按钮,生成如图 1-2-4 所示圆柱体。

图 1-2-3　"圆柱"对话框

图 1-2-4　创建成功的圆柱体

Step3:保存圆柱体文件

建完模型需要保存模型,下面对圆柱体文件进行保存操作。如图 1-2-5 所示,选择"文件"菜单→"保存"→"保存"命令,弹出如图 1-2-6 所示"命名部件"对话框,单击 按钮选择存放文件夹路径;在"名称"框中输入文件名;完成后单击"确定"按钮,完成文件保存。

温馨提示:保存文件有多种选择,在弹出的如图 1-2-5 所示选项中,可以通过选择"保存"命令来快速地保存文件,也可以选择"另存为"命令换名换位置保存文件,如果在操作的过程中打开了多个文件,还可以通过选择"全部保存"命令,来一次性地保存所有已经打开的文件。

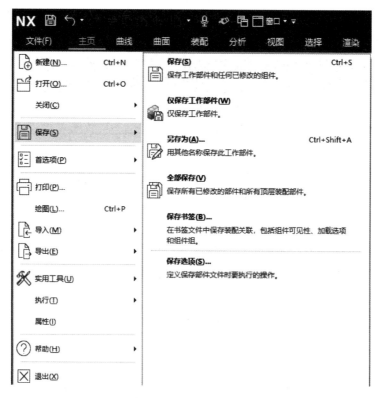

图 1-2-5 "保存"命令

图 1-2-6 "命名部件"对话框

Step4：关闭文件

选择"文件"菜单→"关闭"命令，展开如图 1-2-7 所示的关闭菜单选项，单击"选定的部件"命令，将弹出"关闭部件"对话框，选择需要关闭的文件，单击"确定"按钮即可关闭。选择"所有部件"命令可以关闭所有文件并回退到初始界面，此命令一般用于同时关闭多个编辑文件情况。选择"保存并关闭"命令可保存并关闭当前正在编辑的文件。选择"另存并关闭"命令可将当前文件换名保存并关闭。

图 1-2-7　"关闭"菜单选项

Step5：打开圆柱体文档

在初始界面下，单击"打开"按钮，弹出如图 1-2-8 所示的对话框，选择需要打开的文件（我们刚才保存的圆柱体文件），单击"确定"按钮，软件自动打开相应的文件，并进入上次保存文件时所在的应用模块。

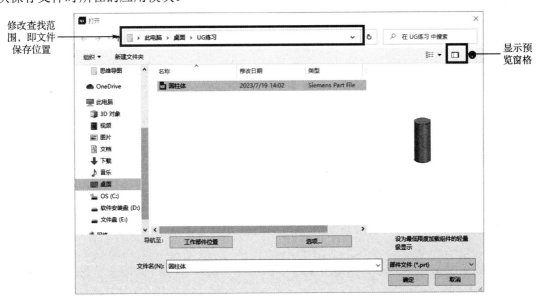

图 1-2-8　"打开"对话框

温馨提示：通过修改"查找范围"来指定其他文件存放的路径，通过激活"显示预览窗格"选项来决定在打开之前是否要查看文件的三维基本信息。

课后拓展

新建一个文件，在文件中创建一个 16×16×16 的长方体，命名为长方体并且保存，关闭文档，再打开该文档。

任务 1.3　定制 UG NX 2212 工具条

工具条定制

任务引入

一般绘图软件都有自己的工具条。工具条是一组命令图标的组合，UG NX 的工具条将同组命令集合在一起。首次启动 UG NX 后，系统仅显示部分常用的工具条，为了提高设计效率，UG NX 允许用户自定义工具条的显示。下面我们来定制自己的工具条。

任务分析

本任务是定制自己的工具条，该工具条放置的位置就要符合我们自己的使用习惯。工具内容，以常用使用频率来选择。常用的建模命令，我们要将其放在醒目的位置，并且让鼠标移动距离最短，可以节省时间。

任务实施

Step1：定义角色

温馨提示：初始打开 UG NX，进入初始界面或其他功能模块时，角色为基本功能，只有基础的命令，例如，在"主页"选项卡→"基本"工具栏中没有"更多"选项。想要提高效率，我们需要更多的设计手段。

（1）在资源条中单击"角色"图标 。

（2）弹出如图 1-3-1 所示"角色"定制界面，单击"内容"，展开用户角色定制工具条。

（3）单击"角色高级"图标 ，完成高级角色的加载，工具条中会增加相应的建模工具图标。

Step2：定义工具条

完成高级角色加载后，UG NX 初始界面中有些常用命令如果没有显示，则需要我们自己定制。

（1）移动光标到图 1-1-8 中图标 处，单击更多下面的黑三角，显示如图 1-3-2 所示的隐含的工具图标。

（2）在工具条最右侧的空白处单击右键，弹出如图 1-3-3 所示的定制菜单，单击"定制"按钮。

（3）弹出如图 1-3-4 所示"定制"对话框，选择"选项卡/条"选项卡，就可以进行工具条定制了。

图 1-3-1 "角色"定制界面

图 1-3-2 隐含的工具图标

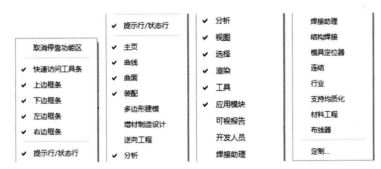

图 1-3-3 定制菜单

图 1-3-4 "定制"对话框

（4）在"定制"对话框中，切换到"命令"选项卡，如图 1-3-5 所示。选择"菜单"→"插入"→"设计特征"命令，在右侧选项中找到需要的图标，按住鼠标左键，将其拖曳到想要放置的位置，如图 1-3-6 所示，松开鼠标左键，就可以将命令按钮放置到工具条中的指定位置。如图 1-3-7 所示的是添加了"键槽"的工具条。

图 1-3-5 "命令"选项卡

图 1-3-6 添加命令特征

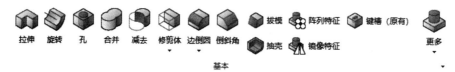

图 1-3-7 添加了"键槽"的工具条

任务 1.4　UG NX 2212 视图操作

视图操作

任务引入

一般绘图软件都有自己的视图操作方式，模型在创建过程中和建好以后，为了查看方便，我们需要对视图进行放大、缩小、平移、旋转等操作，从不同视觉去查看模型。那么，UG NX 是如何应用鼠标的功能键进行的呢？

任务分析

在 UG NX 2212 操作中部件在绘图区域的显示及动态显示和变换称为视图操作，可以通过多种方法实现。本任务是从不同角度查看模型，为了看清模型，需要对模型进行放大、缩小、旋转操作，或从正视、俯视、轴测等方位查看，这些都可以使用鼠标和命令来到达此目的。下面我们试着对模型进行操作。

任务实施

Step1：通过鼠标操作缩放视图

视图的操作可以通过鼠标的左右键+滚轮键快速地实现基本的视图操作，如图 1-4-1 所示。

鼠标右键

鼠标中键

鼠标左键

放大/缩小——滚动滚轮
旋转——按住滚轮
平移——按住滚轮+右键

图 1-4-1　鼠标操作

Step2：使用快捷键进行视图操作

选择键盘上的相应按键来实现，视图操作功能说明如表 1-4-1 所示。

表 1-4-1　视图操作功能说明

选　项		快　捷　键	说　明
视图操作选项说明	刷新	F5	刷新绘图窗口视图，在 UG NX 执行操作时，如果图形显示混乱或者不完全，则可以应用此选项刷新当前视图
	适合窗口	Ctrl+F	最大化显示所有图形到当前绘图屏幕
	缩放	F6	以窗口方式放大所选择的矩形区域
	放大/缩小		可以拖动光标动态缩放视图，向屏幕顶部拖曳光标会缩小视图，向屏幕底部拖曳光标可以放大视图
	旋转	F7	应用此命令时，图形窗口中的光标变成旋转光标，此时可以拖动鼠标进行空间旋转
	平移		可以拖动光标移动视图到屏幕的任何位置
	恢复		在大多数情况下，可以恢复视图到其初始视图状态

Step3：使用鼠标右键菜单实现视图操作

在绘图区域单击鼠标右键，弹出如图 1-4-2 所示鼠标右键快捷命令，单击相应的选项即可实现相应功能。

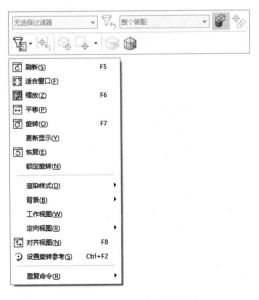

图 1-4-2　鼠标右键快捷命令

Step4：定向视图

8 种定向视图方式如图 1-4-3 所示，UG NX 提供了 8 种定向视图的方式，可以通过指定方位来改变视图到一个标准视图，如俯视图、左视图、前视图等。

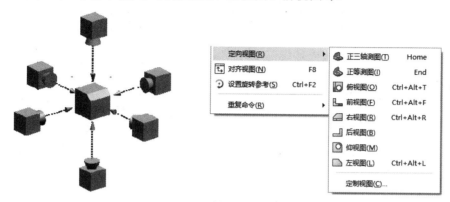

图 1-4-3　8 种定向视图方式

Step5：工具条实现视图操作

单击"视图"选项卡，立即切换为如图 1-4-4 所示的视图工具条，可以单击相应的图标实现功能。

图 1-4-4　视图工具条

图 1-4-5 所示为模型渲染菜单，图 1-4-6 所示为圆柱体带边着色；图 1-4-7 所示为圆柱体带淡化边的线框显示。

图 1-4-5　模型渲染菜单　　　图 1-4-6　圆柱体带边着色图　　　图 1-4-7　圆柱体带淡化边的线框显示

温馨提示：如图 1-4-5 所示，模型显示可以通过选择"渲染"选项卡下的选项来改变绘图区域中模型的着色方式，如以带边着色、着色、静态线框等方式来显示。

课后拓展

使用鼠标、快捷键、工具条等来操作视图，对视图进行缩放、平移、旋转、线框显示、着色等操作。

项目 2

截止阀的三维数字建模

项目简介

截止阀是常用的一种产品,其组成零件如图 2-0-1 所示。居民家中自来水开关一般可以通过截止阀控制;液压回路上也经常用到,是一种比较典型的产品,其三维建模方法也比较典型。通过截止阀零件建模讲解,可以使学生了解 UG NX 产品设计的一般过程及三维造型设计的一般步骤,掌握 UG 的基本体素、基本实体特征、特征操作、曲线创建、曲线编辑及操作功能。学会基本体素特征的创建:长方体、圆柱、圆锥等;会构建点及矢量;会布尔运算、倒斜角等特征操作的创建;能应用基本体素、特征操作完成截止阀零件建模。

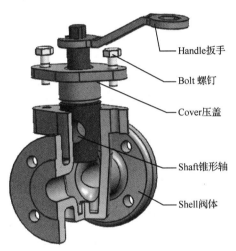

Handle扳手

Bolt 螺钉

Cover压盖

Shaft锥形轴

Shell阀体

图 2-0-1 截止阀组成零件

学习目标

【知识目标】

1. 掌握基本体素的创建:长方体、圆柱体、圆锥、球。
2. 掌握曲线绘制:直线、圆弧、圆、圆角、多边形、螺纹。
3. 掌握曲线操作:修剪/延伸、偏置、分割、长度。
4. 掌握部件族操作。
5. 掌握特征操作:拉伸、孔、凸台。
6. 掌握特征操作:抽壳、镜像特征/几何体、阵列、边倒圆。

【能力目标】

1. 能熟读工程图。
2. 能拆解工程图。
3. 能运用曲线功能完成截面图形绘制。
4. 能熟练运用部件族功能。
5. 能进行拉伸、孔、凸台、镜像、阵列、倒圆等特征操作。

【思政目标】

1. 自信自强:能挖掘自身潜力,独立解决问题。

2．自我管理：能够合理规划和利用时间，能够自觉完成任务，无须等待别人督促。

3．团队协作：能够与人分工协作并共同完成一项任务，共同营造和维护团队的良好工作氛围。

4．亲和友善：能够对他人的错误或不足保持一定的耐心和宽容。能够对别人的帮助有感激之情，并表达谢意。

5．持之以恒：具有达成目标的持续行动力。

6．精益求精：有不断改进、追求卓越的意识。有严谨的求知和工作态度。有坚持不懈的探索精神。能够优化工作计划，能够改进工作方法。

【思维导图】

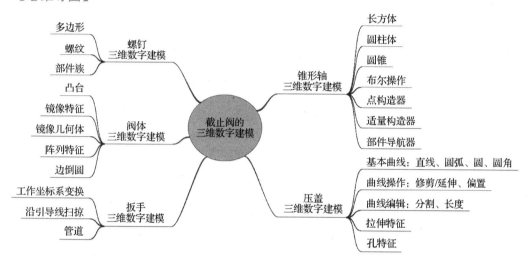

图 2-0-2　知识点思维导图

【课时建议】：教学课时建议 24 课时。

任务 2.1　锥形轴三维数字建模

锥形轴

任务引入

由图 2-0-1 可知，截止阀由阀体、锥形轴、压盖、螺钉、扳手 5 个零件组成，其建模方式各有特点，锥形轴最为简单，我们可以不用画截面线，直接用基本体素完成。按照由浅入深学习原则，我们从最简单的锥形轴开始，逐步培养自己的三维建模设计能力，由新手到熟手，再到专家，慢慢深入。

我们首先正确分析图 2-1-1 所示的锥形轴零件图纸尺寸的要求，建立正确建模思路，决定用基本体素来创建实体，通过布尔运算等特征操作完成最终产品的三维建模。在这过程中，我们要学会新建截止阀锥形轴文档，完成后会保存、关闭该文档；能对三维图形进行旋转、平移、缩放等视图操作；会长方体、圆柱、圆锥等基本体素创建、编辑；会布尔运算、倒斜角特征操作创建、编辑；最终应用基本特征和特征操作完成锥形轴的三维建模。

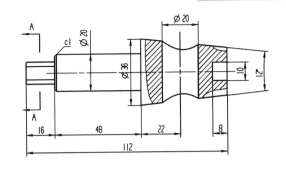

图 2-1-1 锥形轴（shaft）零件图纸

任务分析

锥形轴是回转体，其建模方法有多种，可以绘制轮廓线回转获得，也可以绘制截面线拉伸求得，但最简单的方法可以由 UG NX 的设计特征直接获得。由图 2-1-2 可见，锥形轴可以由三段组成。第一段：$\phi14$ 圆柱和 $12×12$ 长 16 的长方体求交而成；第二段：由 $\phi20$ 圆柱构成；第三段：圆锥。然后在此基础上"减"去 $\phi22$ 圆柱、$\phi10$ 圆柱，最后完成 C1 倒角即可。

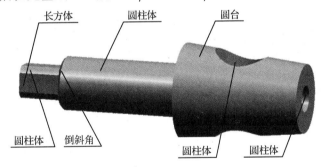

图 2-1-2 轴特征的分解

任务实施

Step1：创建文档

启动 UG NX 2212，单击"新建"按钮，在打开的对话框中选择"模型"选项卡，再选择"模型"选项，输入文件名"锥形轴"，"单位"设为"毫米"，单击"确定"按钮后，进入 UG NX 2212 建模模块。

Step2：创建长方体（长 12、宽 12、高 16）

1. 执行长方体命令

单击"块"特征按钮，或选择"菜单"→"插入"→"设计特征"→"块"命令，出现如图 2-1-3 所示"块"对话框。

2．输入尺寸参数

分别在"块"对话框中的"长度"、"宽度"、"高度"文本框中输入相应的数值 12、12、16，如图 2-1-3 所示。

3．定义长方体位置点

单击"指定点"工具条中的"点"按钮，出现的对话框如图 2-1-4 所示。

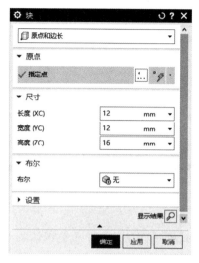

图 2-1-3 "块"对话框

图 2-1-4 "点"对话框

在 XC、YC、ZC 文本框中分别输入-6、-6、0，即定义长方体的左下角点坐标，在当前坐标系的（XC=-6，YC=-6，ZC=0）位置，单击"确定"按钮，退出"点"对话框。

单击"确定"按钮，得到如图 2-1-5 所示长方体实体。

Step3：创建圆柱体（Ø20×48）

1．执行"圆柱"命令

单击"圆柱"特征按钮，或选择"菜单"→"插入"→"设计特征"→"圆柱"命令，弹出的对话框如图 2-1-6 所示。在"类型"选择框中选择第一项"轴、直径和高度"，通过定义底面直径与高度的参数来确定圆柱体。

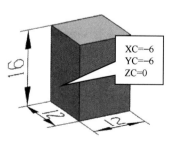

图 2-1-5 完成的长方体实体

图 2-1-6 "圆柱"对话框

2. 确定圆柱体的方向

单击"轴"下"指定矢量" ![] 图标中的黑三角，出现"矢量构造器"下拉菜单，选择"+ZC" ![] 方向。

3. 确定圆柱体的参数

在"圆柱"对话框的"尺寸"下的"直径"、"高度"文本框中分别输入 20、48，参数对话框如图 2-1-7 所示。

尺寸		∧
直径	20	mm ▾
高度	48	mm ▾

图 2-1-7 圆柱体参数对话框

4. 确定圆柱体位置

通过定义底面圆心确定圆柱体位置。

单击"圆柱"对话框中"轴"下"指定点" ![]，同长方体构建相似，会弹出如图 2-1-4 所示"点"对话框。根据图纸尺寸要求，圆柱底面圆心起点在（0，0，16）处，在"点"对话框中输入点坐标（0，0，16）。

5. 确定布尔操作

布尔操作是指定当前创建的圆柱体与前面已存在的长方体的运算关系。

在"布尔"栏中选择"无"，则产生独立的圆柱体，它和长方体是 2 个单独的实体。我们遵循先有实体，再进行布尔操作的原则，先把长方体、圆柱体、圆锥体创建出来，再运用布尔操作完成"合并、减去、相交"等运算。全部参数设置完成后，对话框中的"确定"、"应用"按钮就自动激活，单击"确定"按钮，即完成的圆柱体如图 2-1-8 所示。

Step4：创建圆锥（∅36×48 半角 6°）

1. 执行"圆锥"命令

单击"圆锥"特征按钮 ![]，或选择"菜单"→"插入"→"设计特征"→"圆锥"命令，弹出如图 2-1-9 所示对话框。在"类型"选择框中选择第三项"底部直径，高度和半角"。

图 2-1-8 完成的圆柱体

图 2-1-9 "圆锥"对话框

从锥形轴的工程图，我们可以看到，圆锥给我们标出底部直径 36，圆锥高度为 48，圆锥半角为 6°，所以我们选择"底部直径，高度和半角"，通过定义圆锥底面圆半径、高度及侧面半夹角值完成创建。

2．确定圆锥的方向

单击"轴"下"指定矢量"图标中的黑三角，出现"矢量构造器"下拉菜单，选择"+ZC"方向。

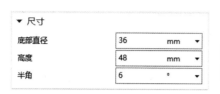

3．确定圆锥的参数

在"圆锥"对话框的"尺寸"下的"底部直径"、"高度"、"半角"文本框中分别输入 36、48、6，如图 2-1-10 所示。

图 2-1-10　圆锥参数设置

4．确定圆锥位置

UG NX 2212 中需要定义圆锥底面圆心以确定圆锥的具体位置。根据图纸尺寸要求，圆锥的底面与 Ø20 顶面重合，我们可以通过捕捉圆柱顶边圆心，来设置圆锥底面圆心。

单击"圆锥"对话框的"轴"中"指定点" ，在"点"对话框中选择"圆心点" ，然后选择图 2-1-11 所示圆柱顶边。

5．确定布尔操作

在"布尔"操作选择框中选择"无"，全部参数设置完成后，对话框中的"确定"、"应用"按钮就自动激活，单击"确定"按钮，完成的圆锥实体如图 2-1-12 所示。

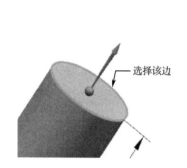

图 2-1-11　圆心选择示意图

图 2-1-12　完成的圆锥实体

Step5：创建圆柱体（Ø10×8）

执行与 Step3 相似操作。

（1）执行"圆柱"命令，打开"圆柱"对话框。

（2）确定圆柱体的方向：在"矢量构造器"下拉菜单中，选择"-ZC"方向。

（3）确定圆柱体的参数：输入直径 10、高度为 8。

（4）确定圆柱体的位置。单击"指定点"中的黑三角，在"点"类型下拉菜单中选择"圆心点"，然后移动光标到绘图区域选择圆锥小端的顶边。

（5）确定布尔操作。在"圆柱"对话框的"布尔"操作选择框中选择"减去"，"圆柱"对话框中出现如图 2-1-13 所示"选择体"选项。

激活该选项，移动光标到绘图区域，选择与圆柱体"求差"的目标体——圆锥，全部参数设置完成后，对话框中的"确定"、"应用"按钮自动激活，单击"确定"按钮后完成的实体如图 2-1-14 所示。

图 2-1-13 选择工具体对话框

完成的圆柱

图 2-1-14 创建的圆柱体（布尔减运算结果）

Step6：创建圆柱体（Ø20×50）

执行与 Step3 相似操作。

（1）执行"圆柱"命令，打开"圆柱"对话框。

（2）确定圆柱体的方向。在"矢量构造器"下拉菜单中，选择"+YC"，即选择 $\overset{\text{YC}}{\searrow}$ 方向。

（3）确定圆柱体的参数：输入直径 20，高度 50。

（4）确定圆柱体位置。激活"指定点"，弹出"点"对话框，如图 2-1-15 所示，在"点"对话框中输入点坐标（0，−25，16+48+22）。

（5）确定布尔操作。在"布尔"操作选择框中选择"减去"，移动光标到绘图区选择圆锥，全部参数设置完成后，对话框中的"确定"、"应用"按钮就自动激活，单击"应用"按钮，完成后的实体如图 2-1-16 所示。

图 2-1-15 "点"对话框

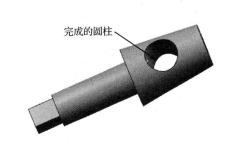

完成的圆柱

图 2-1-16 创建的圆柱体（布尔减运算结果）

温馨提示：高度 50 的数值可以改变。

Step7：创建圆柱体（Ø14×16）

执行与 Step3 相似操作。由于完成 Ø14 圆柱体时单击的是"应用"按钮，创建圆柱体的对话框还在，命令继续有效，可以直接使用。

（1）确定圆柱体的方向。在"矢量构造器"下拉菜单中，选择"+ZC"方向。

（2）确定圆柱体的参数：输入直径 14，高度 16。

（3）确定圆柱体的位置。激活"指定点"，弹出"点"对话框，如图 2-1-15 所示，在"点"对话框中输入点坐标（0，0，0）。

（4）确定布尔操作。在"布尔"框中选择"相交"，选择长方体作为目标体，全部参数设置完成后，对话框中的"确定"、"应用"按钮就自动激活，单击"确定"按钮，结果如图 2-1-17 所示。

Step8：特征操作（布尔运算）

单击"合并"按钮图标 ，或选择"菜单"→"插入"→"组合"→"合并"命令，弹出如图 2-1-18 所示"合并"对话框。

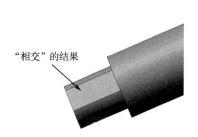

图 2-1-17 创建圆体（布尔"相交"运算结果）

图 2-1-18 "合并"对话框

选择"目标"与"工具"，确定后即将 3 个独立的实体"布尔合并运算"为一个实体如图 2-1-19 所示（注：布尔合并运算，又称布尔加运算）。

Step9：倒斜角（1×45°）

（1）选择特征工具条中的"倒斜角"命令 ，弹出如图 2-1-20 所示对话框。

图 2-1-19 布尔合并运算完成的实体

图 2-1-20 "倒斜角"对话框

（2）单击"倒斜角"对话框中"边"选项——激活"选择边"选项，移动光标到绘图区域选择圆柱边，如图 2-1-21 所示。

（3）"横截面"选择"对称" ，在"距离"框中输入数值 1，单击"确定"按钮，结果如图 2-1-22 所示。

图 2-1-21 选择要倒斜角的边

图 2-1-22 实体"倒斜角"结果

Step10：部件导航器应用

"锥形轴"部件的所有特征完成后，单击左侧"部件导航器" ，显示如图 2-1-23 所示结构树。

上述步骤中所完成的各特征操作全部显示在"部件导航器"中，可以对特征进行"删除"、"编辑"等操作。

按住 Shift 键可以全选结构树中的各特征，双击或单击右键→单击"编辑参数"命令，弹出如图 2-1-24 所示对话框。该对话框中列出了所有特征表达式，修改表达式参数，可以修改模型。

单击 💾 保存文件，完成建模过程。

图 2-1-23 "部件导航器"结构树

图 2-1-24 "特征组"对话框

相关知识

一、"点"

在实体建模的过程中，许多情况下都需要利用"点"（Point Constructor）对话框来定义点的位置。单击工具栏中的 ✚ 按钮或者选择菜单下"插入"→"基准"→"点"命令，就会弹出"点"对话框。在不同的情况下，"点"对话框的形式和所包含的内容可能会有所差别，如图 2-1-25 所示。

图 2-1-25 "点"对话框和点捕捉器

应用"点"对话框创建点的方式有三种，现在分别介绍如下。

1. 输入创建点的坐标值

在"点"对话框中的"输出坐标"选项组中，有设置点坐标的 XC、YC、ZC 三个文本框。用户可以直接在文本框中输入点的坐标值然后单击"确定"按钮，系统会自动按输入的坐标值生成并定位点。同时，对话框中提供了坐标"参考"选项，当用户选择了"工作坐标系"选项时，在文本框中输入的坐标值是相对于用户坐标系的，当用户选择了"绝对坐标系"选项时，坐标文本框的标识变为了"X、Y、Z"，此时输入的坐标值为绝对坐标值，即它在绝对坐标系中计算的坐标值。

2. 点捕捉方式生成

本方式是利用捕捉点方式功能，捕捉所选对象的相关的点。系统一共提供如下 15 种点的捕捉方式。

◇ 自动判断点：根据光标点取的位置，系统自动推断出选取点。

◇ 光标位置：通过定位十字光标，在屏幕上任意位置创建一个点，该点位于工作平面上。

◇ 现有点：在一个存在点上创建一个点。

◇ 端点：在存在的直线、圆弧、二次曲线及其他曲线的端点上创建一个点。

◇ 控制点：在几何对象的控制点上创建一个点。控制点与几何对象类型有关，它可以是存在点、直线的中点和端点、开口圆弧的端点和中点、圆的中心点、二次曲线的端点或其他曲线的端点。

◇ 交点：在两段曲线的交点上、一条曲线和一个曲面、曲线与平面的交点上创建一个点。若两者交点多于一个，系统在最靠近第二个对象处选取一个点；若两段非平行曲线并未实际相交，则选取两者延长线上的相交点。

◇ 圆弧中心/椭圆中心/球心：简称圆心点，在选取圆弧、椭圆、球的中心创建一个点。

◇ 圆弧/椭圆上的角度：在与坐标轴 XC 正向成一定角度（沿逆时针方向测量）的圆弧、椭圆弧上创建一个点。

◇ ⬡ **象限点**：在一个圆弧、椭圆弧的四分点处创建一个点。

◇ ╱ **曲线/边上的点**：在曲线上创建一个点。

◇ ⬭ **面上的点**：在曲面上创建一个点。

◇ ╱ **两点之间**：在 2 个点之间创建一个点。

◇ ⋏ **极点**：创建样条的极点。

◇ ╱ **样条定义点**：选择样条上的点。

◇ ＝ **按表达式**：利用表达式创建点。

对于以上各种捕点方式，我们首先单击各按钮激活捕捉点方式，再单击要捕捉点的对象，然后系统自动按方式生成点。

3．利用偏置方式生成

本方式通过指定偏置参数的方式来确定点的位置。在操作时，用户先利用捕捉点方式确定偏置的参考点，再输入相对于参考点的偏置参数（其参数类型和数量取决于选择的偏置方式）来创建点。

在"点"对话框的"偏置"选项组中可以设置偏置的方式，系统一共提供了 5 种偏置方式，下面分别说明。

（1）直角坐标。直角坐标方式是利用直角坐标系进行偏置的，偏置点的位置相对于所选参考点的偏置值由直角坐标值确定。在捕捉参考点后，在如图 2-1-26 所示的"偏置"选项组中，输入相对的偏置量，然后单击"确定"按钮即可。

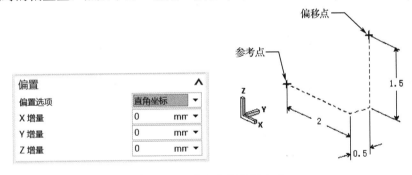

图 2-1-26　直角坐标偏置方式

（2）圆柱坐标。圆柱坐标方式是利用圆柱坐标系进行偏置的，偏置点的位置相对于所选参考点的偏置量是由柱面坐标值确定的。在捕捉参考点后，在如图 2-1-27 所示的"偏置"选项组的文本框中输入偏置点在半径、角度、ZC 方向上相对于参考点的偏置值然后单击"确定"按钮，这样就确定了偏置点的位置。

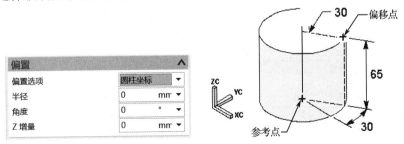

图 2-1-27　圆柱坐标偏置方式

（3）球坐标。球坐标方式是利用球坐标系进行偏置的，偏置点的位置相对于所选参考点的偏置值由球坐标值确定。在捕捉参考点后，对话框中的"偏置"选项组如图 2-1-28 所示，在文本框中输入偏置点在半径、角度 1、角度 2 方向上相对于参考点的偏置值再单击"确定"按钮，这样就确定了偏置点的位置。

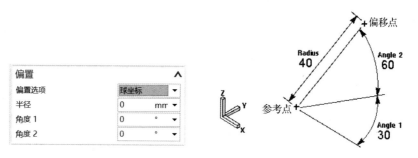

图 2-1-28 球坐标偏置方式

（4）沿矢量。沿矢量方式是利用向量法则进行偏置的，偏置点相对于所选参考点的偏置由向量方向和偏置距离确定。在捕捉参考点后，选择一条存在的直线作为参考向量，单击曲线以后对话框中的"偏置"选项如图 2-1-29 所示，接着在"距离"文本框中输入偏置点在矢量方向上相对于参考点的偏置距离，单击"确定"按钮，这样就确定了偏置点的位置。

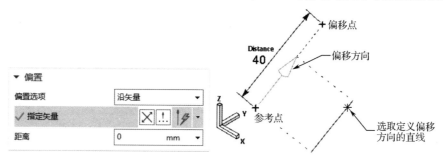

图 2-1-29 沿矢量偏置方式

（5）沿曲线。沿曲线方式是沿所选取的曲线进行偏置的，偏置点相对于所选参考点的偏置值由偏置弧长或曲线总长的百分比来确定。在捕捉参考点后，选择一条存在的曲线作为参考曲线，单击曲线以后对话框中的"偏置"选项如图 2-1-30 所示，这时系统提供了两种方式来确定偏置距离。当选择了"弧长"单选按钮时，用户可以在文本框中输入偏置点沿曲线的偏置弧长。当选择了"百分比"单选按钮时，用户可以在文本框中输入偏置点的偏置弧长占曲线总长的百分比。

图 2-1-30 沿曲线偏置方式

二、矢量构造器

在 UG NX 建模过程中，还经常用到矢量构造器，来构造矢量位置，比如构建圆柱体时的生成方向、投影方向、特征生成方向等。如图 2-1-31 所示的就是"矢量"对话框。

图 2-1-31 "矢量"对话框

矢量定义的方式有很多种，可以直接输入各坐标分量来确定矢量方向，也可以用矢量定义方式来确定，下面分别讲解。

1. 矢量定义方式

在矢量定义栏中一共提供了多种定义矢量的方式，下面介绍部分方式。

◇ ⚡自动判断矢量：系统根据选择的对象自动推断定义的矢量。

◇ ∕两点：设定空间两点来确定一矢量，其方向为由第一点指向第二点。

◇ ∡与 XC 成一角度：在 XC-YC 平面上定义与 XC 轴夹一定角度的矢量。

◇ 曲线/轴矢量：通过选择边缘/曲线来定义一个矢量。当选择直线时，定义的矢量由选择点指向与其距离最近的端点；当选择圆或圆弧时，定义的矢量为圆或圆弧所在平面的法向；当选择平面样条曲线或二次曲线时，定义的矢量为离选择点较远的点指向离选择点较近的点。

◇ ∕曲线上矢量：定义选择曲线的某一位置的切向矢量（该位置以设定弧长或曲线弧长的百分比方式确定）。

◇ 面/平面法向：定义一与平面法线或圆柱面轴线平行的矢量。

◇ ^XC XC 轴：定义一与 XC 轴平行或与存在坐标系 X 轴[*]平行的矢量。

◇ ^YC YC 轴：定义一与 YC 轴平行或与存在坐标系 Y 轴平行的矢量。

◇ ^ZC ZC 轴：定义一与 ZC 轴平行或与存在坐标系 Z 轴平行的矢量。

◇ 视图方向：定义一与现有视图方向垂直的矢量。

◇ 按系数：一个向量在 X、Y、Z 三坐标中，向各坐标轴上投影都可以得到一个实数分量，同时用各个分量大小也可以确定一个向量方向。

注：本书为软件类图书，全书字母统一为正体，特作说明。

三、特征建模

"特征建模"是 UG NX 的基础与核心建模工具，基于设计特征的实体建模和编辑功能，使得工程师可以直接编辑实体特征的尺寸，在建立复杂实体模型时具有交互性。

1. 特征建模的优点

（1）采用尺寸驱动（参数化）方式编辑模型，设计修改更加方便。

（2）可以有效减少建模的操作步骤，节省设计时间。

（3）采用主模型技术驱动后续的设计应用，如工程图、装配、CAM 等。主模型更新后，相关应用自动更新。

（4）赋予实体材质后可以计算其物理特性，可进行干涉分析。

（5）可对实体模型进行渲染处理，显示效果更好。

2. 特征创建的分类

建模过程就是特征的创建、操作及编辑的过程，如图 2-1-32 所示，UG NX 的特征创建可以分为以下几大类。

◇ 设计特征：如图 2-1-33 所示，设计特征包含拉伸、旋转、块、圆柱、圆锥、球、孔、
   凸起、槽、筋板等命令。

◇ 关联复制：如图 2-1-34 所示，关联复制包含抽取几何特征、WAVE 几何链接器、WAVE
   接口链接器、WAVE PMI 链接器、阵列特征、阵列面、阵列几何特征、镜像特征、镜
   像面、镜像几何体、提升体、隔离特征的对象等。

◇ 组合：如图 2-1-35 所示，组合包含合并、减去、求交、凸起体、装配切割、缝合、
   取消缝合、修补、拼合、构造实体等。

图 2-1-32　特征分类　　图 2-1-33　设计特征　　图 2-1-34　关联复制　　图 2-1-35　组合

◇ 修剪：如图 2-1-36 所示，修剪包含修剪体、拆分体、修剪片体、延伸片体、修剪和延伸、取消修剪、分割面、删除边、删除体等。

◇ 偏置/缩放：如图 2-1-37 所示，偏置/缩放包含抽壳、加厚、缩放体、偏置曲面、可变偏置、偏置面、包裹几何体等。

◇ 细节特征：如图 2-1-38 所示，包含边倒圆、面倒圆、样式倒圆、美学面倒圆、桥接、倒圆拐角、样式拐角、倒斜角、拔模、拔模体等。

图 2-1-36　修剪

图 2-1-37　偏置/缩放

图 2-1-38　细节特征

3. 设计特征

UG NX 提供了最基本体素的创建，在创建过程中结合布尔运算可以非常快捷地得到简易零件。在空间创建基本体素时需要满足以下三要素——形体尺寸、矢量方向、位置点。

（1）块（长方体）。块的创建有三种方式，分别是"原点和边长"（如图 2-1-39 所示）、"两点和高度"（如图 2-1-40 所示）、"两个对角点"（如图 2-1-41 所示）。

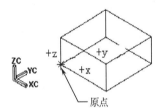

图 2-1-39　原点和边长方式

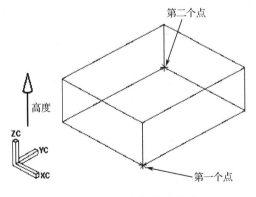

图 2-1-40　两点和高度方式

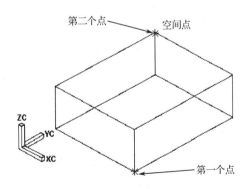

图 2-1-41　两个对角点方式

（2）圆柱。圆柱主要是各种不同直径和高度的柱体。圆柱体创建示意如图 2-1-42 所示。在对话框中选择一种圆柱生成方式，随所选方式的不同，系统弹出相应参数栏，在相应参数栏中输入圆柱体参数，并指定圆柱体位置，然后单击"确定"按钮即可创建简单的圆柱体造型。圆柱体主要创建方式有 2 种：

◇ 轴、直径和高度。该方式是按指定直径和高度方式创建圆柱体。选择该选项，需要构造矢量方向作为圆柱体的轴线方向，在圆柱体的直径和高度栏中输入参数，接着激活"点"对话框，指定创建圆柱体的底面圆中心位置，在布尔运算栏中设置运算方式，单击"确定"按钮即可创建自己所需要的圆柱体。

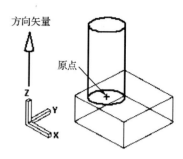

图 2-1-42　圆柱体创建示意

◇ 圆弧和高度。该方式是按指定高度和选择的圆弧创建柱体。单击该选项，在对话框圆柱高度文本框中输入圆柱的高度后，激活选择圆弧栏，移动光标到绘图区域选择已经存在图形中的一条圆弧，则该圆弧半径即为创建圆柱体的底面圆半径。此时图形中显示矢量箭头，根据需要是否反转圆柱体生成方向，再选择一种如前所述的布尔操作方法，即可完成创建圆柱体的操作。

（3）圆锥。根据已知参数的不同，圆锥的创建方式如下：

◇ "直径和高度"方式。通过定义底部直径、顶部直径和高度值生成实体圆锥，示意如图 2-1-43 所示。

◇ "直径和半角"方式。通过定义底部直径、顶部直径和半角值生成圆锥，示意如图 2-1-44 所示。

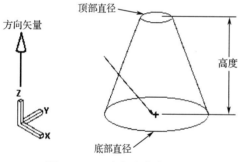

图 2-1-43　"直径和高度"方式

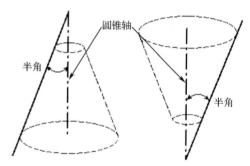

图 2-1-44　"直径和半角"方式

◇ "底部直径，高度和半角"方式。通过定义底部直径、高度和半角值生成圆锥。注意，这三个值相互制约，不恰当的数值可能无法生成实体，如图 2-1-45 所示。

◇ "顶部直径，高度和半角"方式。通过定义顶部直径、高度和半角值生成圆锥。注意，这三个值相互制约，不恰当的数值可能无法生成实体，如图 2-1-46 所示。

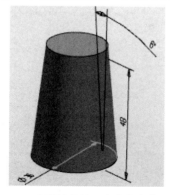

图 2-1-45　"顶部直径，高度和半角"方式

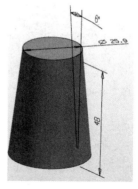

图 2-1-46　"顶部直径，高度和半角"方式

◇ "两个共轴的圆弧"方式。通过选择两条弧生成圆锥特征。两条弧不一定是平行的。如果选中的弧不是共轴的，系统就会将第二条选中的弧（顶弧）平行投影到由基弧形成的平面上，直到两个弧共轴为止。圆锥与弧不相关联，示意如图 2-1-47 所示。

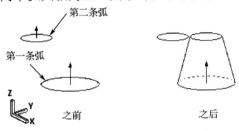

图 2-1-47 "两个共轴的圆弧"方式

四、布尔操作

布尔运算能将原先存在的实体和/或多个片体结合起来。每个"布尔"选项都提示指定一个"目标实体"和一个或多个"工具实体"。目标实体被这些工具修改，运算终了时这些工具实体就成为目标实体的一部分。

1. 合并

此选项将合并两个或多个体的体积，示例如图 2-1-48 所示。可以将实体和实体合并，不能将实体与片体或片体与片体合并。

当使用"合并"时，工具实体必须与目标实体接触，否则将显示下列错误信息："工具实体完全超出目标实体"。如果要合并片体，则建议使用"缝合"选项。如果实体具有重合的面，那么也可以使用缝合来合并。

2. 减去

"减去"选项可以从一个"目标实体"上减去一个或多个"工具实体"。此操作会留下一个空的空间，这是原来被减去的目标实体所在的位置，示例如图 2-1-49 所示。

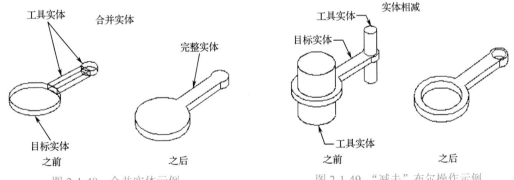

图 2-1-48 合并实体示例　　　　图 2-1-49 "减去"布尔操作示例

温馨提示：不能使用"减去"布尔运算把一个片体分成多个体。如果使用"减去"把目标实体分成两半，则得到的体是非参数化特征，示例如图 2-1-50 所示。

◇ 如果从一个实体上减去一个片体，得到的几何体是非参数化的。

◇ 当使用"减去"布尔运算时，工具实体的顶点或边可能与目标实体的顶点或边"相切"，这样，得到的体有些部分会有零厚度，示例如图 2-1-51 所示。

◇ 如果存在零厚度，则系统发出以下错误信息："无法执行布尔运算"。

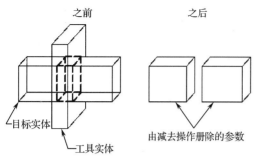

图 2-1-50 "减去"操作把目标实体分成两半示例

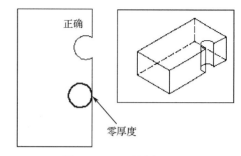

图 2-1-51 "零厚度"示例

3．相交

此选项可以生成包含两个不同的体所共有体积的体，示例如图 2-1-52 所示。

温馨提示：如果两个片体相交得到一条曲线，或者生成两个单独的片体，示例如图 2-1-53 所示，则不会执行该操作，并显示错误信息。

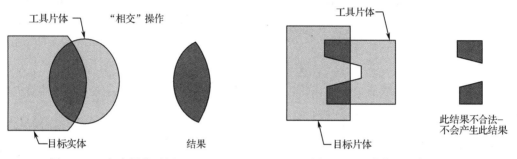

图 2-1-52 相交操作示例

图 2-1-53 片体"相交"错误示例

上述三种操作在"目标体"与"工具体"的选择上有所要求，如表 2-1-2 所示。

表 2-1-2 "目标体"与"工具体"的选择要求

	目标体	工具体	是否允许？
合并	实 体	实 体	√
	实 体	片 体	×
	片 体	实 体	×
	片 体	片 体	×
减去	实 体	实 体	√
	实 体	片 体	√
	片 体	实 体	√
	片 体	片 体	×
相交	实 体	实 体	√
	实 体	片 体	×
	片 体	实 体	√
	片 体	片 体	√

五、部件导航器

"部件导航器"在一个单独的窗口中，以树形格式直观地再现了工作部件中特征间的父子关系，可以对这些特征执行各种编辑操作。所有 UG NX 应用程序中都有"部件导航器"，只有在"建模"应用程序中才可以进行特征编辑操作；在"部件导航器"中编辑一个特征可立即执行更新模型。

单击绘图区域左侧菜单中的"部件导航器"按钮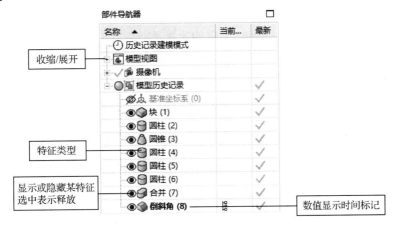，打开部件导航器，出现的对话框如图 2-1-54 所示。

图 2-1-54 "部件导航器"对话框

课后拓展

【重点串联】——锥形塞建模关键步骤

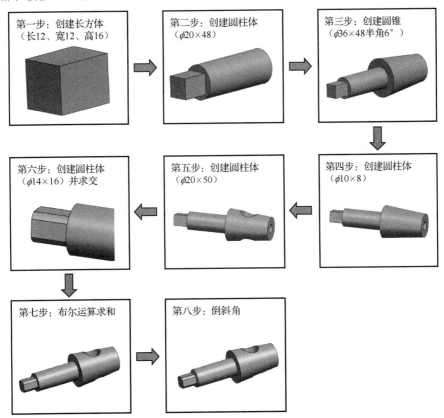

练 习

【基础训练】

1. 创建长方体的方法不包括（　　）。

A. 原点，边长度　　　B. 两个点，高度　　　C. 两个对角点　　　D. 三个空间点

2. （　　）是 UG NX 系统提供给用户的坐标系统，用户可以根据需要任意移动它的位置。

A. 绝对坐标系（ACS）　　　　　　　　　B. 工作坐标系（WCS）

C. 机构坐标系（MCS）

3. "倒斜角" 命令共有（　　）种类型。

A. 2　　　　　　　　　　　　　　　　B. 3

C. 4　　　　　　　　　　　　　　　　D. 5

4. （　　）在设计过程中起到十分重要的辅助作用，能够详细地记录设计的全过程，设计过程所用的特征、特征操作、参数等都有详细的记录。

A. 装配导航器　　　　　　　　　　　　B. 部件导航器

C. 浏览器　　　　　　　　　　　　　　D. 特征树

5. 下列哪个选项不能做布尔相交运算？（　　）

A. 目标体：实体和工具体：实体　　　　B. 目标体：实体和工具体：片体

C. 目标体：片体和工具体：实体　　　　D. 目标体：片体和工具体：片体

【技能实训】

1. 零件实体造型基础训练（见图 2-1-55）。

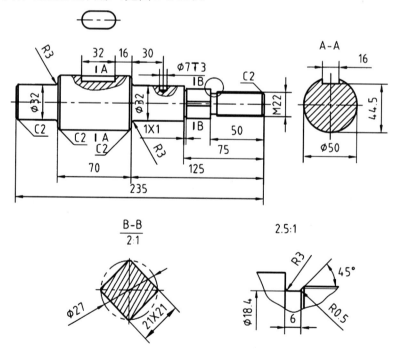

图 2-1-55　练习 1 图

2. 零件实体造型提高训练（见图 2-1-56）。

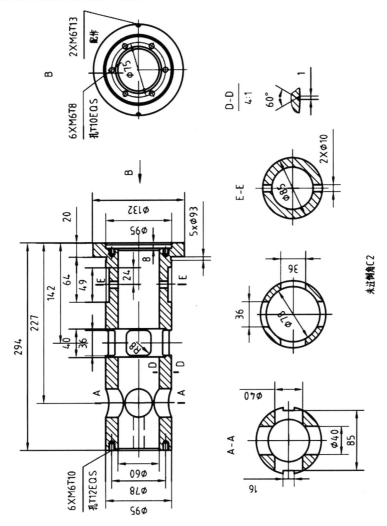

图 2-1-56　练习 2 图

任务 2.2　压盖三维数字建模

任务引入

压盖

　　按照由浅入深学习原则，我们从最简单的锥形轴开始，逐步提升自己的三维建模设计能力，我们前面已经完成了锥形轴的建模，锥形轴我们采用由基本体素直接建模完成。截止阀中稍微难些的是压盖零件，它用基本体素难以直接建成，因此需要使用其他建模方法，现在我们来完成如图 2-2-1 所示压盖的三维数字建模。

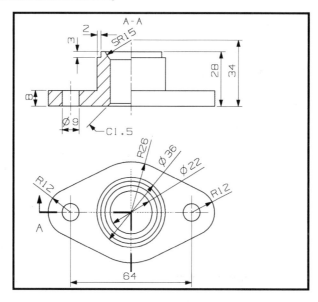

图 2-2-1 压盖（cover）零件图纸

任务分析

如图 2-2-2 所示，压盖可以由圆柱体、球和底部基体组成，圆柱体、球我们可以用基本体素来创建，而基体既不是长方体，也不是球或圆柱体，无法用基本体素直接建模获得。我们需要利用基本曲线创建零件截面，然后用 UG NX 中设计特征拉伸完成压盖三维模型创建。在此，我们要学习曲线的创建：直线、圆弧、圆创建；掌握曲线倒圆角，掌握曲线操作：修剪、偏置；掌握曲线编辑；了解对象变换操作；掌握扫掠特征的创建：拉伸操作；了解分类选择；掌握实用工具的应用：隐藏/非隐藏操作。最后，创建压盖的剖面轮廓线曲线，通过拉伸创建压盖实体。

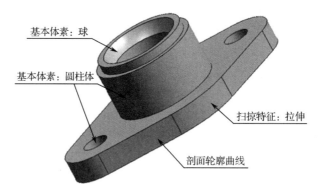

图 2-2-2 特征分解

任务实施

Step1：创建文档

启动 UG NX 2212，新建文件，设置文件名为"压盖"，单位为"毫米"，单击"确定"按钮后，进入 UG NX 建模模块。

Step2：视图调整

基本曲线是建立在 XC-YC 平面的，系统默认的视图为正轴侧视图，不利于创建平面曲线。用鼠标在绘图区域右击，单击"定向视图"→"俯视图"按钮 ，则当前视图显示为 XC-YC 平面，即为屏幕面，如图 2-2-3 所示。

温馨提示：建模时一般要先画特征视图上的截面线，若当前 XC-YC 平面与零件特征视图的空间方位不一致，则要先旋转坐标系，使 XC-YC 平面与零件特征视图的方位一致，然后再画图。

Step3：创建基本曲线（拉伸剖面轮廓线）

1．调出"基本曲线"命令

在工具条空白处右击，单击"定制"按钮，弹出"定制"对话框，找到"基本曲线"命令，如图 2-2-4 所示，将此命令拖到合适的位置处，以方便使用。

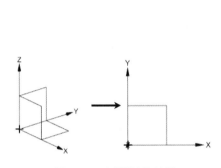

图 2-2-3　视图调整结果　　　　　　　　　图 2-2-4　"定制"对话框

温馨提示："基本曲线"命令是非参数化的，UG NX 2212 版本将"基本曲线"命令隐藏了起来，用户如有需要可自行调用。

2．创建 R26 的圆

单击"基本曲线"按钮 ，弹出如图 2-2-5 所示"基本曲线"对话框。激活"圆"选项。

（1）确定圆心。单击"基本曲线"对话框中的"圆"按钮 。在图 2-2-6 所示"跟踪条"对话框中输入坐标值（XC=0、YC=0、ZC=0），按回车键确定。

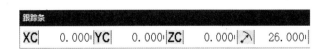

图 2-2-5　"基本曲线"对话框　　　　　　图 2-2-6　"跟踪条"对话框圆心坐标值

温馨提示：输入数值过程中可通过 Tab 键切换输入项。

（2）确定半径。在"跟踪条"对话框"半径" 框中输入数值 26，按回车键即创建出 R26 圆。

3．创建右侧 R12 圆

按相似步骤创建 R12 圆。

（1）确定圆心。单击"基本曲线"按钮，在弹出的对话框中单击"圆"按钮。在弹出的 "跟踪条"对话框中输入坐标值（XC=32、YC=0、ZC=0），按回车键确认。

（2）确定半径。在"跟踪条"对话框的"半径"框中输入数值 12，按回车键确定。

4．镜像左侧 R12 圆

（1）选择"变换"命令。选择"菜单"→"编辑"→"变换"命令 ，弹出图 2-2-7 所示的"变换"对话框。

（2）选择变换对象。如图 2-2-8 所示，移动光标到绘图区域选择 R12 圆，然后单击"变换"对话框中的"确定"按钮。弹出如图 2-2-9 所示"变换"方法对话框。

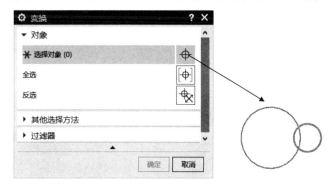

图 2-2-7 "变换"对话框   图 2-2-8 选择变换对象

（3）选择变换方式。单击"变换"方法对话框中的"通过一直线镜像"按钮，弹出如图 2-2-10 所示"变换"镜像直线选择对话框。

图 2-2-9 "变换"方法对话框   图 2-2-10 "变换"镜像直线选择对话框

（4）指定镜像中心。单击图 2-2-10 对话框中的"点和矢量"按钮，弹出"点"对话框，按照默认数值直接单击"确定"按钮，弹出"矢量"对话框，选择"+Y"方向，如图 2-2-11 所示，再次单击"确定"按钮，弹出如图 2-2-12 所示"变换"图像生成方式对话框。

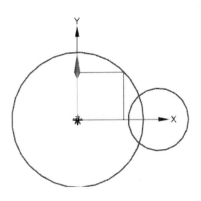

图 2-2-11　指定镜像线

图 2-2-12　"变换"图像生成方式对话框

（5）指定图像生成方法。单击图 2-2-12 所示对话框中的"复制"按钮，结果如图 2-2-13 所示。单击对话框中"取消"按钮，结束操作。

温馨提示：如果单击对话框中的"确定"按钮，会再执行一次操作，即再次镜像圆，因此，需要单击"取消"按钮。

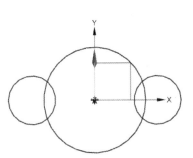

图 2-2-13　镜像结果

5．创建相切直线

（1）单击直线／图标。单击"基本曲线"按钮，弹出"基本曲线"对话框，激活"直线"按钮／，确保"点方式"为"自动判断的点"状态。把"基本曲线"对话框中"线串模式"前的"☑"去掉。

（2）选择相切圆。移动光标到绘图区域，如图 2-2-14 所示，依次单击 R26 圆与 R12 圆（单击圆上的大致切点位置），得到 2 个圆的切线。完成的圆与切线如图 2-2-15 所示。

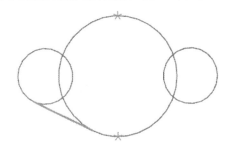

图 2-2-14　选择相切圆与切线

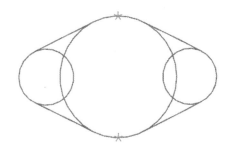

图 2-2-15　完成的圆与切线

温馨提示：做切线选择圆时，不要选在圆的四分点上。

7．曲线修剪

（1）修剪 R12 圆。激活"基本曲线"对话框中"修剪"命令，单击"修剪"┼按钮，弹出如图 2-2-16 所示"修剪曲线"对话框。

依次激活"要修剪的曲线"、"边界对象"，移动光标到绘图区域，依次选择"要修剪的曲线"、"边界对象 1"、"边界对象 2"，如图 2-2-17 所示，再单击"应用"按钮，则修剪结果如图 2-2-18 所示。

图 2-2-16 "修剪曲线"对话框

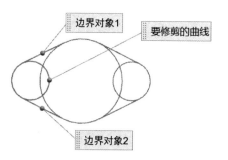

图 2-2-17 选择修剪对象及边界

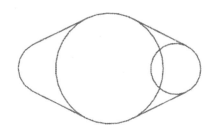

图 2-2-18 修剪结果示意图

图 2-2-19 输出曲线选项

温馨提示：①为便于随后的拉伸截面曲线的选取，建议如图 2-2-19 所示，将"修剪曲线"对话框中"输入曲线"选项设置为"删除"，去掉"关联"前的钩，"曲线延伸"设置为"无"。②根据选择对象设置"选择区域"为"保留"或"放弃"。

（2）修剪 R26 圆。首先与修剪 R12 圆一样完成 R26 圆左半部修剪，边界对象选择相同，要修剪的曲线则选择 R26 圆弧，结果如图 2-2-20 所示。

再修剪其他曲线，完成的曲线如图 2-2-21 所示。

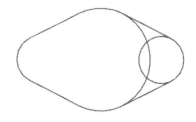

图 2-2-20 R26 圆左半部修剪

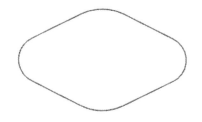

图 2-2-21 完成的曲线

Step4：创建拉伸实体

单击"特征"工具条中的"拉伸"按钮🏠，弹出如图 2-2-22 所示"拉伸"对话框。

（1）选择截面曲线。激活"拉伸"对话框中的"截面"选项，在选择意图工具条中，如图 2-2-23 所示，定义为"相切曲线"。选择前述建立的曲线，任选一条则所有相连的全部选中。

图 2-2-22　"拉伸"对话框　　　　　　　　　　　　图 2-2-23　选择意图

温馨提示：如果选择错误，则按住 Shift 键再选择错误曲线，则取消选择。

（2）定义拉伸方向。选择曲线串后预览图形如图 2-2-24 所示，默认拉伸方向垂直于曲线平面向上。

温馨提示：默认拉伸方向为垂直于曲线平面向上，可以通过 下拉菜单中各矢量方式定义其他拉伸方向。

（3）定义拉伸距离。在"拉伸"对话框中输入开始值 0，结束值 8，确定完成拉伸操作。完成的拉伸实体如图 2-2-25 所示。

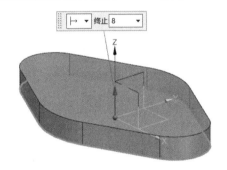

图 2-2-24　拉伸预览图形

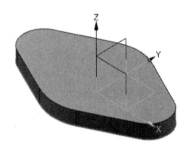

图 2-2-25　完成的拉伸实体

Step5：圆柱体实体

结合任务 2.1 的知识，完成各圆柱体创建，如图 2-2-26 所示。

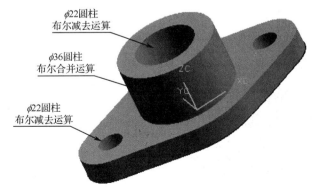

图 2-2-26　圆柱体创建

Step6：创建 SR15 球体

单击"球"特征按钮 ⬤ ，或者选择"插入"→"设计特征"→"球"命令，弹出如图 2-2-27 所示"球"对话框。

选择"中心点和直径"方式，输入直径数值 30，再激活"中心点"选项，单击"点对话框"按钮。在弹出的"点"对话框中输入球心坐标（XC=0，YC=0，ZC=34），布尔操作选择"减去"，确定后完成的特征如图 2-2-28 所示。

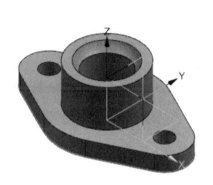

图 2-2-27 "球"对话框   图 2-2-28 完成的球特征

Step7：创建 2×3 止口边

单击"拉伸"命令按钮，选择 Ø36 圆柱上边缘，在对话框中输入"起始""距离"数值"0"，"终止""距离"数值"3"，如图 2-2-29 所示。将"偏置"选项打开，设置为"两侧"，注意观察黄色箭头方向，输入"开始"数值"0"，"结束"数值"-2"，如图 2-2-30 所示，设置拉伸方向为"-Z"，拉伸预览如图 2-2-31 所示。单击"确定"按钮后完成 2×3 止口边的创建，结果如图 2-2-32 所示。

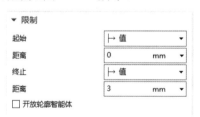

图 2-2-29 "限制"选项   图 2-2-30 "偏置"选项

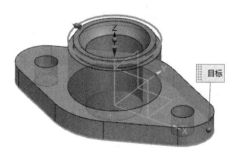

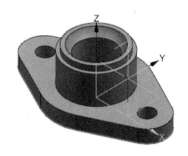

图 2-2-31 拉伸预览   图 2-2-32 2×3 止口边创建结果

Step8：创建倒斜角

单击"倒斜角"命令按钮，选择底部需要倒斜角的实体边缘，设置"横截面"为"对称"，"距离"为1，完成倒斜角操作，最终结果如图 2-2-32 所示。

单击▥按钮保存文件，完成建模过程。

相关知识

一、基本曲线

创建曲线的意义包括：
- ◇ 建立实体的剖面轮廓线，一般通过拉伸、回转、沿导线扫掠等操作产生实体。
- ◇ 由曲线建立曲面，利用自由曲面的功能进行工业造型。
- ◇ 作为建模的辅助线，如扫掠时的轨迹线。
- ◇ 所创建的曲线可以添加到草图中进行参数化设计。

温馨提示：所绘制的曲线一般位于 XC-YC 平面或者与之平行的平面内。

曲线的创建分为曲线的绘制、曲线的操作及曲线的编辑三大部分。曲线绘制包括直线、圆弧、圆；曲线操作包括曲线倒圆角、曲线修剪。

（一）直线

直线是最基本的形状元素，UG NX 提供了多种形式的直线绘制方式。

1．坐标值方式

当用户已知直线的起点和终点坐标时，可以通过输入坐标值的方式来完成直线的绘制。坐标值的输入可以通过点方式中的"点构造器"输入坐标值。

坐标值还可以通过图 2-2-33 所示"跟踪条"对话框中的 XC、YC 和 ZC 字段输入数字并按回车键来确定。

图 2-2-33 "跟踪条"对话框

温馨提示：
- ◇ 在输入数值时，光标不要在绘图区域移动。
- ◇ 可以双击鼠标左键使其变为蓝色再输入数值。
- ◇ XC、YC、ZC 输入数值后必须回车确认。
- ◇ 字段间可以通过键盘上的 Tab 键切换。

2．捕捉点方式

通过"点方法"中点捕捉的方式，选取已有曲线的"端点"、"中点"等特殊点绘制直线，是最快捷的方式。

3．极坐标方式

首先确定直线的起始点，然后在图 2-2-33 所示的"跟踪条"对话框中输入长度和角度值并回车确认，如图 2-2-34 所示。

温馨提示：角度值有正负，XC 轴正向按逆时针方向旋转是角度的正值，顺时针方向旋

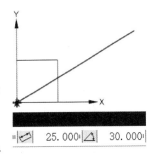

图 2-2-34 极坐标方式

转是负值。

4．特殊位置关系直线

✧ 平行于坐标轴直线：确定直线起点后，选择"基本曲线"对话框中的"平行于"XC（YC、ZC），终点为屏幕任意点，可以得到平行于坐标轴的直线。

✧ 平行直线：确定直线起点后，在"自动判断的点" ⚡ 状态下，选择将要与之平行的直线（不要选在直线控制点处），终点为屏幕任意点，可以得到与已存在直线平行的直线。

✧ 垂直直线：确定直线起点后，在"自动判断的点" ⚡ 状态下，选择将要与之垂直的直线（不要选在直线控制点处），终点为屏幕任意点，可以得到与已存在直线垂直的直线。

✧ 相切直线：确定直线起点后，在"自动判断的点" ⚡ 状态下，选择将要与之相切的圆或弧（不要选在控制点处），终点即为切点。

✧ 公切直线：在"自动判断的点" ⚡ 状态下，选择将要与之相切的圆或弧（不要选在控制点处）切点即为起点；再选择将要与之相切的另一圆或弧，切点即为终点。

温馨提示：根据选择圆或弧上位置点的不同，可以有 4 种类型的公切线。

（二）圆弧

在基本曲线中圆弧的生成方式有两种。

1．起点、终点、圆弧上的点

通过指定圆弧起点、终点及圆弧上的点（或相切对象）来确定一段圆弧，如图 2-2-35 所示。

2．中心、起点、终点

通过指定圆弧中心、起点、终点来确定一段圆弧，如图 2-2-36 所示。

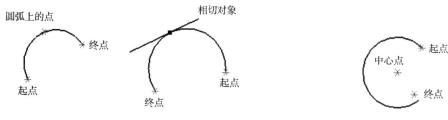

图 2-2-35　起点、终点、圆弧上的点　　　　图 2-2-36　中心、起点、终点

温馨提示：在指定中心点后，可以通过对话框直接输入弧的半径、起始角、终止角，回车后确定唯一的弧。

（三）圆

在基本曲线中，圆的生成方式有三种。

✧ 中心点、圆上的点：指定圆心以及圆上的点来确定一个曲线圆，如图 2-2-37（a）所示。

✧ 中心点、半径或直径：指定圆心，在对话框中输入圆的半径或直径来确定一个曲线圆，如图 2-2-37（b）所示。

✧ 中心点、相切对象：指定圆心，在"自动判断的点" ⚡ 状态下，选择与圆相切的对象来确定一个曲线圆，如图 2-2-37（c）所示。

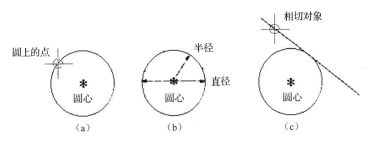

图 2-2-37 圆的创建方式

（四）修剪与延伸

绘制曲线时，有时候难以捕捉端点，也确定不了长度，我们只能画长一些，形成曲线相交，此时需要修剪多余部分，形成封闭曲线。"修剪曲线"对话框如图 2-2-38 所示。

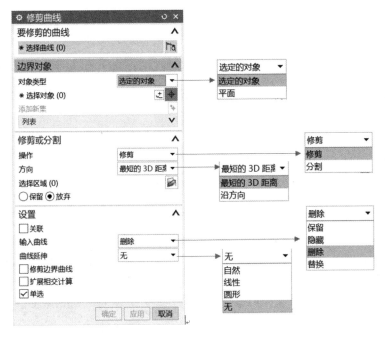

图 2-2-38 "修剪曲线"对话框

（1）要修剪的曲线：指定要修剪的对象，鼠标点下去的地方将被修剪掉。

（2）边界对象：指定修剪的边界，可以是曲线、点、平面。

（3）修剪或分割：所选中的曲线是用于修剪或用于分割的。

其中，"方向"下拉列表中有以下选项。

● 最短的 3D 距离：空间最短距离的投影交点。

● 沿方向：把曲线修剪到与边界对象沿矢量方向投影的交点。

（4）设置：设置输入、输出曲线、边界对象的修剪最终结果。

① 关联：指定输出的已被修剪的曲线与修剪前是相关联的。如果原曲线参数改变，则关联的修剪的曲线会自动更新。

② 输入曲线：指定想让输入曲线被修剪后处于何种状态。

◇ 保留：输入的曲线不受修剪曲线操作的影响，在修剪操作完成后"保持"初始状态。

◇ 隐藏：在修剪操作完成后，输入的曲线自动被隐藏。

◇ 删除：在修剪操作完成后，输入的曲线自动被删除。

◇ 替换：在修剪操作完成后，输入的曲线被已修剪的曲线替换。

③ 曲线延伸：将偏置曲线修剪或延伸到它们的交点处的方式，如图 2-2-39 所示。

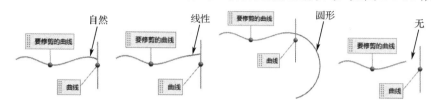

图 2-2-39　曲线延伸修剪方式

◇ 自然：从样条的端点沿其自然路径延伸。

◇ 线性：样条从其端点延伸到边界对象，延伸部分是线性的。

◇ 圆形：样条从其端点延伸到边界对象，延伸部分是圆弧的。

◇ 无：对任何类型的曲线都不执行延伸（适宜圆的修剪）。

④ 修剪边界对象：打开此选项，系统不仅修剪"要修剪的线串"曲线的末端，还修剪边界对象。

⑤ 扩展相交计算：设置计算以确定较宽松的相交有效性要求，从而允许计算的解超出默认距离公差。

⑥ 单选：启用自动选择递进，激活此选项时，修剪曲线决定完成单选后是否自动满足选择输入。这可以简化简便操作情况下的修剪曲线操作。

温馨提示：因为曲线修剪与延伸为同一命令，故对于圆的修剪需要注意：一个边界对象修剪整圆时，它从圆的端点往后修剪（系统默认圆的端点为第一象限点）。把一个圆修剪为两个部分时，需要把"曲线延伸"选项设定为"无"。必要时使用点作为边界，便于圆的修剪。

（五）圆角

曲线有圆角处，我们可以用"圆角"命令实现，"圆角"对话框如图 2-2-40 所示。

1．"简单圆角"

对于存在交点的两条直线，通过选择交点处来确定圆角（又称倒圆角，下同）。选择的位置必须包含两条直线的交点，否则会显示错误信息，如图 2-2-41 所示。

图 2-2-40　"圆角"对话框

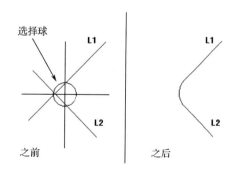

图 2-2-41　简单圆角

温馨提示：生成的圆角形式与选择的位置直接相关，示例如图 2-2-42 所示。

2．"2 曲线圆角"

该命令可以在两条曲线（包括点、直线、圆/弧、二次曲线或样条线）之间建立一个圆角。两条曲线间的圆角是沿逆时针方向从第一条曲线到第二条曲线生成的一段弧，如图 2-2-43 所示。

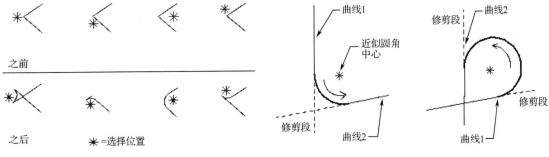

图 2-2-42　简单圆角的形式　　　　　　　　图 2-2-43　2 曲线圆角

3．"3 曲线圆角"

在三条曲线之间构造一个圆角，如图 2-2-44 所示。

如果其中有一条曲线是圆或弧，则必须确定以下信息以生成圆角。

➢ 外切：圆角与选择的圆或弧保持外切位置关系，如图 2-2-45 所示。

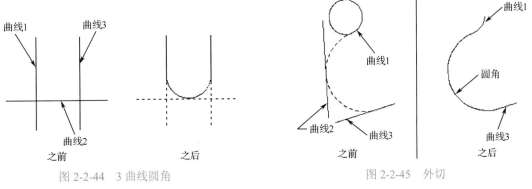

图 2-2-44　3 曲线圆角　　　　　　　　　　图 2-2-45　外切

➢ 圆角在圆内：圆角位于选择的圆或弧的内部，保持内切的位置关系，如图 2-2-46 所示。

➢ 圆角内的圆：选择的圆或弧位于圆角的内部，保持内切的位置关系，如图 2-2-47 所示。

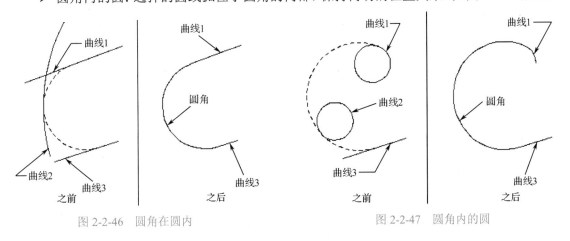

图 2-2-46　圆角在圆内　　　　　　　　　　图 2-2-47　圆角内的圆

二、编辑曲线

曲线绘制后，有时不合适，需要修改，我们可以通过编辑曲线来实现，编辑曲线常用功能如下。

图 2-2-48 "分割曲线"对话框

1．分割

分割命令是把曲线分割成一组同样的段。每个生成的段是单独的对象，并赋予和原先的曲线相同的线型。新的对象和原先的曲线放在同一层上。

操作步骤：

Step1：选择"菜单"→"编辑"→"曲线"→"分割"┼┼命令，弹出如图 2-2-48 所示"分割曲线"对话框。

Step2：移动光标至绘图区域，如图 2-2-49 所示，选择要分割对象。

Step3：选择边界对象。

Step4：移动光标到对话框，单击"确定"按钮即完成分割。

结果如图 2-2-50 所示，用直线把圆分割成 2 段。

图 2-2-49 分割对象和边界对象

图 2-2-50 "分割"结果

"分割曲线"对话框中"类型"有 5 种。

（1）等分段 $f_=$ 。

此选项使用曲线长度或特定的曲线参数把曲线分成相等的段，如图 2-2-51 所示。曲线参数依赖于被分割曲线的类型（如直线、弧/椭圆和样条等），其中等参数是根据曲线参数特征把曲线等分的。

① 直线：根据输入的段数，平均分割从起点到终点的直线距离。

② 弧/椭圆：根据输入的分段的数目，平均分割圆弧的内角，如图 2-2-52 所示。

③ 样条：分段与节点间的距离有关。

（2）按边界对象。

使用边界对象（点、曲线、平面和/或曲面）把曲线分成几段，如图 2-2-53 所示。

（3）弧长段数。

按照各段定义的弧长分割曲线，如图 2-2-54 所示。

图 2-2-51　"等分段"类型

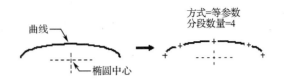

图 2-2-52　等参数分割椭圆

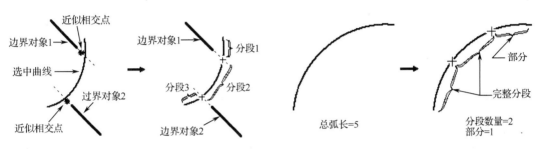

图 2-2-53　按边界对象分段　　　　　　　　　图 2-2-54　弧长段数

（4）在节点处。

使用选中的样条段的节点分割曲线，如图 2-2-55 所示。

（5）在拐角上。

在样条折弯处，拐角上分割样条，如图 2-2-56 所示。

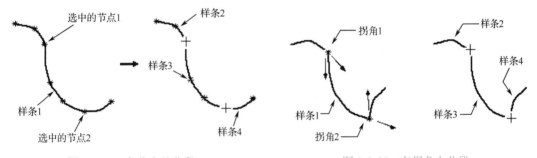

图 2-2-55　在节点处分段　　　　　　　　　图 2-2-56　在拐角上分段

2．长度

选择"菜单"→"编辑"→"曲线"→"长度"命令，弹出如图 2-2-57 所示的"曲线长度"对话框。通过该对话框可以在曲线的每个端点处延伸或缩短一段长度，或使其达到一个总曲线长。

首先我们要激活"曲线"然后移动光标到绘图区域选择要编辑的曲线，再设置"延伸"方法。

（1）长度："长度"中有总计和增量 2 个选项。

◇　总计：本选项以给定总长来编辑选定曲线的弧长。该选项选中后，在其下方的"总数"文本框中输入的是曲线的总长。

◇　增量：本选项以给定弧长增加量或减少量来编辑选定曲线的弧长。该选项选中后，在其下方的"开始"或"结束"文本框中输入的是曲线弧长的增加量（正值）或减少量（负值）。

（2）"侧"："侧"有 2 个选项。

◇ "起点和终点"：从起始点和终止点开始操作。

◇ "对称"：同时从起始点及终点开始操作对称延伸。

（3）"方法"："方法"中有 3 个选项。

◇ 自然：延伸时按曲线趋势，可以伸长，也可以缩短。

◇ 线性：延伸时按线性法则，尽可能伸长曲线。

◇ 圆形：延伸时自动圆角。

我们选定一个操作以后再选择曲线长度编辑方式，最后输入曲线的长度并单击"确定"按钮即可。图 2-2-58 就是编辑曲线长度的图例，延伸的是起始端。

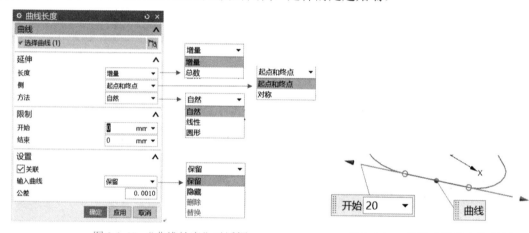

图 2-2-57 "曲线长度"对话框　　　　图 2-2-58 编辑曲线长度的图例

图 2-2-59 "偏置曲线"对话框

3．偏置曲线

偏置曲线能够通过从原先对象偏置的方法，生成直线、圆弧、二次曲线、样条和边，是通过垂直于选中基曲线计算的点来构造的。

（1）偏置曲线操作步骤。

Step1：选择"菜单"→"插入"→"派生曲线"→"偏置"命令，弹出如图 2-2-59 所示"偏置曲线"对话框。

Step2：设置偏置类型。

如图 2-2-59 所示，设置"偏置类型"为"距离"。

Step3：选择要偏置的曲线。

如图 2-2-60 所示，移动光标到绘图区域，用鼠标选择要偏置的曲线，如果预览打开，则在选择过程中实时显示偏置效果。

Step4：确定完成偏置。

选择完要偏置的曲线，移动光标到"偏置曲线"对话框，单击"确定"按钮，完成曲线偏置，如图 2-2-61 所示。

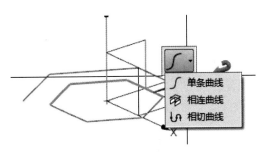

图 2-2-60 选择偏置曲线

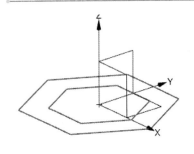

图 2-2-61 偏置曲线结果

（2）偏置类型。

曲线可以在选中几何体所确定的平面内偏置，也可以使用拔模角度和拔模高度选项偏置到一个平行的平面上。只有当多条曲线共面且为连续的线串（即端端相连）时，才能对其进行偏置。结果曲线的对象类型与它们的输入曲线相同（除了二次曲线，其他偏置为样条）。

① 距离。该选项在输入曲线的平面上偏置曲线，对话框如图 2-2-62（a）所示。在箭头矢量指示的方向上与选中曲线之间的偏置距离，负的距离值将在反方向上偏置曲线，如图 2-2-63 所示。

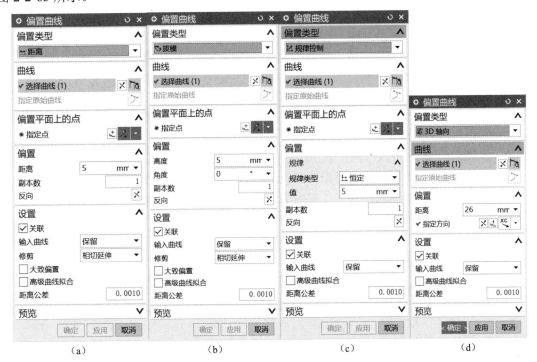

图 2-2-62 偏置方式

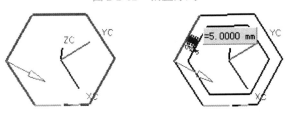

图 2-2-63 "距离"偏置

② 拔模。在平行于输入曲线平面，并与其相距指定距离的平面上偏置曲线。一个平面符号标记出偏置曲线所在的平面，如图 2-2-62（b）所示。选择该偏置方式，在拔模"高度"和"角度"中输入相应的数值，单击"确定"按钮，结果如图 2-2-64 所示。

"高度"：拔模高度，输入曲线的平面与结果偏置曲线的平面之间的距离。

"角度"：拔模角度，从偏置矢量到垂直于参考平面（输入曲线所在的平面）的直线之间的角度。

③ 规律控制。在规律定义的距离上偏置曲线，该规律是用规律子功能指定的，如图 2-2-62（c）所示。使用该选项偏置曲线，"偏置曲线"会多出如图 2-2-65 所示"规律"选项，在该选项中设置"规律"的类型。

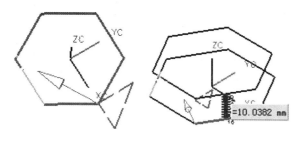

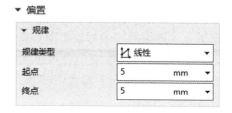

图 2-2-64 "拔模"偏置   图 2-2-65 "规律"选项

   ✧ 恒定：可以沿整个规律功能定义常数值。提示只需要一个规律值（常数）。

   ✧ 线性：可以定义从起点到端点的线性变化率。

   ✧ 三次：可以定义从起点到端点的三次变化率。

   ✧ 沿脊线的线性：可以用两个或多个沿着一条脊线的点来定义线性规律功能。选择一条脊线曲线后，就可以沿脊线指出多个点，系统将提示在每个点处输入一个值。

   ✧ 沿脊线的三次：可以用两个或多个沿着一条脊线的点来定义三次规律功能。选择一条脊线曲线后，可以沿脊线指出多个点，系统将提示在每个点处输入一个值。

   ✧ 根据方程：可以用表达式和"参数表达式变量"来定义规律。

   ✧ 根据规律曲线：可以选择平滑连接曲线的线串来定义规律功能。

在图 2-2-65 中，"规律类型"设置成"线性"后，可以设置"起点"、"终点"值，单击"确定"按钮，结果如图 2-2-66 所示。

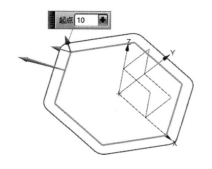

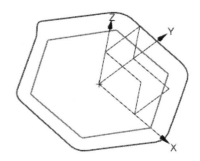

图 2-2-66 曲线偏置结果

④ 3D 轴向。该选项将在选择的矢量方向偏置曲线，如图 2-2-62（d）所示。在箭头矢量指示的方向上与选中曲线之间偏置 3D 距离，负的距离值将在反方向上偏置曲线。

距离：即 3D 偏置值，输入曲线与结果偏置曲线之间的 3D 距离。

指定方向：即轴矢量，输入曲线与结果偏置曲线的偏置轴及方向。

如图 2-2-67 所示，选择六边形的一条边，"偏置类型"选择"3D 轴向"，"距离"框中输入 10，"指定方向"，即轴矢量选择 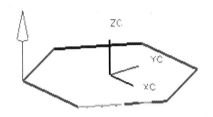，单击"确定"按钮，结果如图 2-2-67 所示。

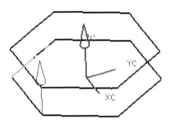

图 2-2-67　"3D 轴向"偏置

四、拉伸操作

采用"扫掠"方式产生特征是特征建模的主要方法。

拉伸特征是将所选取的"剖面轮廓线"（曲线、草图、实体边），在指定"方向"上扫掠一个"线性距离"来生成实体的，如图 2-2-68 所示。

单击"特征"工具条中的"拉伸"按钮，弹出如图 2-2-69 所示"拉伸"对话框。

拉伸操作步骤如下。

Step1：选择截面。激活"截面"，移动光标到绘图区域，选择截面几何体，包

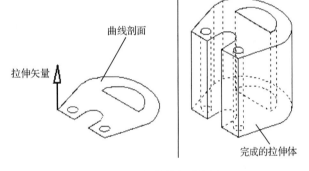

图 2-2-68　拉伸特征的创建

括曲线、草图、实体边或建立草图——绘制截面曲线（在所选择的平面建立本次拉伸所需要的剖面草图）。

Step2：指定拉伸方向。激活"方向"，指定矢量——使用矢量构造器定义方向。系统默认的方向垂直于所选剖面几何体所在面。

Step3：设置拉伸体起始和结束。激活"限制"，"起始"——定义拉伸起始位置；"距离"——定义拉伸长度；"结束"——定义拉伸结束位置。拉伸命令中对拉伸的"距离"定义方式有多种。

Step4：布尔运算。激活"布尔"，定义拉伸体与已有实体间的运算关系，一般设置为"无"，先创建出来，再求和或求差、求交，避免前功尽弃。

Step5：单击"确定"或"应用"按钮创建拉伸。

图 2-2-69 中"限制"、"偏置"、"拔模"选项说明如下。

1. "限制"中各选项

如图 2-2-69 所示，"起始"与"结束"下拉菜单，含有多个选项，定义起始和结束位置。

（1）"值"。

"值"：可在此选项中输入具体数值，分别定义"起始""距离"与"结束""距离"的数值。"起始""距离"与"结束""距离"的数值都可以定义为"负"值，如图 2-2-70 所示。

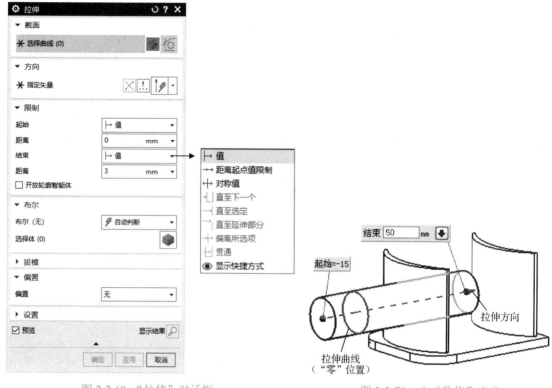

图 2-2-69　"拉伸"对话框　　　　　　　　图 2-2-70　由"数值"定义

（2）"对称值"。

"起始""距离"与"结束""距离"的数值相等。特征以截面曲线为中心，对称生长，如图 2-2-71 所示。

（3）由"边界面"定义。

有些情况下由具体的"数值"无法定义拉伸到达面的位置，则可以由所选定的"边界面"来定义拉伸的终止位置。

① 直至下一个：沿拉伸方向，直到下一个面为终止位置，如图 2-2-72 所示。

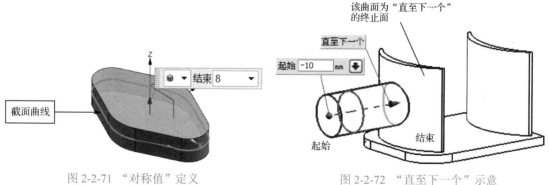

图 2-2-71　"对称值"定义　　　　　　　　图 2-2-72　"直至下一个"示意

② 直至选定：沿拉伸方向，直到下一个被选定的终止面位置，如图 2-2-73 所示。

温馨提示：其实也可以将"选定对象"作为开始拉伸的位置，如图 2-2-74 所示。

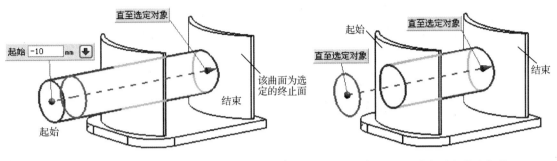

图 2-2-73 "直至选定"示意　　　　　　　　图 2-2-74 选定对象作为起始

③ "直至延伸部分"：在截面延伸超过所选面的边时，将拉伸特征（如果是体）修剪至该面。如果拉伸截面延伸到选定的面以外，或不完全与选定的面相交，则软件会尽可能将选定的面进行数学延伸，然后应用修剪。如果是平的，所选面会无限延伸，以使修剪成功，如图 2-2-75 所示。而样条曲面无法延伸，故延伸至样条曲面无法实现，如图 2-2-76 所示。

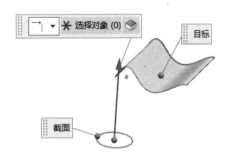

图 2-2-75 延伸至平面可以实现　　　　　　图 2-2-76 延伸至样条曲面无法实现

④ "偏离所选项"：可以将拉伸的起点或终点定义为偏离选定面或体，示例如图 2-2-77 所示。

⑤ "贯通"：贯穿全部对象，对于要打穿多个体，该命令最为方便，如图 2-2-78 所示。

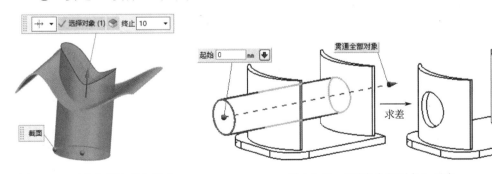

图 2-2-77 "偏离所选项"示意　　　　　　　图 2-2-78 "贯穿全部对象"示意

（4）距离起点值限制。

此选项只有在"终止"选项框中存在，是指拉伸终止值相对于拉伸起点的位置，示例如图 2-2-79 所示。

2．"偏置"选项

打开"偏置"选项，有利于拉伸得到薄壁件实体，如图 2-2-80 所示。

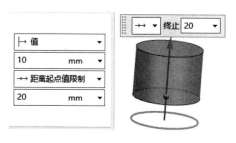

图 2-2-79　"距离起点值"即制示意

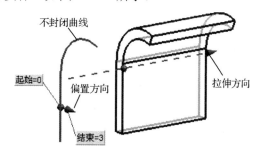

图 2-2-80　"偏置"选项的定义

3．"拔模"选项

"拔模"选项可以在生成拉伸特征的同时，对拉伸面进行拔模。

四、设计特征

（一）孔

"孔"选项可以在实体上生成一个简单孔、沉头孔、埋头孔或锥孔。

1．简单孔

以指定的直径、深度和顶点的顶尖角生成一个简单的孔，如图 2-2-81 所示。

2．沉头孔

指定孔直径、孔深度、顶尖角、沉头直径和沉头深度生成沉头孔，如图 2-2-82 所示。

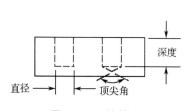

图 2-2-81　简单孔

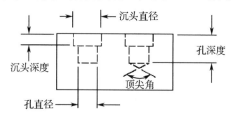

图 2-2-82　沉头孔

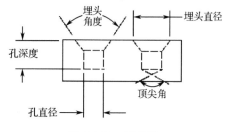

图 2-2-83　埋头孔

3．埋头孔

指定孔直径、孔深度、顶尖角、埋头直径和埋头角度生成埋头孔，如图 2-2-83 所示。

4．锥孔

指定孔直径和锥角生成埋头孔。

孔操作步骤如下：

Step1：单击"特征"工具条中的"孔"命令按钮，或选择"菜单"→"插入"→"设计特征"→"孔"命令，弹出如图 2-2-84 所示"孔"对话框。

Step2：设置孔类型。在"孔"对话框顶部下拉菜单中设置孔的类型，共 6 类——"简单"、"沉头孔"、"埋头孔"、"锥孔"、"有螺纹"和"孔系列"，根据需要选择孔的类型。本例将孔设置成简单孔。

Step3：设置孔形状尺寸。在"孔"对话框中设置孔的直径、孔的深度。

Step4：指定孔位置。移动光标到绘图区域，在需要打孔的大致位置单击鼠标左键，如图2-2-85所示点位置，通过数值确定孔的位置，多次单击鼠标左键，可以同时指定多个孔的位置点，如图2-2-86所示。双击尺寸，可以编辑点的位置。完成后即可确定孔位置，出现如图2-2-87所示预览"孔"。

图 2-2-84 "孔"对话框

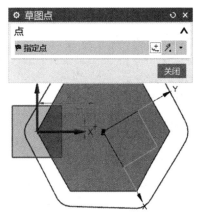

图 2-2-85 草图定义"孔"位置

Step5：确定孔的深度尺寸。在"孔"对话框"限制"中设置孔深，可以直接是数值，也可定义至"肩线"或"顶端"的位置。

Step6：确定布尔运算法则。在"孔"对话框"布尔"中选择布尔运算法则，一般为"减去"。

Step7：生成孔。完成设置后，"孔"对话框中的"确定"和"应用"按钮会激活，单击"确定"按钮，完成孔的创建并关闭对话框；单击"应用"按钮，完成孔创建，保留孔命令。创建完成的孔如图2-2-88所示。

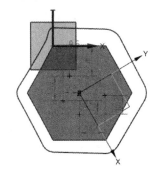

图 2-2-86 多个"孔"点

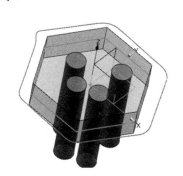

图 2-2-87 预览"孔"

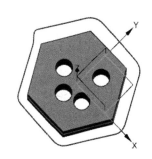

图 2-2-88 创建完成的"孔"

（二）倒角

设计中，我们经常会需要倒斜角。为方便设计，在 UG NX 中有专用的倒角命令。

1. 细节特征：倒角

该选项通过定义所需的切角尺寸在实体的边上形成斜角。形式包括对称偏置（示例如图 2-2-89 所示）、非对称偏置（示例如图 2-2-90 所示）、偏置角度（示例如图 2-2-91 所示）。

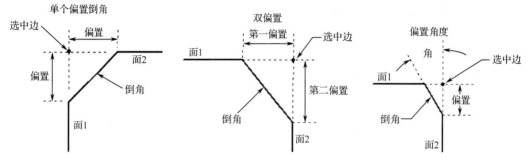

图 2-2-89　对称偏置示例　　　　图 2-2-90　非对称置示例　　　　图 2-2-91　偏置角度示例

2. 倒角操作步骤

Step1：单击"特征"工具条中的"倒斜角"命令按钮，弹出如图 2-2-92 所示"倒斜角"对话框。

Step2：选择倒角边。移动光标到绘图区域，如图 2-2-93 所示，选择倒角边。

图 2-2-92　"倒斜角"对话框

图 2-2-93　选择倒角边

Step3：设置偏置。如上所述，根据倒角需要，设置偏置类型，共有 3 种类型，一般为对称。

Step4：设置偏置法。如上所述，根据倒角需要，设置偏置法，可以是"顶点"，如图 2-2-94 所示，也可以是"偏置面"，如图 2-2-95 所示。

Step5：确定，完成倒角操作。完成选择与设置后，"倒斜角"对话框中的"确定"和"应用"按钮激活可用，单击"确定"或"应用"按钮，完成倒角创建，结果如图 2-2-96 所示。

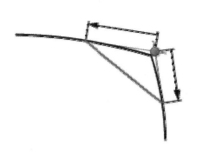

图 2-2-94　"顶点"偏置法　　　　图 2-2-95　"偏置面"偏置法　　　　图 2-2-96　"倒角"结果

课后拓展

【重点串联】——压盖建模关键步骤

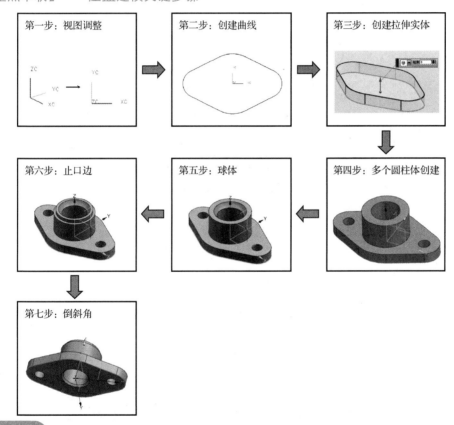

练 习

【基础训练】

1. 下列哪个不是垫块可以设置的半径圆角值？（　　　）

A. 放置面半径　　　　B. 顶面半径　　　　C. 拐角半径　　　　D. 轮廓半径

2. 下图中哪个图标表示用"点—平行"的方式创建直线？（　　　）

A.　　　　　　　　B.　　　　　　　　C.　　　　　　　　D.

3．以下哪个选项不是创建"孔"特征的方法？（   ）

A．简单孔 B．螺纹孔 C．沉头孔 D．埋头孔

4．下图是在草图中绘制圆，请指出哪个是用"中心和直径"的方法绘制的？（   ）

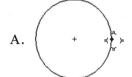 A. 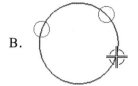 B.

5．"镜像曲线"的对象不能是（   ）。

A．曲线 B．实体边缘 C．实体 D．草图

【技能实训】

1．根据图形尺寸进行三维建模（见图 2-2-97）。

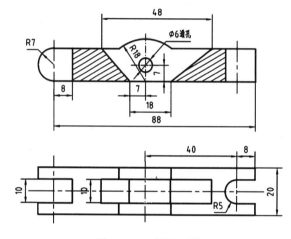

图 2-2-97 练习 1 图

2．图形尺寸进行三维建模（见图 2-2-98）。

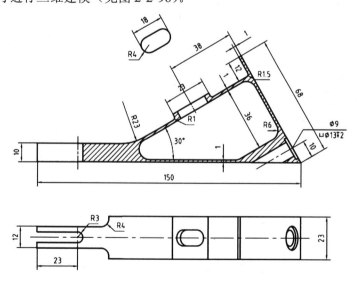

图 2-2-98 练习 2 图

任务 2.3 螺栓三维数字建模

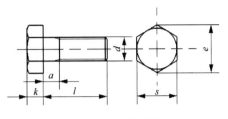

螺栓_表达式创建

任务引入

我们前面已经完成了任务 2.1 锥形轴、任务 2.2 压盖的建模，锥形轴我们采用基本体素建模，压盖我们使用截面拉伸建模。螺栓一般是标准件，会有一族形状相似、尺寸不同的零件，为了节省建模工作量，我们可以采用参数化建模，形成一族零件，建立零件库，使用参数驱动直接生成。现在我们来完成如图 2-3-1 所示六角螺栓的三维数字建模，并建立螺栓的库文件。

图 2-3-1 六角螺栓关键尺寸

任务分析

六角螺栓关键尺寸如图 2-3-1 所示，规格如表 2-3-1 所示。我们以 M8 螺栓为例，需要正确分析螺栓零件图纸尺寸要求，建立正确建模思路，由曲线建立剖面轮廓线，通过拉伸创建实体，并建立螺栓部件族。

表 2-3-1 六角螺栓规格　　　　　　　　　　　　　　　　　　　　单位：mm

螺纹规格 d	a（max）	e	k 公称	s（max）	l 范围
M5	3.2	8.63	3.5	8	10～40
M6	4	10.89	4.0	10	12～50
M8	5	14.20	5.3	13	16～65
M10	6	17.59	6.4	16	20～80
M12	7	19.85	7.5	18	25～100
…	…	…	…	…	…

建立标准件模板可以提高设计效率。螺钉是标准件，如图 2-3-2 所示。一般来说，外形比较简单，先完成六角形和圆绘制；接着使用拉伸命令完成六棱柱和圆柱的建模；最后完成螺钉的附属特征：倒圆角/倒斜角、符号型螺纹。关键要建立参数化设计和生成部件族，创建零件库，提高设计效率。

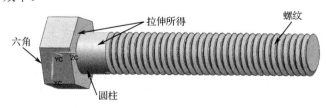

图 2-3-2 螺栓特征分解图

通过完成螺栓建模，可以学会绘制编辑曲线、应用公式创建曲线、创建公制或英制螺纹、表达式创建和编辑、使用抑制表达式，能创建部件族。

任务实施

一、螺栓创建

Step1：创建文档

"新建"模型文件，并命名为"GB5780_M8"，单位为"毫米"，单击"确定"按钮进入建模模块。

Step2：建立关键尺寸表达式

1. 表达式

选择"菜单"→"工具"→"实用工具"→"表达式"命令 ，或直接单击工具条中的"表达式"按钮，弹出如图 2-3-3 所示"表达式"对话框，在该对话框中输入 M8 螺栓的关键尺寸。

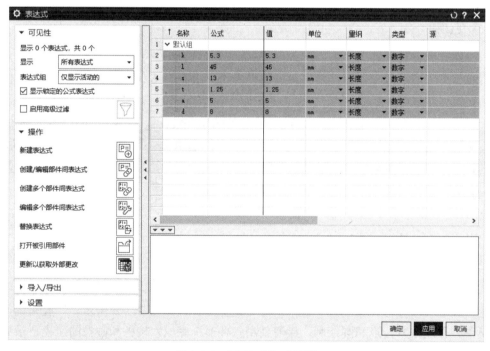

图 2-3-3 "表达式"对话框

2. 在对话框中创建参数表达式

单击对话框左侧的"新建表达式"按钮，在对话框右侧会新建一行表达式，在"名称"

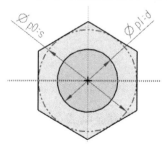

图 2-3-4 螺栓草图

中输入参数名；在"公式"中输入数值，则表达式创建完成。按此方法，把 M8 螺栓的关键尺寸按图 2-3-3 所示输入。完成后单击"确定"按钮，退出"表达式"对话框。

Step3：创建螺栓六角截面草图

单击"草图"图标按钮 ，选择 XY 平面为草图基准面，绘制如图 2-3-4 所示草图（草图创建的详细步骤和过程参考任务 3.2 中相关知识草图部分），完成后单击 退出草图。

螺栓_模型创建

Step4：拉伸六边形实体

拉伸草图中的六边形（操作步骤参考任务 2.2 中相关知识——拉伸），距离由表达式 k 约束，如图 2-3-5 所示。

Step5：拉伸草图中的 Øp10=d 圆

拉伸草图中的 Øp10=d 圆，距离由表达式 $k+1$ 约束，参数设置如图 2-3-6 所示。

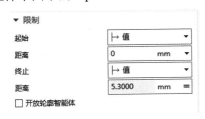

图 2-3-5　距离表达式 k

图 2-3-6　距离表达式 $k+1$

Step6：创建螺纹，螺纹长度 l-a

1．单击"螺纹"图标按钮

单击"螺纹"图标按钮，或选择"菜单"→"插入"→"设计特征"→"螺纹"命令，出现如图 2-3-7 所示"螺纹"对话框。

2．选择螺纹生成面——圆柱面

移动光标到绘图区域，选择 ø10 圆柱面。

3．在对话框中设置螺纹参数

对话框参数设置如图 2-3-7 所示，"类型"为"详细"；内径=$d-1.3*t$=6.375（t 为螺距）；螺距为 t=1.25；螺纹长度=$l-a$=40。输入完成单击"确定"按钮，即完成螺纹创建，结果如图 2-3-8 所示。

图 2-3-7　"螺纹"对话框

图 2-3-8　创建成的详细螺纹

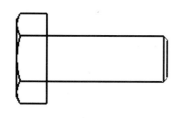

图 2-3-9　完成的螺栓实体

完成的螺栓实体如图 2-3-9 所示。

二、创建部件族

螺栓_部件族创建

Step1：创建部件族数据表格

如图 2-3-10 所示，选择"菜单"→"工具"→"部件和特征"→"部件族"命令，或单击"菜单"工具条中的"部件族"命令按钮 部件族，弹出如图 2-3-11 所示对话框。

图 2-3-10　创建部件族路径

图 2-3-11　"部件族"对话框

Step2：添加可用列

将对话框中"可用的列"的 a、d、t、k、l、s 几个参数通过 "操作"加入到"选定的列"中；选择 a、d、t、k、l、s 后单击"操作"中的 图标按钮，在"选定的列"末尾会添加"a、d、e、k、l、s"。

Step3：创建电子表格

打开"设置"扩展栏，如图 2-3-12 所示，设置"族保存目录"，与零件放在同一目录下，设置保存 Excel 表格路径。

▼ 设置
☑ 可导入部件族模板
☐ 生成部件族成员的质量数据
☐ 识别模板的有效族成员
族保存目录
E:\000庞雨花\教材\模型文件\

图 2-3-12　"设置"扩展栏

Step4：创建 Excel 电子表格

单击"部件族"对话框中的"创建电子表格"按钮，系统自动生成如图 2-3-13 所示 Excel 表格。

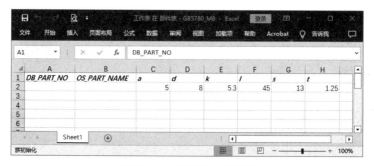

图 2-3-13　部件族电子表格

Step5：输入部件族其他螺栓参数

在打开的 Excel 表格中输入其他规格螺栓的参数，Excel 表格版本不同，对话框也不完全相同。如图 2-3-14 所示为 2016 版本部件族电子表格。

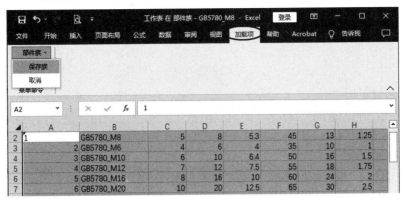

图 2-3-14　2016 版本部件族电子表格

温馨提示：OS_PART_NAME 是装配时要调用的标准件的名称，在该栏目下输入的名称必须与零件名一致。

Step6：数据关联

在 2016 版本中数据输入完毕后，选中所有数据，单击图 2-3-13 中"加载项"选项卡，电子表格改成如图 2-3-14 所示形式，选择"文件"→"部件族"→"保存族"命令保存，并退出 Excel，回到 UG NX 中的"部件族"对话框，对话框中新增如图 2-3-15 所示"部件族电子表格"选项及右侧的部件族成员选项。

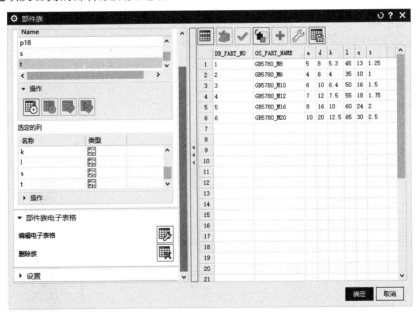

图 2-3-15　对话框中新增"部件族电子表格"选项及成员表格

Step7：部件族生成

回到 UG NX 2212 界面下，单击"确定"按钮，即完成"部件族创建"，保存螺栓文档。

Step8：建立螺栓实体引用集

选择"菜单"→"格式"→"引用集"命令，弹出"引用集"对话框，选择引用集"BODY"，再选择已完成的螺栓实体加入。

Step9：设置部件属性

输入名称为螺栓；材料为 A3。

三、部件族的引用

Step1：新建装配文件

选择"文件"→"新建"命令，弹出"新建"对话框，单击"装配"，再单击"确定"按钮，即可进入装配环境，如图 2-3-16 所示"装配"对话框自动弹出。

Step2：匹配部件族成员

单击图 2-3-16 所示对话框中的"打开"命令按钮，弹出如图 2-3-17 所示"部件名"对话框；在该对话框中选择所需零件，双击该组件名，则完成组件加载，弹出"选择族成员"对话框，如图 2-3-18 所示，选择所需要调用的族成员，完成部件的加载，如图 2-3-19 所示。

图 2-3-16　"装配"对话框（添加组件）

图 2-3-17　"部件名"对话框

图 2-3-18　"选择族成员"对话框

图 2-3-19　加载成功的组件

相关知识

一、螺纹创建

"螺纹"选项可以在具有圆柱面的特征上生成"符号螺纹",如图 2-3-20 所示,或"详细螺纹",如图 2-3-21 所示。这些特征包括孔、圆柱、圆台以及通过圆周曲线扫掠减去或增添的部分。

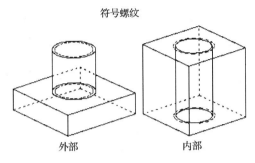

图 2-3-20 "符号螺纹"说明

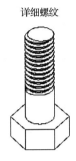

图 2-3-21 "详细螺纹"说明

1. 螺纹参数

螺纹参数如图 2-3-22 所示,参数说明如下:

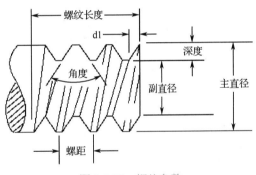

✧ 主直径——是螺纹的最大直径。对于内螺纹,这个直径必须大于内孔圆柱面的直径。

✧ 副直径——是螺纹的最小直径。对于外螺纹,这个直径必须小于圆柱面的直径;对于内螺纹,就是内孔直径。

✧ 螺距——是平行于轴的从螺纹上某一点到下一螺纹的相应点之间的距离。

图 2-3-22 螺纹参数

✧ 螺纹角——是螺纹的两个面之间的夹角,在通过螺纹轴的平面内测量,缺省值是 60 度(大多数螺钉螺纹的标准值)。

✧ 螺纹长度——是从选中的起始面到螺纹终端的距离,平行于轴测量。

温馨提示:螺距、角度和螺纹长度的值都必须大于零。螺距和角度的值必须符合下列标准:

$$0°< angle(角度)<180°$$

$$d1=depth(深度)×tan(angle/2) \leqslant pitch(螺距)/2$$

2. 内螺纹与外螺纹

外螺纹还是内螺纹由选中面的法线自动确定,如图 2-3-23 所示。

3. 左旋与右旋螺纹

沿轴向朝螺纹的一端观察,右旋螺纹是按顺时针、后退方向缠绕的。左旋螺纹是按逆时针、后退方向缠绕的,如图 2-3-24 所示。

4. 选择起始

选择平面定义螺纹的起始位置,矢量指示螺纹方向。

"延伸过起始面"使系统生成完整螺纹直到起始面之外。"不延伸"使系统生成从起始面开始的螺纹，如图 2-3-25 所示。

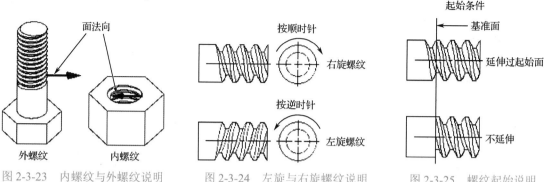

图 2-3-23　内螺纹与外螺纹说明　　　图 2-3-24　左旋与右旋螺纹说明　　　图 2-3-25　螺纹起始说明

5. 从表格中选择

可以通过螺纹表为螺纹提供最适合的缺省值。

6. 起点数

定义螺纹是单头螺纹还是多头螺纹。

7. 螺纹创建操作步骤

Step1：螺纹创建命令

如图 2-3-26 所示，选择"菜单"→"插入"→"设计特征"→"螺纹" 🗒 **螺纹** 命令，或单击"工具条"中的 🗒 **螺纹** 命令按钮，弹出如图 2-3-27 所示"螺纹"对话框。

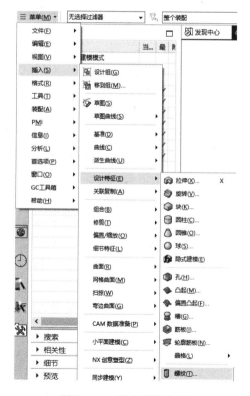

图 2-3-26　创建螺纹路径

图 2-3-27　"螺纹"对话框

Step2：设置螺纹创建类型

在"螺纹"对话框中，设置螺纹创建类型——符号或详细。符号螺纹——如图 2-3-20 所示，仅生成螺纹符号，用于工程图等螺纹示意；详细螺纹——如图 2-3-21 所示，扫掠生成螺纹。我们要创建的是详细螺纹，故螺纹类型选择"详细"。

Step3：选择创建螺纹的圆柱面

如图 2-3-28 所示，移动光标到绘图区域，选择圆柱面，自动出现螺纹预览。

Step4：选择螺纹创建的起始面

激活"螺纹"对话框中的"选择起始对象"，移动光标到绘图区域，选择圆柱面的底面，则将底面设为起始面，螺纹预览如图 2-3-29 所示，如有需要，单击"反向"按钮，改变螺纹生成方向。

图 2-3-28 选择螺纹创建面

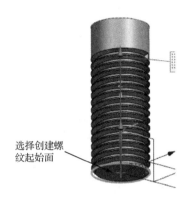

图 2-3-29 "螺纹"起始面选择

Step5：设置牙型

系统会自动根据圆柱面直径生成相匹配的螺纹牙型，如有特殊需求可进行更改。

Step6：设置螺纹限制值

螺纹限制方法有三种，包括"值"、"完整"、"短于完整"，示例如图 2-3-30 所示。

　　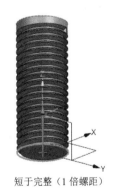

值　　　　　　　　　　完整　　　　　　　　短于完整（1 倍螺距）

图 2-3-30 "螺纹限制"示例

Step7：生成螺纹

设置完成后，单击"确定"按钮，即可完成螺纹创建。

二、多边形

1. 创建矩形 ▭

矩形是常用线框命令，一次可以创建 4 条直线。创建矩形步骤如下。

Step1：创建矩形命令

在工具条空白处右击，选择"定制"命令，弹出"定制"对话框，在"类别"中选择"菜单"→"插入"→"曲线"项，将"矩形"命令添加入"曲线"工具条，如图 2-3-31 所示，单击"曲线"菜单，再单击"矩形"按钮 ▭，弹出如图 2-3-32 所示"点"对话框，系统会进入矩形创建界面。

图 2-3-31 "定制"对话框

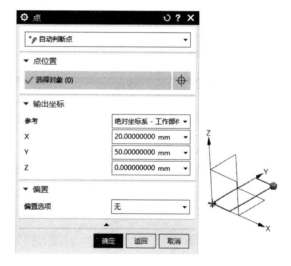

图 2-3-32 "点"对话框及矩形创建

Step2：设置矩形放置基点

系统提示用户指定矩形的第一个角点位置点，单击鼠标，指定第一点；这时，拖动鼠标画面上就出现不确定矩形；拖曳鼠标构造第二个角点的位置点，再单击确定，这样系统将完成一个矩形的创建。图 2-3-33 和图 2-3-34 所示为创建矩形的示意图。

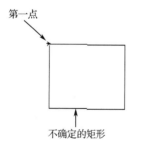

图 2-3-33 矩形第一点

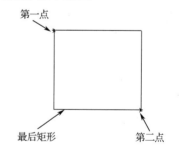

图 2-3-34 矩形第二点

2. 创建正多边形

Step1：调用多边形命令，进入多边形创建界面。

在工具条空白处右击，选择"定制"命令，弹出"定制"对话框。在"类别"中选择"菜单"→"插入"→"曲线"项，将"多边形"命令添加入"曲线"工具条，如图 2-3-31 所示，单击"曲线"工具条中的"多边形"按钮⬡，弹出如图 2-3-35 所示"多边形"对话框，系统进入多边形创建界面。

Step2：定义多边形边数。

输入多边形边数，单击"多边形"对话框中的"确定"按钮，系统会弹出如图 2-3-36 所示的"多边形"半径定义方式对话框。

图 2-3-35 "多边形"对话框

图 2-3-36 "多边形"半径定义方式对话框

Step3：定义多边形尺寸。

如图 2-3-36 所示，在这里一共给用户提供了三种定义的方式——内切圆半径、多边形边（多边形边长）、外接圆半径。

（1）内切圆半径。此方法是用正多边形的内切圆来创建多边形。单击该按钮，系统会弹出图 2-3-37 所示"多边形"设置对话框，分别在"内切圆半径"和"方位角"文本框中输入内切圆半径及方位角度数后，单击"确定"按钮，弹出"点"对话框，设置正多边形的中心，单击"确定"按钮，即可创建如图 2-3-38 所示多边形。

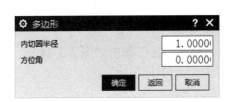

图 2-3-37 "多边形"设置对话框

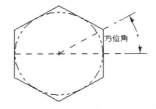

图 2-3-38 由内切圆半径生成的多边形

（2）多边形边（多边形边长）。此方法是用多边形的边长和方位角来定义多边形。单击该按钮后，系统会弹出如图 2-3-39 所示的"多边形"设置对话框，分别在"侧"和"方位角"文本框中输入正多边形的边长及方位角度数后，单击"确定"按钮，弹出"点"对话框。在该对话框中设置正多边形的中心或捕捉点设为中心即可，单击"确定"按钮，完成多边形创建，如图 2-3-40 所示。

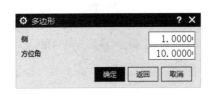

图 2-3-39 "多边形"设置对话框（多边形边）

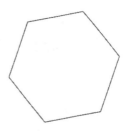

图 2-3-40 由多边形边生成的多边形

温馨提示：对话框中"侧"实际是指多边形的边长。

（3）外接圆半径。此方法使用外接圆创建多边形。单击该按钮后，系统会弹出如图 2-3-41 所示的"多边形"设置对话框，分别在"圆半径"和"方位角"文本框中输入外接圆半径及方位角度数后，单击"确定"按钮，弹出"点"对话框，设置正多边形的中心即可，单击"确定"按钮，创建如图 2-3-42 所示正多边形。

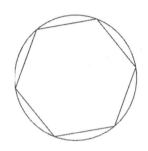

图 2-3-41　"多边形"设置对话框（外接圆半径）　　　图 2-3-42　由外接圆半径生成的多边形

Step4：单击"取消"按钮，退出"点"对话框。

3．椭圆

椭圆也是常用线框命令，创建步骤如下。

Step1：调用椭圆命令，进入椭圆创建界面。

在工具条空白处右击，选择"定制"命令，弹出"定制"对话框。在"类别"中选择"菜单"→"插入"→"曲线"项，将"椭圆"命令添加入"曲线"工具条，单击"曲线"工具条中的"椭圆"按钮○，弹出如图 2-3-43 所示的"点"对话框，系统会进入椭圆创建界面。

Step2：构建椭圆中心点。

使用"点"对话框指定椭圆的中心点，单击"确定"按钮弹出如图 2-3-44 所示"椭圆"对话框。

图 2-3-43　"点"对话框　　　　　　　　　图 2-3-44　"椭圆"对话框

Step3：设置椭圆参数。

在"椭圆"对话框中输入"长半轴"、"短半轴"、"起始角"、"终止角"、"旋转角"参数，单击"确定"按钮即完成椭圆创建。

下面介绍椭圆的主要参数。

（1）长半轴和短半轴。椭圆有两根轴：长轴和短轴（每根轴的中点都在椭圆的中心）。椭圆的最长直径就是主轴，即长轴；最短直径就是副轴，即短轴，如图 2-3-45 所示。长半轴和短半轴的值指的是这些轴长度的一半。

温馨提示：不论每个轴的长度输入的值如何，较大的值总是作为长半轴的值，较小的值总是作为短半轴的值。

（2）起始角和终止角。椭圆是绕 ZC 轴正向沿着逆时针方向生成的。起始角和终止角确定椭圆的起始和终止位置，它们都是相对于主轴测算的，如图 2-3-46 所示。

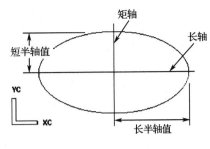

图 2-3-45 椭圆长短轴

（3）旋转角度。椭圆的旋转角度是主轴相对于 XC 轴，沿逆时针方向倾斜的角度，如图 2-3-47 所示。除非改变了旋转角度，否则主轴一般是与 XC 轴平行的。

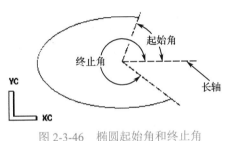

图 2-3-46 椭圆起始角和终止角

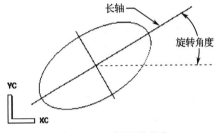

图 2-3-47 椭圆选择角

4．抛物线

抛物线也是常用线框命令，创建步骤如下。

Step1：调用抛物线命令，进入抛物线创建界面。

单击工具条中的"曲线"命令按钮，进入"曲线"绘制模块。单击"抛物线" ╳ 按钮，弹出如图 2-3-43 所示"点"对话框，系统会进入抛物线创建界面。

Step2：使用"点"对话框指定抛物线的中心点。

使用"点"对话框指定抛物线的顶点，单击"确定"按钮，弹出如图 2-3-48 所示"抛物线"对话框。

Step3：设置抛物线参数。

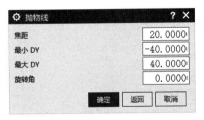

图 2-3-48 "抛物线"对话框

在"抛物线"对话框中，设置抛物线的"焦距"（顶点到焦点的距离）、"最小 DY"（定义抛物线距离对称轴比较近的端点位置）、"最大 DY"（定义抛物线距离对称轴比较远的端点位置）、"旋转角"（对称轴与 XC 轴之间所成的角度）参数后，单击"确定"按钮，即完成如图 2-3-49 所示抛物线创建。

抛物线对话框中各参数的含义如图 2-3-50 所示。

5．双曲线

双曲线也是常用线框命令，与抛物线的创建相似，系统先弹出"点"对话框，让用户确定双曲线的中心位置，接着就会弹出如图 2-3-51 所示的"双曲线"对话框，用户设置有关双曲线的参数后，单击"确定"按钮，即可生成双曲线，示例如图 2-3-52 所示。双曲线各参数的含义如图 2-3-53 所示。双曲线的绘制过程与抛物线相同，这里就不详细说明了。

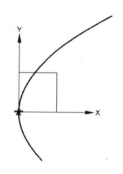

图 2-3-49　生成抛物线

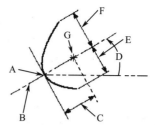

A：抛物线的顶点　　A：抛物线的对称轴
C：抛物线的焦点距离　D：抛物线的旋转角度
E：抛物线的最小DY　F：抛物线的最大DY
G：抛物线的焦点

图 2-3-50　抛物线参数图

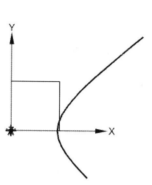

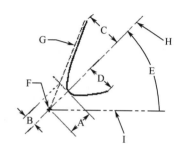

A：双曲线的半横轴长　B：双曲线的半共扼值
C：双曲线的最大DY　　D：双曲线的最小DY
E：双曲线的旋转角度　F：双曲线的中心点
G：双曲线的渐近线　　H：双曲线的对称轴
I：XC轴

图 2-3-51　"双曲线"对话框　　图 2-3-52　"双曲线"示例　　图 2-3-53　双曲线各参数的含义

6. 一般二次曲线创建

选择"菜单"→"插入"→"曲线"→"一般二次曲线"命令∧，系统会弹出如图 2-3-54 所示的"一般二次曲线"对话框。在对话框"类型"中提供了 7 种生成二次曲线的方式。下面首先介绍一下与二次曲线生成有关的 Anchor（锚点）和 Rho 值的含义。

图 2-3-54　"一般二次曲线"对话框

➢ 锚点（Anchor）它表示的是二次曲线两端点切线的交点，具体如图 2-3-55 所示。

➢ Rho。Rho 表示锚点到二次曲线两端点的距离与其在二次曲线上投影点到两端点距离的比值。当该值小于 1/2 时，生成椭圆或椭圆弧；当该值等于 1/2 时，生成抛物线；当该值大于 1/2 时，则生成双曲线。具体含义如图 2-3-55 所示。

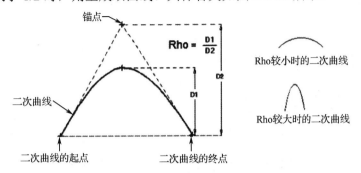

图 2-3-55　锚点和 Rho 的意义

接下来我们说明二次曲线的 7 种生成方式。

（1）5 点方式（5 Points）。如图 2-3-54 所示，本方式是通过点构造器指定起点、内部 3 个点、终点共 5 个点，构建一个如图 2-3-56 所示通过 5 个点的二次曲线。激活图 2-3-54 中的"5 点"选项，用点构造器在图形窗口中构建 5 个点，单击"确定"按钮，就可以生成二次曲线。

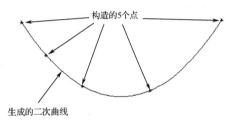

图 2-3-56　"5 点"生成的结果

（2）4 点，1 个斜率方式（4 Points，1 Slope）。本方式是利用 4 个点和 1 个斜率来产生二次曲线。选择该类型后，"一般二次曲线"对话框新增"指定起始斜率"选项如图 2-3-57 所示，利用点构造器构建 4 个点，单击"指定起始斜率"选项，设定第一点的斜率后，单击"一般二次曲线"对话框中的"确定"按钮，便可生成一条通过这 4 个设定点，且与第一点斜率为设定斜率的二次曲线，如图 2-3-58 所示。

图 2-3-57　"指定起始斜率"选项

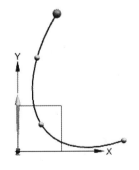

图 2-3-58　"4 点，1 斜率"方式创建的二次曲线

（3）3 点，2 个斜率方式（3 Points，2 Slope）。本方式是利用 3 个点和 2 个斜率来产生二次曲线。选择该选项后，"一般二次曲线"对话框新增"指定起始斜率"、"指定终止斜率"选项如图 2-3-59 所示。应用点构造器依次构建 3 个点，单击"指定起始斜率"选项，指定第 1 点斜率；单击"指定终止斜率"选项，应用点构造器指定第 3 点斜率。设定第三点的斜率后，

单击"确定"按钮，便可生成一条通过这 3 个设定点，且第 1 点、第 3 点斜率分别为各自的设定斜率的二次曲线，如图 2-3-60 所示。

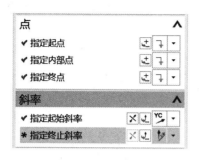

图 2-3-59 "3 点，2 个斜率"新增选项 　　　　图 2-3-60 "3 点，2 个斜率"方式创建的曲线

（4）3 点，锚点方式（3 Points，Anchor）。本方式是利用 3 个点和锚点来产生二次曲线。选择该方式后，"一般二次曲线"对话框新增"锚点"选项如图 2-3-61 所示。应用点构造器依次构建 3 个点，单击"锚点"→"指定点"按钮，指定锚点，单击"确定"按钮，便可生成一条通过这三个设定点，且其锚点为设定点的二次曲线，如图 2-3-62 所示。

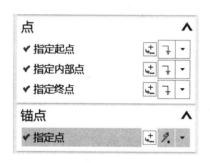

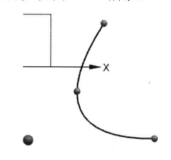

图 2-3-61 "3 点，锚点"新增选项 　　　　图 2-3-62 "3 点，锚点"方式创建的曲线

（5）2 点，锚点，Rho 方式（2 Points，Anchor，Rho）。本方式是利用 2 个点、锚点和 Rho 来产生二次曲线。选择该方式后，"一般二次曲线"对话框新增"锚点"、"Rho"选项如图 2-3-63 所示。应用点构造器依次构建 3 个点，在 Rho 文本框中设定 Rho 值以确定二次曲线的形式，这样便可生成一条通过 2 个设定点，其锚点为设定锚点，Rho 为设定值的二次曲线了，结果如图 2-3-64 所示。

图 2-3-63 "2 点，锚点，Rho"新增选项 　　　　图 2-3-64 "2 点，锚点，Rho"方式创建的曲线

温馨提示：在确定 Rho 值时，要注意它必须介于 0 和 1 之间（不包括 0 和 1），否则系统将显示错误信息。

（6）2 点，2 个斜率，Rho 方式（2 Points，2 Slope，Rho）。本方式是利用 2 个点和 2 个斜率并配合 Rho 值来产生二次曲线。选择该方式后，"一般二次曲线"对话框新增"指定起始斜率"、"指定终止斜率"、"Rho"选项如图 2-3-65 所示。应用点构造器依次构建 2 个点；单击"指定起始斜率"选项，指定第 1 点斜率；单击"指定终止斜率"选项，指定第 2 个点斜率；在 Rho 文本框中设定 Rho 值以确定二次曲线的形式，这样便可生成一条通过 2 个设定点，起点与终点为两个设定点且斜率为设定斜率，Rho 值为设定值的二次曲线，结果如图 2-3-66 所示。

图 2-3-65　"2 点，2 个斜率，Rho"新增选项　　图 2-3-66　"2 点，2 个斜率，Rho"方式生成的曲线

（7）系数方式（Coefficients）。本方式是利用设置二次方程的系数来产生二次曲线。选择该方式后，弹出如图 2-3-67 所示的"一般二次曲线"对话框，在文本框中分别输入二次曲线的一般方程式 $Ax^2+Bxy+Cy^2+Dx+Ey+F=0$ 中的 6 个系数 A、B、C、D、E 及 F，这样系统即会依照工作坐标原点的位置生成一条二次曲线，如图 2-3-68 所示。

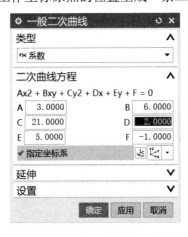

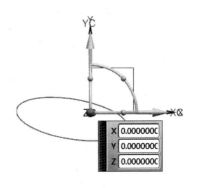

图 2-3-67　"一般二次曲线"对话框　　　　图 2-3-68　"系数"方式生成的曲线

7. 规律曲线

规律曲线就是 X、Y、Z 坐标值按设定规则变化的样条曲线。利用规律曲线可控制建模过程中某些参数的变化规律，如螺旋线中螺旋半径变化的控制、曲线形状的控制、面倒圆截面的控制及在构造自由曲面过程中的角度或面积的控制等。

选择"菜单"→"插入"→"曲线"→"规律曲线"命令，系统会弹出如图 2-3-69 所示的"规律曲线"对话框，在此可以定义 X、Y、Z 三个方向的变化规律。

对话框中提供了 7 种规律子功能，它们分别说明如下。

◇ 恒定。本选项控制坐标或参数在创建曲线过程中保持常量。选择本选项后，弹出如图 2-3-70 所示"恒定规律控制"对话框，在对话框的"值"文本框中输入参数值即可确定所定义方向的规律。

◇ 线性。本选项控制坐标或参数在整个创建曲线过程中在某数值范围内呈线性变化。选择本选项后，弹出如图 2-3-71 所示的"线性规律控制"对话框，在对话框的"起点"及"终点"文本框中输入变化规律的数值控制范围，即起始值和终止值即可。

◇ 三次。本选项控制坐标或参数在整个创建曲线过程中在某数值范围内呈三次变化。选择该选项后，弹出的对话框同图 2-3-71 的相同，相关参数设置也类似。

图 2-3-69 "规律曲线"对话框

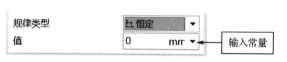

图 2-3-70 "恒定规律控制"对话框

图 2-3-71 "线性规律控制"对话框

◇ 沿脊线的线性。本选项控制坐标或参数在沿一脊线设定两点或多个点所对应的规律值间呈线性变化。选择该选项后，弹出如图 2-3-72 所示对话框，系统会提示选择一脊线，再利用点构造器设置脊线上的点，最后在对话框的"沿脊线的值"栏下的"点"框中输入值即可。

◇ 沿脊线的三次。本选项控制坐标或参数在沿一脊线设定两点或多个点所对应的规律值间呈三次变化。选择该选项后，弹出如图 2-3-72 所示对话框，相关参数设置也类似。

◇ 根据方程。本选项利用表达式来控制坐标或参数的变化。在使用该功能前，先要利用下拉菜单中的"工具"→"表达式"命令，设定表达式中变量及欲按变化规律控制的坐标或参数的函数表达式。然后选择该选项后，在弹出的如图 2-3-73 所示对话框的文本框中输入变量名，再在随后弹出的对话框的文本框中输入在 X 上欲按规律控制的坐标或参数的函数名，最后同样依次完成 Y 和 Z 上的设置即可。

图 2-3-72 "沿脊线的线性规律控制"对话框

图 2-3-73 "根据方程控制"对话框

◇ 根据规律曲线。本选项利用存在的规律曲线来控制坐标或参数的变化。选择该选项后，系统对话框如图2-3-74所示，先选择一存在的规律曲线，再选择一条基线来辅助选定曲线的方向，也可以维持原曲线的方向不变，最后单击"确定"按钮。

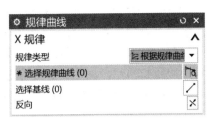

图 2-3-74 "根据规律曲线"对话框

例如，我们要创建一条正弦曲线，其变化规律分别为，X坐标为0到2π，Y坐标变化为1到10之间呈正弦变化，Z坐标为0，操作步骤如下。

Step1：选择"工具"→"表达式"命令，出现如图2-3-75所示"表达式"对话框，按图所示输入表达式，即输入 t=1；xt=2*pi()*t；yt=10*sin(360*t)；zt=0，单击"应用"按钮，再单击"确定"按钮。

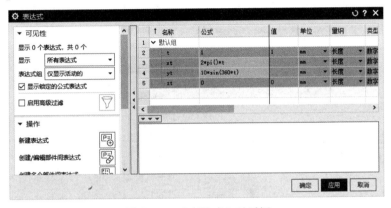

图 2-3-75 "表达式"对话框

Step2：选择"菜单"→"插入"→"曲线"→"规律曲线"命令，出现如图2-3-76所示对话框，按图2-3-76所示进行设置。

Step3：单击对话框中的"确定"按钮，即完成如图2-3-77所示正弦曲线创建。

图 2-3-76 "规律曲线"对话框

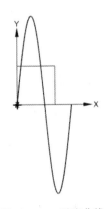

图 2-3-77 正弦曲线

8. 螺旋线创建

螺旋线创建步骤如下。

Step1：选择"菜单"→"插入"→"曲线"→"螺旋"命令 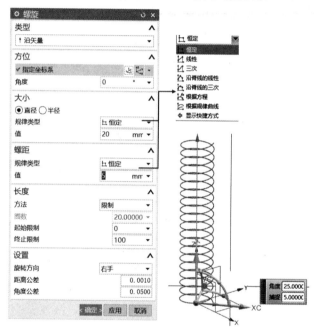，系统会弹出如图 2-3-78 所示的"螺旋"对话框。

Step2：指定参考坐标系及起始角度。移动光标到绘图区域，选择或设置参考坐标系，指定螺旋线起始角，如图 2-3-79 所示。

Step3：指定螺旋线直径或半径大小。在对话框中，选择"直径"或"半径"方式。如图 2-3-78 所示，指定"恒定"的直径，"值"为 20mm。

Step4：指定螺距。在对话框中，指定"螺距"类型。如图 2-3-78 所示，指定"恒定"的螺距，"值"为 5mm。

Step5：螺旋线长度。在对话框中，指定螺旋线"长度"及起始和终止限制。如图 2-3-78 所示，指定"起始限制"为 0，"终止限制"为 100mm。

Step6：指定设置旋转方向。设置螺旋线为左旋还是右旋，一般为右旋，所以设置成"右手"。

Step7：单击"确定"按钮，创建成如图 2-3-79 所示螺旋线。

图 2-3-78　"螺旋"对话框　　图 2-3-79　创建完成的"螺旋线"

螺旋线的螺旋半径和螺距的设置方法有 7 种，我们可以利用对话框中提供的 7 种方法来控制螺旋半径沿轴线的变化方式，这 7 种方法我们前面已经讲过，在此就不再重复了。

操作实例：假设创建一条阿基米德螺旋线，其变化规律分别为半径从 15 变化到 60，3 圈。操作步骤如下。

Step1：选择"菜单"→"插入"→"曲线"→"螺旋线"命令；在弹出的如图 2-3-78 所示"螺旋线"对话框中，"长度"→"方法"选择"圈数"，圈数设置为 3。

Step2：对话框中"大小"选择"半径"，"规律类型"选择"线性"，新增如图 2-3-80 所示"线性"项，在新增项"起始值"框中输入"10"；"终止值"框中输入"60"。

Step3："螺距"设置为恒定值"0"。

Step4：单击对话框中的"确定"按钮，即完成如图 2-3-81 所示阿基米德曲线创建。

图 2-3-80　"线性"项

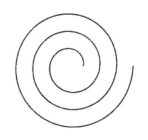

图 2-3-81　阿基米德曲线

课后拓展

【重点串联】——螺栓建模关键步骤

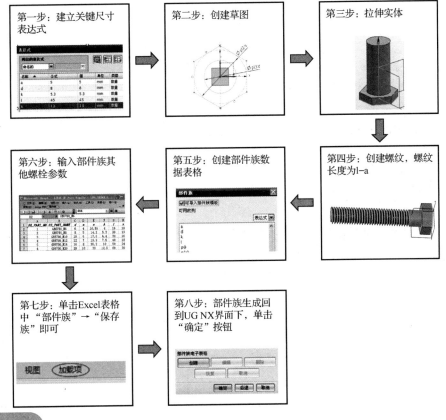

练　习

【基础训练】

一、单选题

1. 部件族功能用于以一个 UG NX 部件文件为基础，建立一系列形状相同但某些参数取值不同的部件，这个部件叫＿＿＿＿。

A. 第一个族文件　　　B. 模板部件　　　C. 原始族文件　　　D. 基础文件

2. 以下＿＿＿＿指令用于创建条件表达式。

A. If Else　　　　　B. Do While　　　C. Do Until　　　D. Else If

3. _____符号不能用作命名表达式。

A. A（字母）　　　　　　B. -（连字符）　　　　　C. _（下画线）　　　　　D. 1（数字）

4. _____功能创建一个表达式，用值 1 或 0 来压缩/解压缩一个特征。

A. 激活表达式　　　　　B. 删除表达式　　　　　C. 抑制表达式　　　　　D. 重定义表达式

5. _____是一个只读部件，与部件族的模板部件和部件族的参数电子表单相关联。

A. 部件族　　　　　　　B. 成员部件　　　　　　C. 标准部件　　　　　D. 族实例

二、多选题

1. 当单击参数输入按钮时，可以选择_____选项。

A. 测量　　　　　　　　B. 公式　　　　　　　　C. 表达式　　　　　　　D. 参考

2. 在"表达式"对话框中，"列出的表达式"的分类方法有_____。

A. 全部　　　　　　　　　　　　　　　　　B. 按名称过滤

C. 按值过滤　　　　　　　　　　　　　　　D. 按时间戳记过滤

3. 扫掠特征是一截面线串移动所扫掠过的区域构成的实体，作为截面线串的曲线可以是_____。

A. 实体边缘　　　　　B. 二维曲线　　　　　C. 草图特征　　　　　D. 基准面边缘

4. 在以下方法中，能通过扫掠特征获得实体的有_____。

A. 一封闭的截面，同时体类型设置为实体

B. 以回转扫描的开放截面，并定义回转角度为 360 度

C. 带有拔模操作的开放截面

D. 带有偏置操作的开放截面

【技能实训】

1. 圆柱销的实体建模

圆柱销关键尺寸如图 2-3-82 所示，规格如表 2-3-2 所示。

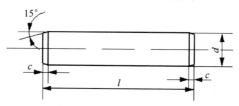

图 2-3-82　圆柱销关键尺寸

表 2-3-2　圆柱销规格　　　　　　　　　　　　　　　　　　　单位：mm

d	c	l
1	0.2	4～10
2	0.35	6～20
3	0.5	8～30
4	0.63	8～40
5	0.8	10～50
…	…	…

2. 开槽沉头螺钉的部件族建模

开槽沉头螺钉关键尺寸如图 2-3-83 所示，规格如表 2-3-3 所示。

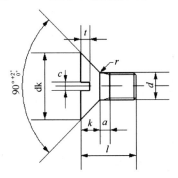

图 2-3-83　开槽沉头螺钉关键尺寸

表 2-3-3　开槽沉头螺钉规格　　　　　　　　　　　　单位：mm

螺纹规格 d	a（max）	n	t	dk	k（max）	r	l 范围
M2	0.8	0.5	0.4	3.8	1.2	0.5	3～20
M3	1	0.8	0.6	5.5	1.65	0.8	5～30
M4	1.4	1.2	1	8.4	2.7	1	6～40
M5	1.6	1.2	1.1	9.3	2.7	1.3	8～50
M6	2	1.6	1.2	11.3	3.3	1.5	8～60
…							

任务 2.4　阀体三维数字建模

任务引入

我们前面已经完成了锥形轴、压盖、螺栓的建模，现在来完成如图 2-4-1 所示阀体的三维数字建模。

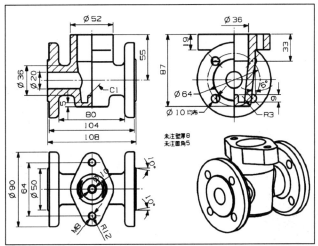

图 2-4-1　阀体（shell）零件图纸

任务分析

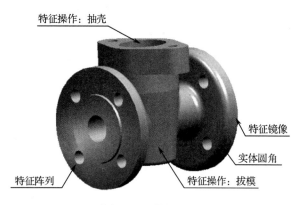

图 2-4-2　特征分解

要完成阀体建模，我们首先要正确分析图 2-4-1 所示的阀体图纸尺寸要求，建立正确的建模思路。在 UG NX 建模模块中依次完成图 2-4-2 所示的各分解特征，由成形特征创建实体，通过抽壳、布尔运算等特征操作完成最终产品的三维建模。

阀体的建模方法有多种，由图 2-4-2 可见，阀体可由圆柱体、凸台、圆锥体和中间拉伸体构成。因此，首先创建中间 ø36 圆柱体，扫掠特征的引导线，再移动、旋转坐标系后创建截面线，使用"沿引导线扫掠"构建中间部分实体；接着在两头创建圆柱体，绘制槽口形状，拉伸修剪完成槽口；创建六边形，布尔运算设为"减去"并拉伸完成六边形孔造型；最后完成边圆角创建。

通过阀体建模，我们要掌握特征操作：拔模角、抽壳；掌握成形特征放置面选择；掌握凸台创建；掌握定位圆形特征；掌握特征操作：特征镜像、特征阵列；会应用设计特征——镜像特征、镜像体减少建模操作；会特征引用——圆周阵列；会根据建模需要应用凸台创建特征；会对圆形特征进行定位；会抽壳操作。

任务实施

Step1：创建文档

阀体_中间部分

启动 UG NX 2212，"新建"文件，选择"模型"，并命名为"截止阀阀体"，单位为"毫米"，确定后，进入 UG NX 2212 建模模块。

Step2：建立 Ø52×33 圆柱

完成图 2-4-3 所示的基本体素圆柱体，设置矢量方向为"-ZC"，底面圆心坐标为（0，0，0）。

Step3：建立凸台

1. 执行凸台命令

单击"凸台"命令按钮 （按照前述方法打开"定制"对话框，将"凸台"命令添加入工具条），弹出如图 2-4-4 所示对话框。

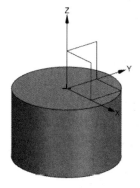

图 2-4-3　基本体素圆柱体

图 2-4-4　"凸台"对话框

2．选择放置面

如图 2-4-5 所示，移动光标到绘图区域，单击 Ø52 圆柱下底面，生成预览。

3．输入参数

按图 2-4-4 所示输入参数，单击"确定"按钮，出现如图 2-4-6 所示凸台"定位"对话框。

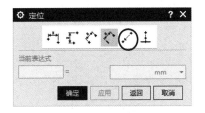

图 2-4-5　选择凸台放置面　　　　　　　　图 2-4-6　凸台"定位"对话框

4．定位凸台

在凸台"定位"对话框中，单击"点落在点上"图标按钮，移动光标到绘图区域，目标对象选择 Ø52 圆柱底边，弹出"设置圆弧的位置"对话框，选择"圆弧中心"选项，如图 2-4-7 所示，定位凸台，完成凸台创建，结果如图 2-4-8 所示。

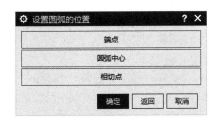

图 2-4-7　"设置圆弧的位置"对话框

图 2-4-8　完成的凸台

Step4：创建壳体

单击特征工具条中的"抽壳"命令按钮●，或者选择"菜单"→"插入"→"偏置/缩放"→"抽壳"命令，弹出"抽壳"对话框，如图 2-4-9 所示。

1．定义开放面（要移除的面）

选择 Ø52 圆柱上底面作为要移除的面，如图 2-4-10 所示。

2．定义厚度

在对话框的"厚度"框中输入 8。

图 2-4-9 "抽壳"对话框

图 2-4-10 定义抽壳示意

3. 定义交变厚度

选择底平面为交变厚度面，如图 2-4-10 所示，并输入数值 5（图纸中底面为 5，其他为均匀厚度），单击"确定"按钮，完成抽壳特征的创建。

Step5：创建拉伸特征

1. 创建截面曲线

（1）创建截面外形线。按图 2-4-1 所示尺寸，用"基本曲线"命令创建如图 2-4-11 所示截面曲线（Ø52 圆、R12 圆弧、4 条相切直线）。建模步骤同任务 2.2 压盖相似。

（2）抽取内孔曲线。选择"菜单"→"插入"→"派生曲线"→"偏置"命令🖱️，弹出如图 2-4-12 所示"偏置曲线"对话框。移动光标选择抽取内孔边缘，如图 2-4-13 所示，偏置距离设置为 0，单击对话框中的"确定"按钮，完成曲线抽取。

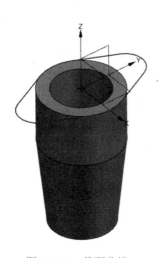

图 2-4-11 截面曲线

图 2-4-12 "偏置曲线"对话框

2．创建拉伸特征

执行"拉伸"命令，将上述截面曲线向下拉伸 19，布尔运算为"合并"，结果如图 2-4-13 所示。

图 2-4-13　拉伸特征示意

Step6：变换工作坐标系

变换工作坐标系，首先移动坐标系至（40，0，−55），然后绕"−YC 轴"旋转 90°。

1．显示工作坐标系

选择"菜单"→"格式"→"WCS"→"显示"命令，显示工作坐标系。

2．移动工作坐标系

（1）如图 2-4-14 所示，选择"菜单"→"格式"→"WCS"→"原点"命令 ↙，弹出如图 2-4-15 所示"点"对话框，在对话框中输入（40，0，−55），单击"确定"按钮。

图 2-4-14　变换工作坐标系路径

图 2-4-15　"点"对话框

（2）按键盘上的 W 键，显示或隐藏工作坐标系，结果如图 2-4-16 所示。

3．旋转工作坐标系

（1）选择"菜单"→"格式"→"WCS"→"旋转"命令 ↺，弹出如图 2-4-17 所示"旋转 WCS 绕"对话框。

（2）在对话框中选择 −YC 轴：XC --> ZC ，单击"确定"按钮，完成旋转，结果如图 2-4-18 所示。

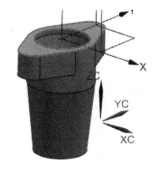

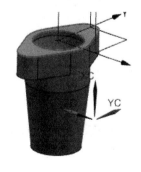

图 2-4-16　移动坐标系结果

图 2-4-17　"旋转 WCS 绕"对话框

图 2-4-18　旋转坐标系结果显示

Step7：创建 Ø36 圆柱特征

（1）用基本曲线中的"圆"命令绘制 Ø36 的圆，如图 2-4-19 所示。

（2）应用"拉伸"命令拉伸 Ø36 的圆至凸台表面，拉伸示意如图 2-4-20 所示，拉伸"限制"参数设置如图 2-4-21 所示，拉伸结果如图 2-4-22 所示。

图 2-4-19　绘制 Ø36 圆　　　　图 2-4-20　拉伸示意　　　　图 2-4-21　拉伸"限制"参数设置

温馨提示：拉伸过程中布尔运算设置为"合并"，"限制""起始"设置为"值"，"距离"数值为 0，"终止"设置为"直至选定"。

Step8：创建凸台

应用"凸台"命令分别创建 Ø90×12 和 Ø50×2 两个凸台，步骤同前。Ø50×2 "凸台""锥角"为 10°，创建结果如图 2-4-23 所示。保存坐标系。

Step9：创建圆孔

（1）移动坐标系至 Ø50 "凸台"顶面圆心，如图 2-4-24 所示。

（2）创建 Ø20 圆孔。用"孔"命令创建 Ø20 圆孔，深度取 54，结果如图 2-4-24 所示。

图 2-4-22　拉伸结果　　　图 2-4-23　完成的 Ø90×12 和 Ø50×2 凸台　　　图 2-4-24　完成的 Ø20 圆孔

（3）创建 Ø10 圆孔。用"基本曲线"中的"直线"命令画 45° 斜线；起点（0，0，2），终点设置如图 2-4-25 所示，在"长度"文本框中输入 32，在"角度"文本框中输入 45，创建的直线如图 2-4-26 所示。

创建的直线

图 2-4-25　起点、终点、设置　　　　　　图 2-4-26　创建的直线

再用"孔"命令创建 Ø10 深度为 12 的圆孔，对齐选项选择"端点"方式，再选择斜线端点，完成 Ø10 圆孔特征创建，如图 2-4-26 所示。

Step10：圆周阵列特征创建其他 Ø10 圆孔

1．调用"阵列特征"命令

单击"阵列特征"按钮 ，或选择"菜单"→"插入"→"关联复制"→"阵列特征"命令，弹出如图 2-4-27 所示对话框。

2．选择阵列对象

移动光标到绘图区域选择 Ø10 圆柱孔作为阵列特征对象，如图 2-4-28 所示。

3．定义布局类型

如图 2-4-27 所示，设置"阵列定义"下的"布局"为"圆形"。

4．指定旋转轴和旋转原点

"指定矢量"选择当前 WCS 系的 ZC 轴，"指定点"选择 Ø90 凸台中心为旋转中心。

5．指定旋转角度方向

设置"斜角方向"下"间距"为"数量和间隔"，"数量"框中输入"4"，"间距角"框中输入"90°"，完成"阵列特征"设置与选择后，对话框中"确定"与"应用"按钮激活可用，单击"确定"按钮，完成圆形阵列，如图 2-4-29 所示。

图 2-4-27 "阵列特征"对话框

图 2-4-28 选择特征对象

图 2-4-29 完成后的圆形阵列

温馨提示：圆形阵列时，ZC 轴方向要与孔轴线方向平行。

Step11：调整工作坐标系

选择"菜单"→"格式"→"WCS"→"定向"命令，弹出如图 2-4-30 所示"坐标系"对话框，选择"绝对坐标系"，确定后将当前 WCS 调整回系统默认的坐标

图 2-4-30 "坐标系"对话框

系原点。

Step12：镜像特征

单击"镜像特征"按钮 ，或选择"菜单"→"插入"→ "关联复制"→"镜像特征"命令，出现如图 2-4-31 所示"镜像特征"对话框。选择整个拉伸、凸台、孔、阵列等实体特征作为镜像特征(可按住 Ctrl 键,在部件导航器中选择多个特征),如图 2-4-32 所示,将 YC-ZC 基准面作为对称面,单击"确定"按钮,完成镜像特征,结果如图 2-4-33 所示。

图 2-4-31　"镜像特征"对话框　　图 2-4-32　选择要镜像的特征　　图 2-4-33　镜像特征结果

Step13：完成其他细节特征

图 2-4-34　完成的阀体

1．创建 M8 螺纹孔

运用"孔"命令创建 M8 螺纹孔。

2．创建 Ø10 凸台

执行"凸台"命令，创建 Ø10 凸台。

3．实体倒斜角

根据图纸要求完成实体边缘斜角 C1。

4．实体倒圆角

根据图纸要求完成实体边缘圆角 R3、R5，隐藏曲线及基准。

阀体_细节特征

最终结果如图 2-4-34 所示。

单击 保存文件，完成建模过程。

相关知识

一、成形特征

成形特征用于添加结构细节到模型上，这些特征包括凸台、凸垫、孔、键槽、腔和沟槽等。

1．安放表面

所有成形特征需要一个安放表面。对大多数成形特征来说安放表面必须是平面的（除去通用凸垫和通用腔外），对沟槽来说安放表面必须是柱面或锥面。

安放表面通常选择已有实体的表面，如果没有平表面可用作安放表面，则可以使用基准平面作为安放表面。

特征是正交于安放表面建立的，而且与安放表面相关联。

2．建立成形特征的通用步骤

✧ 选择"菜单"→"插入"→"设计特征"命令，或单击"基本"工具条。

✧ 选择成形特征类型：凸台、凸垫、孔、键槽、腔和沟槽，或相应图标。

✧ 选择子类型，如孔有简单孔、沉头孔和埋头孔、深度孔和通孔。腔有圆形腔、矩形腔和通用腔。

✧ 选择安放表面。

✧ 选择水平参考（可选项：有长度参数值的成形特征）。

✧ 选择过表面（可选项：通孔和通槽）。

✧ 加入特征参数值。

✧ 定位成形特征。

3．圆形特征定位方式的确定

圆形成形特征的定位方式就是定义特征在附着面上的具体位置。"定位"对话框如图2-4-35所示。

① 水平定位。水平定位尺寸为平行于 X 轴方向的两点距离的水平尺寸，如图2-4-36所示。

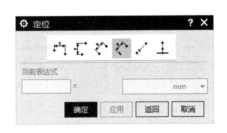

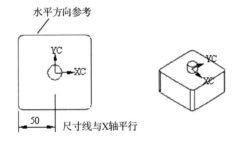

图2-4-35 "定位"对话框　　　　　　　　　图2-4-36 水平定位

② 竖直定位。竖直定位尺寸与竖直方向参考平行，如图2-4-37所示。

③ 平行定位。定位尺寸平行于两点的连线，如图2-4-38所示。

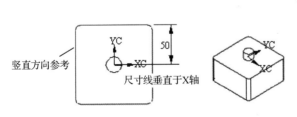

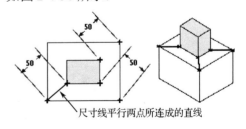

图2-4-37 竖直定位　　　　　　　　　　　图2-4-38 平行定位

④ 垂直定位。定义目标实体上一条边与特征或草图上一个点之间的垂直距离，如图2-4-39所示。

⑤ 点到点定位。定义定位点与目标点重合，如图2-4-40所示。

⑥ 点到线定位。定义定位点在目标直线（边）上，如图2-4-41所示。

⑦ 线到线定位。定义定位直线与目标直线重合，如图2-4-42所示。

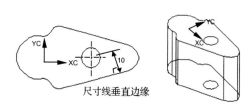

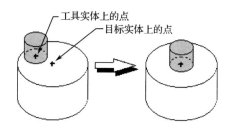

图 2-4-39　垂直定位　　　　　图 2-4-40　点到点定位

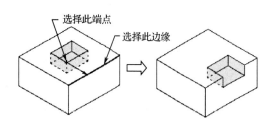

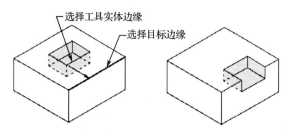

图 2-4-41　点到线定位　　　　　图 2-4-42　线到线定位

二、成形特征：凸台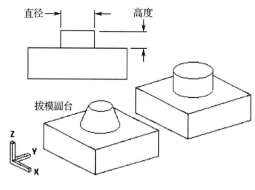

"凸台"——在实体的平面上添加一个圆柱形凸台，是成形特征中的一种。

针对机械零件中的常见形体特征（孔、凸台、垫块等），UG NX 提供了专门的命令来完成，"凸台"选项可以在平面或基准面上生成一个简单的凸台，如图 2-4-43 所示。"凸台"的生成步骤与孔类似。

调用"凸台"命令：选择"菜单"→"插入"→"设计特征"→"凸台"命令或者单击"主页"→"特征组"→"凸台"命令按钮 。

图 2-4-43　凸台

三、特征操作：抽壳

"抽壳"命令通过应用壁厚并打开选定的面修改实体。该命令可以通过定义壁厚，将实心体变为薄壳体，可以均匀定义壁厚也可局部定义壁厚。正的厚度值抽壳可以得到的"壁"为指定的厚度。负的厚度值在原始体（被删除）周围生成一个抽空体，壁厚为指定厚度的绝对值。

调用"抽壳"命令：选择"菜单"→"插入"→"偏置/缩放"→"抽壳"命令或者单击"主页"→"特征组"→"抽壳"命令按钮 ⬡。

抽壳的步骤如图 2-4-44 所示。

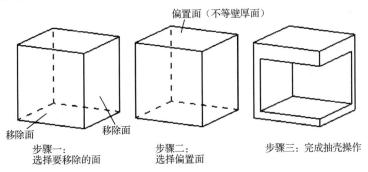

图 2-4-44 抽壳的步骤说明

四、镜像特征

镜像特征：复制特征并跨平面进行镜像。此选项让你用基准平面或平面镜像选定特征的方法来生成对称的模型，如图 2-4-45 所示。要生成简单的镜像体，通常使用镜像体选项，但镜像特征可以让你在体内镜像特征。从此选项输出的是名为 Mirror Set 的特征。在编辑 Mirror Set 特征期间，可以重新定义镜像平面并可以添加和删除镜像与它的特征。

调用"镜像特征"命令：选择"菜单"→"插入"→"关联复制"→"镜像特征"命令或者单击"主页"→"特征组"→"镜像特征"命令按钮 🐜。

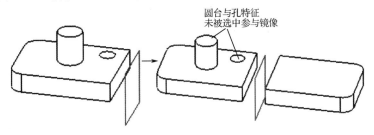

图 2-4-45 镜像特征示意

五、镜像几何体

镜像几何体：复制几何体并跨平面进行镜像。

调用"镜像几何体"命令：选择"菜单"→"插入"→"关联复制"→"镜像几何体"命令或者单击"主页"→"特征组"→"镜像几何体"命令按钮 🐜。

该选项可以关于基准面镜像整个实体，如图 2-4-46 所示。

当镜像几何体时，"镜像"的特征与原先的体相关，它拥有自身不可编辑的参数。

下面的陈述描述了"镜像"特征及它与原先的

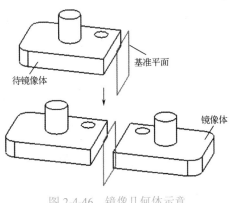

图 2-4-46 镜像几何体示意

体和基准平面之间的关系。

- ◇ 如果在原先的（主）体中改变特征的参数，会导致原先的体改变，那些改变将反射到镜像体中。
- ◇ 如果编辑相关基准平面的参数，则镜像体相应地改变。实际上，当编辑特征参数时选择了"镜像"特征，则自动进入基准平面的编辑对话框。
- ◇ 如果删除原先的体或基准平面，则也会删除镜像体。
- ◇ 如果移动原先的体，则镜像体也会移动。
- ◇ 可以将特征添加到镜像体中。

六、阵列特征

阵列特征：将特征复制到许多阵列或布局（线性、圆形、多边形等）中，并有对应阵列边界、实例方位、旋转和变换的各种选项。该选项可以将已有特征生成引用阵列。一个特征的所有引用与原特征关联，可以编辑特征的参数并且可以将改变映射到特征的每个引用上。圆形阵列示例如图 2-4-47 所示。

调用"阵列特征"命令：选择"菜单"→"插入"→"关联复制"→"阵列特征"命令或者单击"主页"→"阵列特征"命令按钮 。

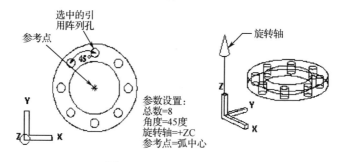

图 2-4-47　圆形阵列示例

七、边倒圆

边倒圆是指对面之间的锐边进行倒圆，半径可以是常数或变量。

该操作通过对选定的边进行倒圆来"加工"一个实体。"加工"圆角时，用一个圆球沿着要倒圆角的边滚动，并保持紧贴相交于该边的两个面，球滚后形成圆角。球在两个面的内部或外部滚动，分别形成凸圆角（减材料）和凹圆角（增加材料），如图 2-4-48 所示。

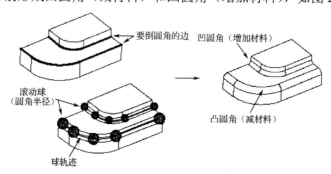

图 2-4-48　边倒圆角说明

调用"边倒圆"命令：选择"菜单"→"插入"→"细节特征"→"边倒圆"命令或者单击"主页"→"特征组"→"边倒圆"命令按钮。

课后拓展

【重点串联】——阀体建模关键步骤

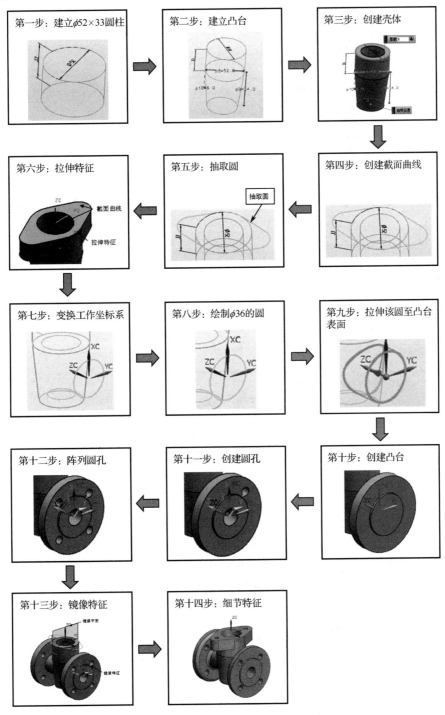

练　习

【基础训练】

现将尺寸为 100 的长方体抽壳，抽壳后测量出左右内侧距离为 100，前后内侧距离为 84，底壳壁厚为 10，请问抽壳的方向？备选的厚度？此时长方体上下的最大尺寸？（如下图所示）（　　　）

A. 向外　　左右备选厚度为 8 上下备选厚度为 10　　上下最大尺寸 100
B. 向里　　左右备选厚度为 10 上下备选厚度为 8　　上下最大尺寸 90
C. 向里　　左右备选厚度为 10 上下备选厚度为 8　　上下最大尺寸 100
D. 向外　　左右备选厚度为 10 上下备选厚度为 8　　上下最大尺寸 90

2. 以下哪个选项不是腔体的创建方法？（　　　）

A. 圆柱形　　　　　B. 矩形　　　　　C. 燕尾形　　　　　D. 一般

【技能实训】

1. 抽壳训练（见图 2-4-49）。

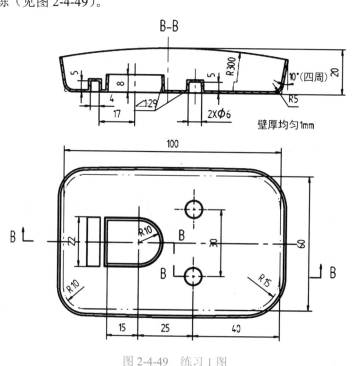

图 2-4-49　练习 1 图

2．综合实训 1（见图 2-4-50）。

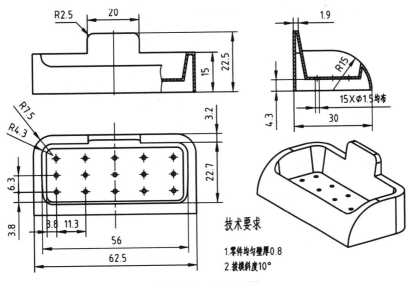

图 2-4-50　练习 2 图

3．综合实训 2（见图 2-4-51）。

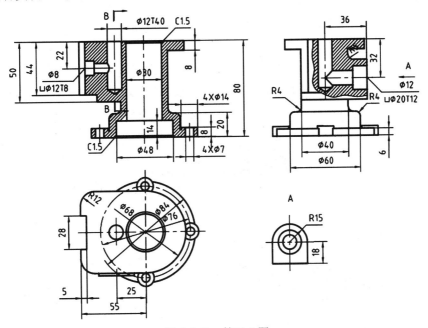

图 2-4-51　练习 3 图

任务 2.5　扳手三维数字建模

任务引入

我们前面已经完成了锥形轴、压盖、螺栓、阀体的建模，学会了基本体素创建、基本曲线的绘制、一般二次曲线的绘制、公式曲线的创建以及设计特征中拉伸、细节特征中边倒圆等基本命令，现在我们来学习应用扫掠、修剪等命令完成如图 2-5-1 所示扳手的三维数字建模。

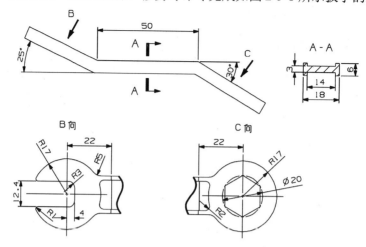

图 2-5-1　扳手（handle）零件图纸

任务分析

扳手的建模方法有多种，条条大路通罗马，只要最终完成建模即可。但一般我们先要正确分析图 2-5-1 所示扳手零件图纸尺寸要求，建立正确建模思路。由图 2-5-2 可见，扳手可以由两圆柱体和中间扫掠体构成，可以在 UG NX 2212 建模模块中创建曲线，建立剖面及引导线，利用沿引导线扫掠操作，完成实体创建，再通过布尔运算等特征操作完成最终产品的三维建模；也可以应用拉伸偏置完成。在此，我们应用扫掠来创建。

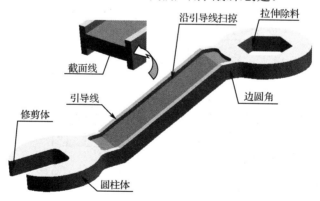

图 2-5-2　扳手建模特征分解

首先创建扫掠特征的引导线，再移动、旋转坐标系后创建截面线，使用"沿引导线扫掠"构建中间部分实体；接着在两头创建圆柱体，绘制槽口形状，拉伸修剪完成槽口；创建六边形，拉伸中布尔运算设为"减去"，完成六边形孔造型；最后完成边圆角创建，就完成了扳手建模。

本任务要求掌握实用工具的应用：工作坐标系的变换；扫掠特征的创建：沿引导线扫掠操作；特征操作：修剪体；根据建模需要变换工作坐标系；使用沿引导线扫掠创建实体；修剪体操作。

任务实施

扳手_扫掠部分

Step1：创建文档

启动 UG NX 2212，"新建"文件，选择"模型"，命名为"扳手"，单位为"毫米"，确定后，进入 UG NX 2212 建模模块。

Step2：调整视图

从图 2-5-2 可以看到，引导线是正视图中的基本曲线。我们先在绘图区域右击，选择"定向视图"→"前视图"命令，如图 2-5-3 所示，将视图调整到正视图——XZ 平面，如图 2-5-4 所示。

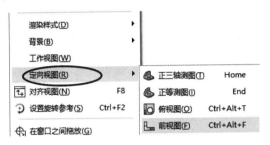

图 2-5-3　视图调整前视图

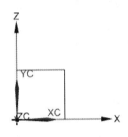

图 2-5-4　当前工作坐标系

Step3：旋转 WCS 工作坐标系

基本曲线一般是在 XY 平面绘制的，所以，首先旋转坐标系。操作步骤同阀体建模中的 Step6。

选择"菜单"→"格式"→"WCS"→"旋转"命令，弹出如图 2-4-17 所示"旋转 WCS 绕"对话框，在对话框中选择 ⊙ +XC 轴：YC --> ZC，"角度"设为 90°，单击"确定"按钮，完成旋转，结果如图 2-5-4 所示。

Step4：应用基本曲线创建引导线

1．工作层设置

选择"菜单"→"格式"→"图层设置"命令，弹出"图层设置"对话框，如图 2-5-5 所示，在"工作层"文本框中输入 41，回车，设置第 41 层为工作层。引导曲线位于该层。

2．利用基本曲线创建引导曲线

利用基本曲线完成引导曲线绘制，尺寸如图 2-5-6 所示，步骤同压盖中的基本曲线的绘制。

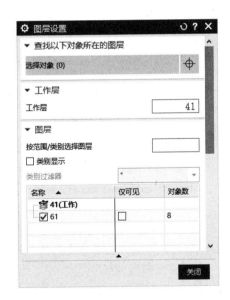

图 2-5-5　"图层设置"对话框（工作层设置）

Step5：变换 WCS 原点

1．移动原点

选择"菜单"→"格式"→"WCS"→"原点"命令 ⤆，移动鼠标捕捉引导线左端点，将坐标原点调整到图 2-5-7 所示的位置，如果工作坐标系 WCS 不显示，则选择"格式"→"WCS"→"显示（W）"命令，或按键盘上的 W 键。

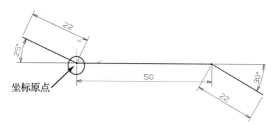

图 2-5-6 引导曲线

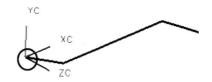

图 2-5-7 新 WCS 原点位置

2．WCS 方向变换

选择"菜单"→"格式"→"WCS"→"旋转 WCS"命令 ，出现的对话框如图 2-5-8 所示。

单击"–YC 轴：XC→ZC"，输入"角度"90°，单击"应用"按钮。

单击"–XC 轴：ZC→YC"，输入"角度"25°，单击"应用"按钮。

单击"取消"按钮退出界面。旋转后的 WCS 如图 2-5-9 所示。

温馨提示：不能再次单击"确定"按钮退出，否则坐标系会再次旋转 25°。

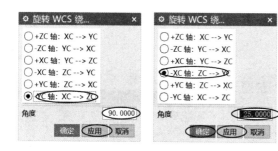

图 2-5-8 "旋转 WCS 绕"对话框

图 2-5-9 旋转后的 WCS

Step6：建立剖面曲线

设置 42 层作为工作层，41 层为可选层。

应用"基本曲线"命令完成剖面曲线绘制，如图 2-5-10 所示。

Step7：创建沿导线扫掠实体

设置第 1 层作为工作层，41 层、42 层为可选层。

选择"菜单"→"插入"→"扫掠（W）"→"沿导引线扫掠（G）…"命令 ，出现如图 2-5-11 所示"沿引导线扫掠"对话框。

1．选择剖面曲线

在选择意图工具条中定义"相连曲线"，单击已建立的图 2-5-10 所示剖面曲线。

2．选择引导线串

在选择意图工具条中定义"相连曲线"，单击已建立的图 2-5-6 所示引导曲线。

3．定义参数

在"沿引导线扫掠"对话框中定义参数，"第一偏置"、"第二偏置"值均为 0，完成的沿引导线扫掠实体，如图 2-5-12 所示。

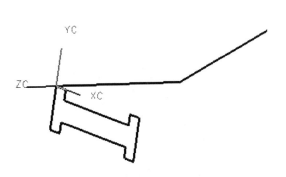

图 2-5-10　剖面曲线　　　　　　　　图 2-5-11　"沿引导线扫掠"对话框

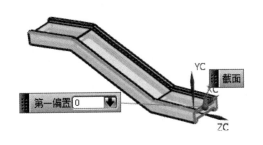

图 2-5-12　沿引导线扫掠实体

Step8：动态坐标系调整

选择"菜单"→"格式"→"<u>W</u>CS"→"动态 WCS"命令 ，当前
WCS 变化为动态坐标系。

扳手_左右部分

1．旋转 WCS

拖动变化后的坐标系 ZC-YC 之间的"旋转球"，旋转后的 WCS 状态如图 2-5-13 所示。

2．平移 WCS

单击 XC 轴箭头，在对话框中输入"距离"为 9，回车后 WCS 状态如图 2-5-14 所示。

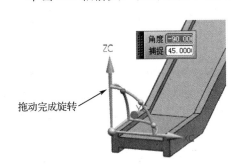

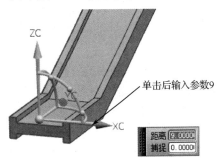

图 2-5-13　旋转后的 WCS 状态　　　　　　图 2-5-14　平移后的 WCS 状态

3. 保存 WCS

选择"菜单"→"格式"→"WCS"→"保存"命令 ，将当前坐标系保存。

Step9：创建 R17 圆柱

利用"圆柱"命令完成 R17 圆柱创建。设置矢量为+ZC，直径为34，高度为6，原点坐标为（0，0，-6）。圆柱与扫掠实体做布尔合并运算，结果如图 2-5-15 所示。

Step10：修剪实体

1. 建立剖面曲线

利用"基本曲线"命令建立图 2-5-16 所示曲线，尺寸参照图纸。

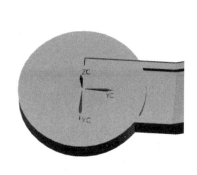

图 2-5-15 完成的圆柱

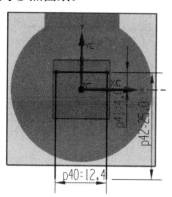

图 2-5-16 截面曲线

2. 创建拉伸实体

利用成形特征"拉伸"命令对剖面曲线进行拉伸。"起始"设为"-8"，"结束"设为"8"。预览状态如图 2-5-17 所示。

完成"拉伸"命令后，隐藏曲线。拉伸所得片体如图 2-5-18 所示。

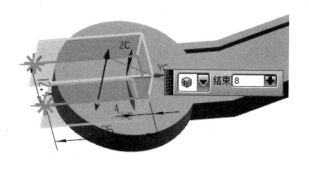

图 2-5-17 拉伸预览状态

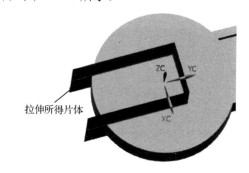

图 2-5-18 拉伸所得片体

3. 修剪实体

选择特征工具条中的"修剪体"命令按钮 ，或选择"菜单"→"插入"→"修剪"→"修剪体"命令，出现如图 2-5-19 所示"修剪体"对话框。目标体选择实体，工具体选择片体，如图 2-5-20 所示，确保去除材料的箭头向内确定后完成的修剪实体如图 2-5-21 所示。

Step11：完成其他实体特征

采用同样方法创建其他实体特征并做布尔运算。注意 WCS 的调整，并使用曲线工具条中的"多边形"命令按钮 来建正六边形曲线。完成后的实体特征如图 2-5-22 所示。

图 2-5-19 "修剪体"对话框

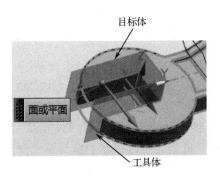

图 2-5-20 目标体和工具体选择

图 2-5-21 修剪实体

图 2-5-22 完成后的实体特征

Step12：细节特征边倒圆

选择特征工具条中的"边倒圆"命令按钮，再选择相应的圆角边，完成实体边圆角，如图 2-5-23 所示。

单击 📄 保存文件，至此已经完成扳手建模，退出 UG NX 2212。

Step13：部件导航器

建模过程完成的特征可参见部件导航器如图 2-5-24 所示。

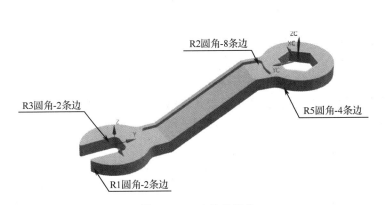

图 2-5-23 实体边圆角

图 2-5-24 部件导航器

相关知识

一、实用工具：工作坐标系的变换

在 UG NX 2212 系统中，坐标系统共包含三种形式，分别为绝对坐标系统 ACS（Absolute Coordinate System）、工作坐标系统 WCS（Work Coordinate System）和加工坐标系统 MCS（Machining Coordinate System），它们均以右手定则定义。其中 ACS 是系统内定的坐标系统，其原点和方向永远保持不变；WCS 即工作坐标系，为提供给用户的坐标系统，一般显示于绘图区中，使用者可以任意变换其原点位置和方向，也可自定义坐标系（CSYS）；MCS 即加工坐标系统，仅在加工模块使用。

选择"菜单"→"格式"→"WCS"下拉菜单，如图 2-5-25 所示。

1．动态坐标系 动态(D)

动态坐标系可以形象直观地实时显示变换结果。选择"动态"命令后，当前坐标系的显示如图 2-5-26 所示，可以针对此坐标系进行"动态"变换。

图 2-5-25 "WCS"下拉菜单　　　　　图 2-5-26 动态坐标系

◇ 坐标系原点移动：通过点构造器或捕捉特殊点完成坐标系原点的移动。

◇ 坐标系轴向移动：选择各轴向的箭头，可以拖动或定义坐标系沿该轴方向移动输入的距离。

◇ 坐标系轴间旋转：选择各轴间圆球，可以拖动旋转"捕捉"角度，或者输入角度确定。可根据右手定则确定角度值的正向。

2．坐标系原点变换 原点(O)

该选项通过点构造器移动坐标系的原点位置，移动后的坐标系三个轴的方向保持不变。

3．旋转坐标系 旋转(R)

该选项可以对坐标系的三个轴间进行任意角度的旋转。

温馨提示：在旋转过程中可以通过单击"应用"按钮观察旋转结果，旋转到位后不应单击"确定"按钮结束，只能单击"取消"按钮，否则会再旋转一次当前角度。

4．定向 定向(N)

该选项提供多种方法，为坐标系的各轴指定新的方向来完成坐标系变换，如图 2-5-27 所示。

◇ 动态：同前。

◇ 自动判断：根据选择对象的不同来确定坐标系。

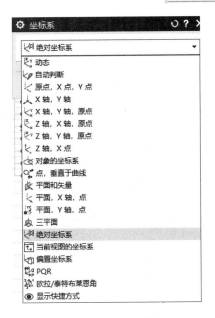

图 2-5-27 定向坐标系构造器

温馨提示：可以利用此项返回已保存的坐标系。

❖ 原点、X 点、Y 点：选择三点确定坐标系 XC-YC 平面，其中 XC 轴通过所定义的原点、X 点，如图 2-5-28 所示。

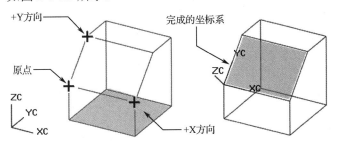

图 2-5-28 原点、X 点、Y 点

❖ X 轴、Y 轴：选择共面的两根直线确定 XC-YC 平面，XC 轴为指定的 X 轴，如图 2-5-29 所示

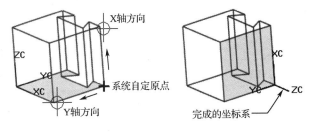

图 2-5-29 X 轴、Y 轴

❖ X 轴、Y 轴、原点：变换后的坐标系 X 轴通过指定的原点，平行于指定的"X 轴"。XC-YC 平面平行于指定的"Y 轴"，如图 2-5-30 所示。

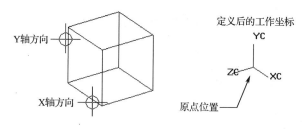

图 2-5-30　X 轴、Y 轴、原点

◇ Z 轴、X 轴、原点：变换后的坐标系 Z 轴通过指定的原点，平行于指定的"Z 轴"。ZC-XC 平面平行于指定的"X 轴"。

◇ Z 轴、Y 轴、原点：变换后的坐标系 Z 轴通过指定的原点，平行于指定的"Y 轴"。ZC-YC 平面平行于指定的"Y 轴"。

◇ Z 轴、X 点：利用矢量构造器确定新坐标系 Z 轴方向，XC-YC 平面通过指定的"X 点"，且 X 轴指向"X 点"，如图 2-5-31 所示。

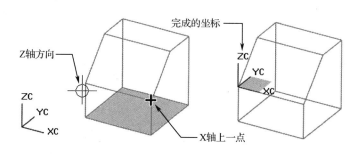

图 2-5-31　Z 轴、X 点

◇ 对象的坐标系：通过选择不同的 2D 几何对象或者平面定位坐标系，如图 2-5-32 所示。

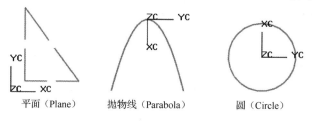

图 2-5-32　对象的坐标系

◇ 点、垂直于曲线：新坐标系 Z 轴与所选曲线切矢同向，且 XC-YC 面通过选择点，如图 2-5-33 所示。

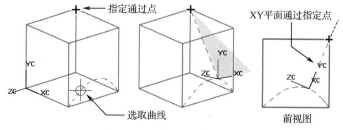

图 2-5-33　点、垂直于曲线

◇ 平面和矢量：新坐标系原点为所选矢量与所选平面的交点，XC-YC 垂直于所选平面；YC 轴的方向与所选矢量在所选平面上的投影同向。温馨提示：所定义矢量方向与平面不能平行。

◇ 平面、X 轴、点：变换后的坐标系 Z 轴与选定平面垂直，X 轴平行于指定的"X 轴"，选择的点为坐标原点。

◇ 平面、Y 轴、点：变换后的坐标系 Z 轴与选定平面垂直，Y 轴平行于指定的"Y 轴"，选择的点为坐标原点。

◇ 三平面：所建立坐标系的 XC、YC、ZC 三轴分别与所选的三个面垂直。

◇ 绝对坐标系：即绝对坐标系，系统内定的坐标系统。

◇ 当前视图的坐标系：将当前的视图平面（屏幕面）定义为 XC-YC 平面。

◇ 偏置坐标系：选择已有坐标系通过三轴向进行增量平移。

◇ PQR：通过定义原点、轴上点（X 轴、Y 轴、Z 轴）、平面点（X-Z 平面、Y-Z 平面）确定坐标系。

◇ 欧拉/泰特布莱恩角：通过指定参考坐标系、坐标系原点，以及相对参考坐标系的相应的旋转角度指定坐标系。

5．WCS 设为 ACS

选择此项可以返回系统默认坐标系。

6．更改 XC 方向

通过点构造器定义一点，垂直于 XC-YC 平面投影至 XC-YC 平面，当前坐标系的 XC 轴指向投影点。

7．更改 YC 方向

通过点构造器定义一点，垂直于 XC-YC 平面投影至 XC-YC 平面，当前坐标系的 YC 轴指向投影点。

8．显示

控制坐标系是否显示。

9．保存

可以将变换后的坐标系保存下来，再次使用时可以返回。

二、扫掠特征——沿引导线扫掠

沿引导线扫掠特征是将所选取的"截面"在指定"引导线"上扫掠成一个体，如图 2-5-34 所示。

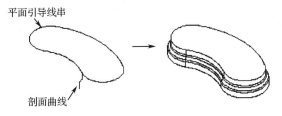

图 2-5-34 沿引导线扫掠

剖面曲线通常应该位于开放式引导路径的起点附近，或封闭式引导路径的任意曲线的端点附近。如果截面曲线距离引导曲线太远，则会得到无法估计的结果。

温馨提示：

❖ 如果剖面对象有多个环，则引导线串必须由线/圆弧连续构成，如图 2-5-35 所示。

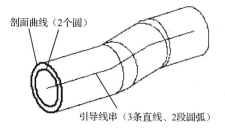

剖面曲线（2个圆）

引导线串（3条直线、2段圆弧）

图 2-5-35　有多个环的截面对象扫掠

❖ 如果沿着具有封闭的、尖锐拐角的引导线串扫掠，建议把剖面曲线放置到远离尖锐拐角的位置，如图 2-5-36 所示。

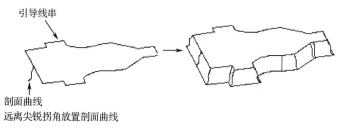

引导线串

剖面曲线
远离尖锐拐角放置剖面曲线

图 2-5-36　剖面曲线的选取

❖ 路径必须是光顺、切向连续的。即如果引导路径上两条相邻的线以锐角相交，或者如果引导路径中的圆弧半径对于截面曲线来说太小，则会出现"自相交"情况，不会产生扫掠特征，如图 2-5-37 所示。

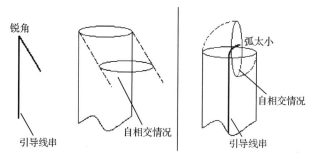

锐角

弧太小

自相交情况

引导线串

自相交情况

引导线串

图 2-5-37　"自相交"情况

三、管（Tube）

管体造型主要是构造各种管型实体。

1．管创建命令

单击命令按钮，或选择"菜单"→"插入"→"扫掠"→"管"命令，弹出如图 2-5-37 所示对话框，用于设定管体的参数。

图 2-5-38 "管"对话框

2．选项说明

（1）外径：用于设置管道的外径，其值必须大于 0。

（2）内径：用于设置管道的内径，值必须大于等于 0，且必须小于外径。

（3）输出类型：用于设置管道面的类型，包含"多段"与"单段"两个选项。

◇ "多段"：用于设置管道为有多段面的复合面。

◇ "单段"：用于设置管道有一段或两段表面，且均为简单的 B-曲面，当内径等于 0 时只有一段表面。

3．参数设置

在图 2-5-38 所示对话框中输入管道外径与内径的值，并设置好管道表面的类型，即可完成管道参数的设置，单击"确定"按钮。

4．选择引导对象

如图 2-5-39 所示，将光标移到绘图区域选择曲线 1 和 2，选择引导对象时，可以直接选择用作引导的对象，但是对于复杂模型，可选对象多，则可先在图 2-5-40 所示选择意图对话框中指定引导对象的类型，再在操作窗口中选择该类型的对象。

选择完引导曲线后，单击对话框中的"确定"按钮或按鼠标中键，系统出现布尔操作对话框，选择生成方式，结果如图 2-5-41 所示。

图 2-5-39 管道引导线　　　　图 2-5-40 选择意图对话框　　　　图 2-5-41 创建成的管道

课后拓展

【重点串联】——扳手建模关键步骤：

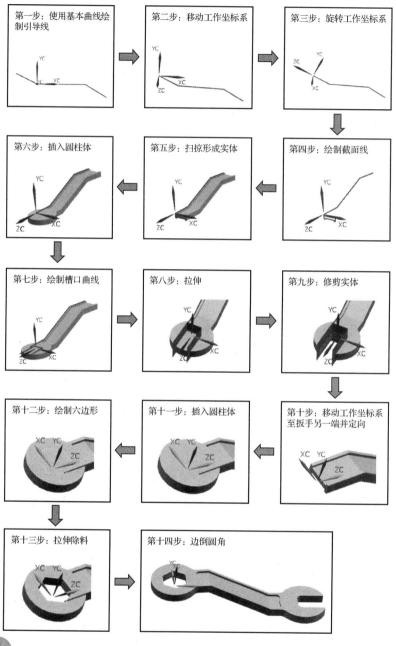

练 习

【基础训练】

一、单选题

1. 设置曲线规则：_____，选择一个相切连续的曲线或边缘链。

A. 相连曲线　　　　B. 片体边缘　　　　C. 相切曲线　　　　D. 面的边缘

2．设置曲线规则：单条曲线，_____，允许指定自动成链不仅在线框的端点停止，还会在线框的相交处停止。

A．在相交处停止 　　 B．跟随圆角 　　　　 C．特征内成链 　　 D．推断停止

3．扫掠——将截面曲线沿引导线扫掠成片体或实体，其截面曲线最少 1 条，最多 150 条，引导线最少 1 条，最多_____条。

A．2 　　　　　　 B．3 　　　　　　 C．4 　　　　　　 D．5

二、多选题

1．在以下方法中，能通过扫掠特征获得实体的有_____。

A．一封闭的截面，同时体类型选项设置为实体

B．一回转扫描的开放截面，并定义回转角度为 360 度

C．带有拔模操作的开放截面

D．带有偏置操作的开放截面

2．当执行沿引导线扫掠时，_____必须定义。

A．截面线串 　　　 B．引导线串 　　　 C．脊椎线串 　　　 D．脊椎轨迹

【技能实训】

1．沿导引线扫掠实训（见图 2-5-42）

2．沿导引线扫掠实训（见图 2-5-43）

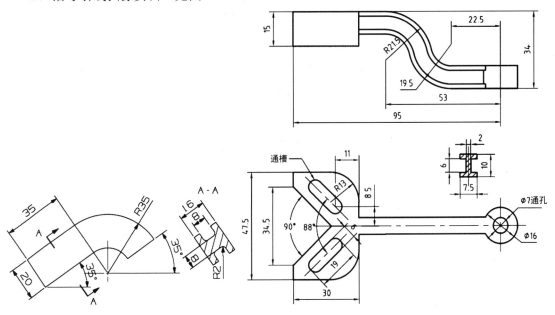

图 2-5-42　练习 1 图　　　　　　　　图 2-5-43　练习 2 图

项目3

空压机三维数字建模

本项目主要在 UG NX 2212 建模模块中，利用草图特征（Sketch）、成形特征、特征操作完成图 3-0-1 所示空压机部件的部分零件的三维设计。重点介绍参数化模型的建模方法，通过空压机三维建模讲解，可以使学生掌握参数化草图的创建，能够对成形特征进行创建，如腔体、凸垫、键槽、沟槽等；会构建点及矢量；能够创建基准特征，合理运用矩形阵列和镜像特征；能应用相关操作完成空压机零件建模。

图 3-0-1　空压机部分零件图

学习目标

【知识目标】

1. 掌握图层操作。
2. 掌握草图绘制。
3. 掌握特征操作：旋转、基准特征、拔模、腔体、垫块、沟槽、修剪体等。

【能力目标】

1. 能熟读并分析复杂工程图。
2. 能根据工程图拆解特征。
3. 能运用草图功能完成参数化截面图形绘制。
4. 能进行旋转、基准特征、拔模、腔体、垫块、沟槽、修剪体等特征操作。

【思政目标】

1．自信自强：充分发挥自身潜力，独立分析问题、解决问题。

2．团队协作：能够与人分工协作，一起探讨并共同完成一项任务。

3．持之以恒：具有达成目标的持续行动力。

4．精益求精：有不断改进、追求卓越的意识。有严谨的求知和工作态度。有坚持不懈的探索精神。能够优化工作计划。能够改进工作方法。

【思维导图】

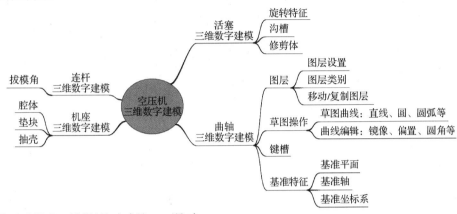

【课时建议】：教学课时建议 16 课时。

任务 3.1　活塞三维数字建模

任务引入

正确分析图 3-1-1 所示活塞零件图纸尺寸要求，建立正确建模思路。在 UG NX 2212 建模模块中首先创建活塞的旋转体外形，接着创建内部的连接用凸台和沉孔，最后创建沟槽和细节特征。在这过程中，我们要能够创建旋转体特征，学会沟槽的创建方法，能够熟练使用"修剪体"命令建模。

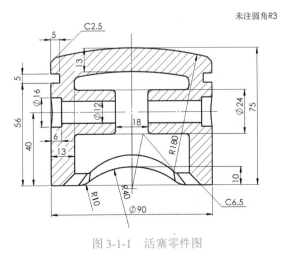

图 3-1-1　活塞零件图

任务分析

活塞是旋转体类模型，另外还附属有凸台、沉孔、沟槽，以及圆角、斜角等特征。按照图 3-1-2 所示的特征分解，在完成旋转体外形后，才能创建凸台、沉孔、储油槽，以及圆角、斜角，最后还要做布尔运算，合并成一整体。

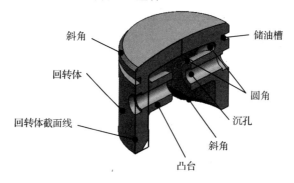

图 3-1-2　活塞特征分解图

任务实施

Step1：创建文档

活塞

启动 UG NX 2212，"新建"文件，选择"模型"，命名为"活塞"，单位为"毫米"，确定后，进入 UG NX 2212 建模模块，如图 3-1-3 所示。

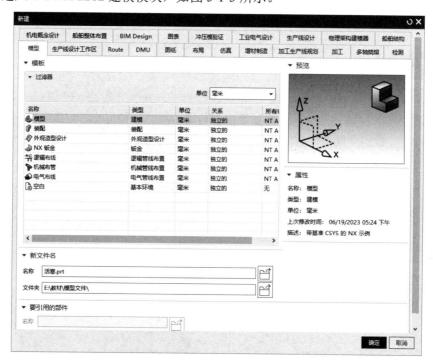

图 3-1-3　新建活塞模型

Step2：创建活塞回转体外形

1．建立回转体旋转截面

利用基本曲线完成旋转截面绘制，尺寸如图 3-1-4 所示。

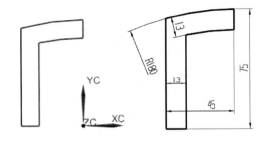

图 3-1-4 旋转截面尺寸图

2．创建活塞外形实体

选择"插入"下拉菜单→"设计特征"→"旋转"命令（或直接单击"特征"工具条中的"旋转"命令按钮），弹出如图 3-1-5 所示"旋转"对话框。选择图 3-1-4 所示封闭平面曲线串为回转截面；选择截面图中间的直线为旋转轴；设置起始旋转角度为"0°"，结束旋转角度为"360°"；其他选项设置为系统默认。单击"确定"按钮生成图 3-1-6 所示活塞外形实体。

图 3-1-5 "旋转"对话框

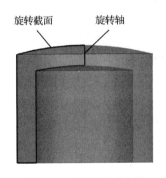

图 3-1-6 活塞外形实体

温馨提示：旋转截面一定是封闭的平面曲线串，才能生成实体。

在对话框的"设置"栏中，可以选择"片体"选项，封闭的平面曲线串也可以旋转成一片体面，即没有体积的"空壳"。

Step3：创建活塞内部凸台

（1）建立内部凸台轮廓：在 XC-YC 平面上，利用"基本曲线"命令绘制凸台轮廓，如图 3-1-7 所示。

（2）单击"拉伸体"命令按钮，选择图 3-1-7 所示圆为拉伸截面；-ZC 方向为拉伸方向；拉伸开始距离设置为"9"，结束距离选择"直到选定对象"，即选择内表面圆弧面；"布尔"运算选择"合并"，即与外形回转体求和，结果如图 3-1-8 所示。

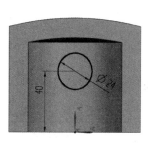

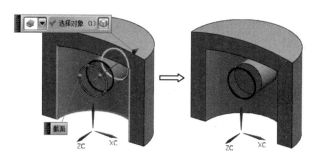

图 3-1-7　内部凸台草图　　　　　　　　　　图 3-1-8　内部凸台建模

（3）采用同样的方法创建另一侧的凸台，只是拉伸方向相反，为+ZC 方向。结果如图 3-1-9 所示。

Step4：创建沉孔

1．旋转坐标系

旋转当前坐标系，绕 YC 轴旋转，+ZC 轴向+XC 轴旋转 90°，旋转后的坐标系，如图 3-1-10 所示。

2．绘制草图

在旋转后的坐标系的 XC-YC 中，绘制一直线，直线的两端点在外圆柱面上，具体尺寸如图 3-1-10 所示。此直线是为下一步创建沉孔做准备的。

3．创建沉孔

单击"孔"按钮 ，在孔"类型"选项中设置"沉头"；在"形状"中选择"孔大小"为"定制"，按照图纸要求，设置孔径 12、沉头直径 16、沉头深度 6、孔深 50；孔位置选择直线的两个端点，孔方向选择"垂直于面"；布尔运算选择"减去"；最后单击"确定"按钮生成沉孔，如图 3-1-11 所示。

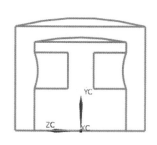
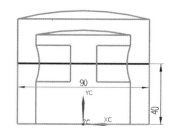

图 3-1-9　凸台与外形求和　　　　图 3-1-10　绘制直线　　　　图 3-1-11　创建沉孔

Step5：创建储油槽（沟槽）

选择"插入"→"设计特征"→"槽"命令 （或直接单击"特征"工具条中的 按钮），按信息提示分别选择下列选项：每一步结束后单击"确定"按钮进入下一步。

■　选择"槽"类型：矩形，如图 3-1-12 所示。

■　选择放置面：φ90 圆柱面。

■　设置"槽"参数：槽直径 80；宽度 5，如图 3-1-13 所示。

■　槽定位：选择回转体下端 φ90 圆弧为"目标边"；选择槽下边缘为"刀具边"，定位尺寸 56，单击"确定"按钮生成沟槽。结果如图 3-1-14 所示。

图 3-1-12　"槽"类型对话框

图 3-1-13　"矩形槽"参数设置

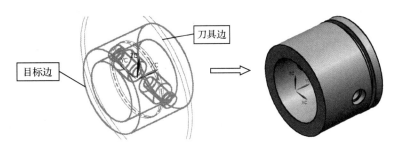

图 3-1-14　创建沟槽

Step6：修剪 R40 圆弧

1. 创建 R40 圆弧

在当前坐标系 XC-YC 平面上绘制 R40 圆弧，注意圆弧两端点应超出实体边界，如图 3-1-15（a）所示。

2. 创建 R40 圆弧面

拉伸 R40 圆弧，拉伸方向为默认，向圆弧两侧对称拉伸，对称距离为 100，得到片体如图 3-1-15（b）所示。

3. 修剪实体

选择"插入"→"修剪"→"修剪体"命令，弹出"修剪体"对话框，如图 3-1-16 所示。选择实体为"目标体"，即被修剪对象；选择圆弧面为"修剪面"，单击"确定"按钮完成修剪操作，结果如图 3-1-15（c）所示。

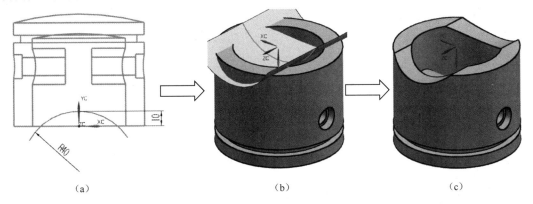

（a）　　　　　　　　　　　（b）　　　　　　　　　　　（c）

图 3-1-15　修剪实体

温馨提示：修剪面的边界必须超出模型的所有边界，否则无法完成修剪。

图 3-1-16 "修剪体"对话框

Step7：创建圆角和斜角

1．创建圆角

单击"边倒圆"命令按钮，按照活塞图纸要求，选择各圆角边，圆角半径分别为 R3 和 R10，如图 3-1-17 所示。

2．创建斜角

单击"倒斜角"命令按钮，按照活塞图纸要求，活塞头部对称斜角 C2.5；活塞内腔对称斜角 C6.5，如图 3-1-18 所示。

至此，活塞三维模型创建完毕，单击"保存"按钮，保存文件，完成建模。

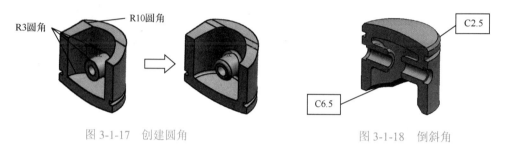

图 3-1-17 创建圆角   图 3-1-18 倒斜角

相关知识

一、扫掠特征

1．旋转特征

该选项可将实体表面、实体边缘、曲线、链接曲线或者片体通过绕一旋转轴旋转生成实体或片体。"旋转"对话框如图 3-1-19 所示，各选项说明如下。

（1）截面。选择旋转剖面线，可以为特征曲线、面的边、相切曲线、相连曲线、片体边缘、参数化草图、区域边界、组中的边界。

（2）轴。选择旋转轴线，可以是实体（片体）边线、已绘制的直线，也可以是指定矢量和旋转点构成旋转轴。

（3）限制。在此选项中输入旋转特征的参数，指定放置特征的起始角度和结束角度，展开选项如图 3-1-20 所示。

图 3-1-19 "旋转"对话框

图 3-1-20 "旋转"特征参数对话框

（4）布尔。此选项提供旋转特征与其他几何体的相交方式，如无、合并、减去、相交。

（5）偏置。在此选项中输入旋转轮廓线的偏置值，形成一等厚度的旋转特征，厚度值是相对于旋转截面线所在平面而言的，方向由矢量决定，正值同向，负值反向，如图 3-1-21 所示。

（6）设置。设置体类型为实体或片体。

（7）预览。选中"预览"复选框即可看到所建模型。

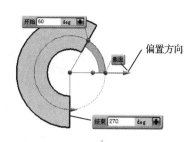

图 3-1-21 旋转截面"偏置"示意图

二、成形特征：槽

"槽"选项如同车削操作中一个成形刀具在旋转部件上向内或向外移动，从而在实体上生成一个沟槽。

该选项只在圆柱形的或圆锥形的面上起作用，旋转轴是选中面的轴，沟槽在选择面的位置附近生成并自动连接到选中的面上。

可以选择一个外部或内部的面作为沟槽的定位面，沟槽的轮廓对称于通过选择点的平面并垂直于旋转轴。

（1）矩形沟槽：矩形沟槽的参数定义如图 3-1-22 所示。

（2）球形沟槽：球形沟槽的参数定义如图 3-1-23 所示。

（3）U 形沟槽：U 形沟槽的参数定义如图 3-1-24 所示。

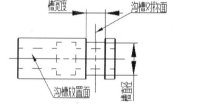 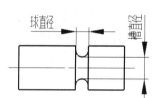 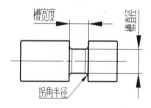

图 3-1-22 矩形沟槽的参数定义　　图 3-1-23 球形沟槽的参数定义　　图 3-1-24 U 形沟槽的参数定义

三、修剪体

"修剪体"选项利用一个平面或曲面修剪一个或多个目标体，选择要保留的目标体的部分，被修剪的体取得修剪几何的形状。一旦选择或定义了修剪几何体，则会显示一个法向矢量的方向，该矢量指向修剪掉的体的部分。

被修剪的几何体称为目标体，修剪的面或片体为工具体，工具体可以事先创建，也可以临时定义。

提示：

● 工具体若为平面，则必须与目标体相交，不可仅为相切。

● 工具体若为曲面（片体），则工具体的所有边界必须超出要修剪的部分，否则系统会显示错误信息："非歧义的实体"，表示该曲面不足以把目标体切成两部分，如图 3-1-25 所示。

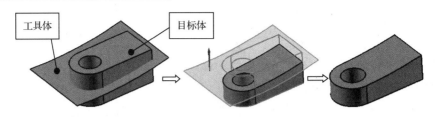

图 3-1-25 实体"修剪"过程示意图

课后拓展

【重点串联】——活塞建模关键步骤：

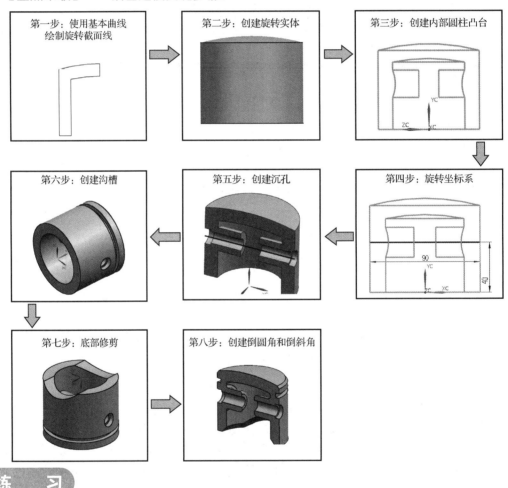

练 习

【基础训练】

1.（   ）操作与拉伸操作类似，不同点是该操作将草图截面或曲线等二维对象相对于旋转中心旋转而生成实体模型。

A. 扫掠   B. 旋转   C. 放样   D. 沿引导线扫掠

2. 下面不能用于建立圆柱体的操作是（   ）。

A. 拉伸圆   B. 用体素特征操作

C．回转直线 D．对直线进行扫略

3．关于"修剪体"下列说法中正确的是（ ）。

A．修剪的对象只能是实体 B．工具体只能是基准平面

C．工具体可以是相连相切的曲面 D．工具体的边缘必须比目标体大

4．以下哪个选项是键槽的创建方法？（ ）

A．圆柱形 B．矩形 C．燕尾形 D．一般

【技能训练】

1．根据图 3-1-26 所示图形，创建空气过滤器模型

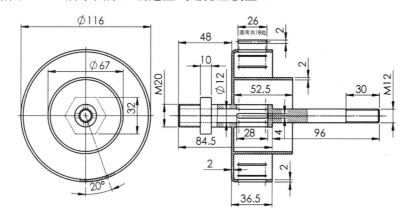

图 3-1-26　空气过滤器

2．根据图 3-1-27 所示图形，创建油位镜模型

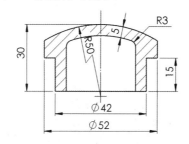

图 3-1-27　油位镜

任务 3.2　曲轴三维数字建模

任务引入

正确分析图 3-2-1 所示曲轴零件图纸尺寸要求，建立正确建模思路。在 UG NX 2212 建模模块中运用"草图"命令和"基本体素"命令创建曲轴外形，接着创建键槽、外螺纹和沟槽，最后创建倒圆角和倒斜角。在这过程中，我们要学会正确运用图层功能进行模型管理；能够正确运用参数化草图工具控制图线的形状和位置；能够创建完全数字控制的键槽；能够在三维模型中创建符号型螺纹；最终运用相关特征操作完成曲轴的三维建模。

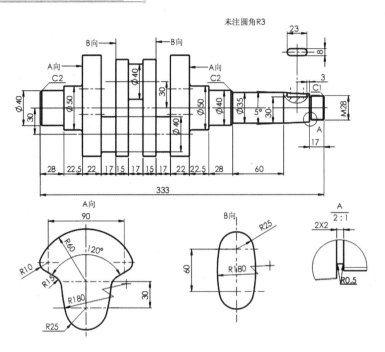

图 3-2-1　曲轴零件图

任务分析

　　曲轴是属于比较复杂的轴类零件，建模大致分这样几步：首先创建曲轴零件的曲轴部分，其中特征草图面用参数化草图工具（Sketch）创建，接着用"圆柱"和"圆锥体"命令创建各段圆柱和圆锥，接着创建各成形特征：键槽、沟槽、外螺纹，最后建立倒圆角和倒斜角。曲轴模型分解图如图 3-2-2 所示。

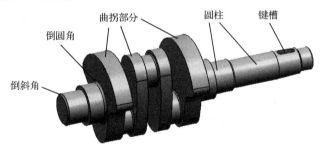

图 3-2-2　曲轴模型分解图

任务实施

Step1：创建文档

　　启动 UG NX 2212 软件，选择合适的文件夹和"建模"模块，以"曲轴"命名创建文档，单击"确定"按钮后进入 UG NX 建模环境。

曲轴 主特征 1

Step2：创建曲轴柱体 I

1. 进入草图工作环境

（1）设定草图工作层。选择"菜单"→"格式"→"图层设置"命令，弹出"图层设置"对话框。在"工作层"框中输入 21，回车确认，将 21 层作为工作层，如图 3-2-3 所示。

或在"视图"→"层"工具条的"工作层"框中输入 21，将 21 层作为工作层，回车确认，如图 3-2-4 所示。

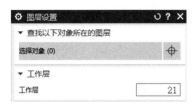

图 3-2-3　"图层设置"对话框　　　　　图 3-2-4　"视图"工具条中工作层设置

（2）执行"草图"命令。单击命令按钮，弹出"创建草图"对话框，如图 3-2-5 所示。选择"XC-YC"平面作为草图平面。单击"确定"按钮进入草图工作环境，视图自动正视于草图平面，如图 3-2-6 所示。

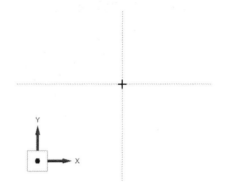

图 3-2-5　"创建草图"对话框　　　　　图 3-2-6　"草图"工作环境

2. 绘制如图 3-2-7 所示的特征草图

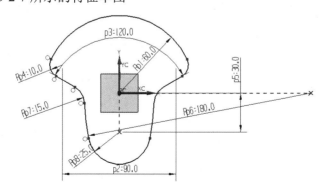

图 3-2-7　曲轴特征草图 I

单击"草图"工具条中的"圆弧"命令按钮，在绘图区任意单击三点绘制一圆弧 1，如图 3-2-8 所示。退出圆弧绘制状态，将光标放置于圆弧上，则圆弧的圆心点和端点均高亮显示，如图 3-2-9 所示，将圆弧圆心拖曳到坐标原点处，使圆心与坐标原点重合；或者单击"设为重合"约束按钮 ⁄ ，弹出"设为重合"对话框，如图 3-2-10 所示，在绘图区域依次选择圆弧圆心和坐标原点，单击"确定"按钮，则圆心自动与坐标原点重合。结果如图 3-2-11所示。

温馨提示：圆弧的圆心点默认不显示，需要将光标放置于圆弧上，则圆心会显示。

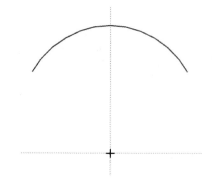

图 3-2-8　任意圆弧位置

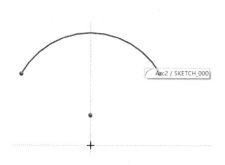

图 3-2-9　几何约束对话框

图 3-2-10　"设为重合"对话框

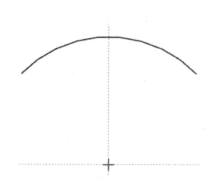

图 3-2-11　添加几何关系后的圆弧位置

单击圆弧，系统自动标注圆弧的半径尺寸，双击尺寸，弹出如图 3-2-12 所示的"半径"输入框，输入值 60，回车确认，圆弧将自动变化。

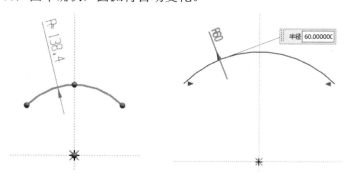

图 3-2-12　尺寸标注

单击"直线"按钮 ／ ，在绘图区绘制直线 2，第一个点捕捉圆弧的左端点，第二个点在右下方位置任意选择，约束直线与 Y 轴角度为 60°，如图 3-2-13 所示。

单击"圆弧"按钮，绘制一圆弧 3，起点捕捉直线 2 的端点，终点在右下方位置任意捕捉，绘制往左凸的圆弧，约束半径为 180，如图 3-2-14 所示。

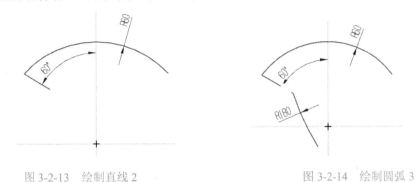

图 3-2-13 绘制直线 2　　　　　　　　　　　　图 3-2-14 绘制圆弧 3

单击"圆角"按钮⌐，选择圆弧 1 与直线 2 的交点，创建倒圆，并标注尺寸 R10；继续选择圆弧 3 与直线 2 的交点，创建倒圆，并标注尺寸 R15，结果如图 3-2-15 所示。

单击"草图"工具条中的"镜像曲线"按钮⍁，弹出"镜像曲线"对话框，如图 3-2-16 所示，选择直线 2 和圆弧 3 及两个圆角为被镜像曲线（注意：将选择意图切换为"单条曲线"），选择 Y 基准轴为镜像中心线，单击"确定"按钮后创建镜像曲线，如图 3-2-17 所示。

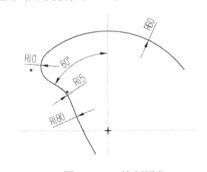

图 3-2-15 绘制圆角　　　　　　　　　　　　图 3-2-16 "镜像曲线"对话框

温馨提示：草图绘制时若图线太长或太短（与原图相比，偏差太大），在添加尺寸和几何约束时，容易出错，为避免出现这种情况，需要实时对图线进行调整。具体方法是：退出"绘制"状态，用鼠标拖动图线的端点到合适位置，和原图相似，以便后续图线绘制。

继续单击"圆弧"按钮，以圆弧 3 及其镜像曲线下端点为圆弧 4 的两端点，移动第三点时要保证圆弧 4 与两侧圆弧同时相切。再单击"修剪"按钮╳，将圆弧 1 右端多余的一段修剪掉，结果如图 3-2-18 所示。

选择 R10 圆角圆心及其镜像线的圆心，标注两圆心距离为 90，标注圆弧 4 的半径 R25，圆弧 4 的圆心至 X 基准轴的距离是 30。单击"重合"约束按钮↗，再依次选择 X 轴和圆弧 4 的圆心，将圆弧 4 的圆心约束在 X 轴上，最终所有曲线全部变成蓝色，表示完全约束如图 3-2-19 所示，结果如图 3-2-20 所示。

单击"完成"按钮▓，退出草图绘制环境，完成特征草图Ⅰ。

3．创建曲轴柱体Ⅰ实体

● 在"工作层"框中输入 1，回车确认，将 1 层作为工作层，21 层为可选择层。

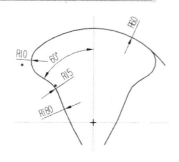

图 3-2-17　镜像曲线

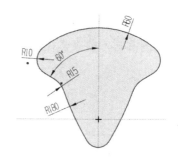

图 3-2-18　圆弧 4 绘制与圆弧 1 的修剪

图 3-2-19　"几何约束"对话框

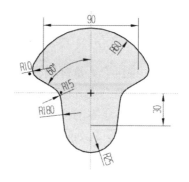

图 3-2-20　标注剩余部分尺寸

● 单击"拉伸"按钮，选择特征草图 I 为拉伸截面，以草图平面垂直方向为拉伸方向（+ZC 向），设置拉伸开始值为 0，拉伸结束值为 22，其余设置为默认。在图层 1 中创建曲轴柱体 I。

● 重复上述操作，继续创建曲轴柱体实体，只是拉伸开始值为 103，拉伸结束值为 125，其他设置相同。结果如图 3-2-21 所示。

Step3：创建曲轴柱体 II

1．创建曲轴特征草图 II

◇ 图层设置：在"工作层"框中输入 22，回车确认，将 22 层作为工作层，将 21 层和 1 层设为"不可见"。

曲轴 主特征 2

◇ 绘制图 3-2-22 所示的特征草图。

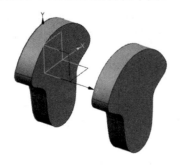

图 3-2-21　曲轴柱体 I

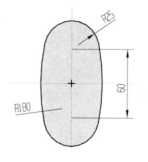

图 3-2-22　曲轴特征草图 II

与绘制曲轴特征草图 I 一样，其坐标系位置和方向不变，草图平面仍在 XC-YC 面上，中间的圆弧圆心在 X 基准轴上，具体步骤不一一细述。

2．创建曲轴柱体Ⅱ

◇ 在"工作层"框中输入 1，回车确认，将 1 层作为工作层，22 层为可选择层。

◇ 单击"拉伸"按钮，选择特征草图Ⅱ为拉伸截面，以草图平面垂直方向为拉伸方向(+ZC 向)，设置拉伸开始值为 39，拉伸结束值为 54，其余设置为默认。在图层 1 中创建曲轴柱体Ⅱ。结果如图 3-2-23 所示。

◇ 再次以特征草图Ⅱ为拉伸截面，拉伸一柱体，拉伸开始值为 71，拉伸结束值为 86，其余设置为默认，在图层 1 中创建曲轴柱体Ⅱ。结果如图 3-2-23 所示。

Step4：创建曲轴上的圆柱和圆锥体

1．设置图层

在"工作层"框中输入 1，回车确认，将 1 层作为工作层，将其余图层设为"不可见"。

2．插入圆柱体

单击"圆柱"按钮，在弹出的"圆柱体"对话框中输入各圆柱参数，创建曲轴上的圆柱体，从左到右分别是：圆柱 1～圆柱 9，如图 3-2-24 所示，在继承上述坐标系的条件下，在图层 1 中创建各圆的参数分别如下。

圆柱 1：指定矢量：-ZC 轴；指定点：（0，0，-22.5）；直径 φ40，高度 28。

圆柱 2：指定矢量：-ZC 轴；指定点：（0，0，0）；直径 φ50，高度 22.5。

圆柱 3：指定矢量：ZC 轴；指定点：（0，-30，22）；直径 φ40，高度 17。

圆柱 4：指定矢量：ZC 轴；指定点：（0，30，54）；直径 φ40，高度 17。

圆柱 5：指定矢量：ZC 轴；指定点：（0，-30，86）；直径 φ40，高度 17。

圆柱 6：指定矢量：ZC 轴；指定点：（0，0，125）；直径 φ50，高度 22.5。

圆柱 7：指定矢量：ZC 轴；指定点：（0，0，147.5）；直径 φ40，高度 28。

圆柱 8：指定矢量：ZC 轴；指定点：（0，0，175.5）；直径 φ35，高度 60。

圆柱 9：指定矢量：ZC 轴；指定点：（0，0，265.5）；直径 φ28，高度 17。

3．创建圆锥

单击"圆锥"按钮，在弹出的对话框中选择"类型"为"底部直径、高度和半角"；在"轴"选项中，指定矢量为+ZC 向，指定点（0，0，235.5）；在"尺寸"选项中，底部直径 φ35，高度 30，半角 2.5°。

单击"合并"按钮 🗇，把最左侧的圆柱体作为"目标体"，其他的实体依次作为"工具体"，单击"确定"按钮后使各实体合并成单一实体。

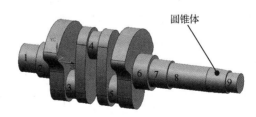

图 3-2-23　曲轴柱体Ⅱ　　　图 3-2-24　实体"求和"后所得结果

曲轴 其他特征

Step5：创建沟槽和螺纹

（1）保持图层不变，单击"槽"按钮，在弹出的对话框中选择"矩形"，曲轴右端 φ28 圆柱面为"矩形槽"放置面，槽直径为 φ24，宽度为 2，选择轴右端的轮廓边圆为定位"目标边",选择槽的左侧圆弧边为"刀具边",定位距离为17,最后单击"确定"按钮完成沟槽创建。结果如图3-2-25所示。

（2）单击"螺纹"按钮,弹出"螺纹"对话框,如图3-2-26所示。将螺纹类型设置为"符号",选择φ28圆柱面为螺纹生成面,螺纹长度设置为15,如图3-2-26所示。最后单击"确定"按钮完成符号螺纹的创建。

图3-2-25　沟槽

图3-2-26　"螺纹"对话框

Step6：创建键槽

1．创建基准面

单击"特征"工具条中的"基准平面"按钮 ，弹出"基准平面"对话框,如图3-2-27所示。选择基准类型为"自动判断",在"要定义平面的对象"中选择61层中X-Z基准面和曲轴右端φ35的圆柱面+Y方向的象限点,其他选项为默认。单击"确定"按钮后创建新的基准面A,如图3-2-28示。

温馨提示：默认生成的基准平面显示大小可能不合适,可以拖曳平面边缘上的点进行缩放。

2．创建基准轴

单击"特征"工具条中的"基准轴"按钮 ,弹出"基准轴"对话框,如图3-2-29所示。在对话框中选择类型" 点和方向";激活"通过点"选项,选择φ35圆柱右端圆的象限点（激活"捕捉"工具条中的"象限点捕捉"按钮 ）；再激活"方向"栏"指定矢量",选择61层中的Z基准轴。其他选项默认,单击"确定"按钮完成基准轴A的创建,如图3-2-28所示。

图3-2-27　"基准平面"对话框

3．创建键槽

单击"特征"工具条中的"键槽"按钮 ,按软件左下角的信息提示步骤,逐个选择各选项。

- 键槽类型：矩形槽。
- 矩形槽放置面：选择基准面A。

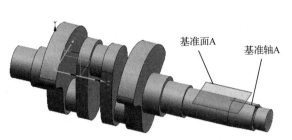

图 3-2-28　基准轴和基准面　　　　　　图 3-2-29　"基准轴"对话框

● 特征边：选择"接受默认边"，即键槽在箭头方向与轴求差（若方向不一致，则选择
　"翻转默认侧"）。
● 选择水平参考：选择基准轴 A。
● 选择键槽参数：长度 23×宽度 8×深度 5。
● 键槽定位：单击"水平"按钮 （与基准轴 A 平行），目标边为圆锥右端圆中心，刀
　具边为键槽右侧圆弧边的切点，目标边与刀具边距离 3。
　单击"垂直"按钮 （与基准轴 A 垂直）：目标边为圆锥右端圆中心，刀具边为键槽
　对称中心线（长），目标边与刀具边距离 0。

创建步骤如图 3-2-30 所示，键槽定位示意图如图 3-2-31 所示，键槽创建效果如图 3-2-32
所示。

温馨提示：创建键槽时，建议将视角正视于键槽放置面（此处，可正视于 XZ 平面）。

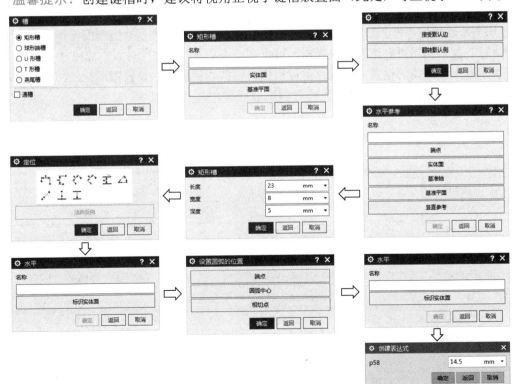

图 3-2-30　矩形键槽创建步骤

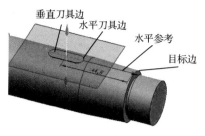

图 3-2-31　键槽定位示意图　　　　图 3-2-32　键槽效果图

Step7：创建圆角和斜角

（1）创建圆角：单击"边倒圆"按钮，按照图 3-2-1 所示要求，未注圆角为 R3，沟槽内圆角 R0.5。效果如图 3-2-2 所示。

（2）创建斜角：单击"倒斜角"按钮，按照图 3-2-1 所示要求，φ40 圆柱的端面倒斜角 C2，M28 外螺纹端面倒斜角 C1，效果如图 3-2-2 所示。

相关知识

一、图层

1．图层的概述

UG NX 软件中的图层类似于透明的玻璃房间，用于安放不同类别的几何对象，可以移动、复制图层内的对象，也可以相互选用。图层还可以按一定的规律取不同的名称，以便于模型数据的管理和共享，图层在复杂模型造型和模具设计上特别有意义，读者可以慢慢体会。

UG NX 软件中，每个文件都有 256 个图层，但只有一个工作层，当前的操作只能在工作层中进行，其余图层可以作为可选择层、可见层、不可见层。在 UG NX 2212 中，图层中对图层类别有一些默认的设置，读者也可以根据自己的习惯和风格设置图层标准，确定哪些层放置什么几何对象。表 3-2-1 所示为推荐的图层标准。

表 3-2-1　推荐的图层标准

图 层 号	内容或对象	类 别 名
1～10	Final Body\Curve\Sheet	Final Data
11-20	Solid Bodies	Mold
21～60	Sketchs	Sketchs
61～80	Reference Geometries	Datums
81～90	Basic Curve	Curve
91～110	Sheet Bodies	Sheets
121～130	Solid Assembling	Assem
141～150	CAM	CAM
151-160	Movement Simulation	Motion
161～169	CAE	CAE
170-173	Drafting Objects	Draft

2. 图层的应用

对图层的操作可以通过选择"格式"菜单下的各命令完成，如图 3-2-33 所示。

图 3-2-33　图层操作菜单

（1）图层设置。

① 工作层：UG NX 文件一旦建立，所有的图层都已存在，用户只需调出来使用即可，UG NX 中所有的操作只能在工作层中进行，设置工作层有下列两种方法。

- 选择"菜单"→"格式"→"图层设置"，弹出如图 3-2-34 所示对话框。在"工作图层"命令框中输入层号，再按回车键，则该层被设为工作层；或者在"图层"栏中选中某一图层，再在"图层控制"栏中单击"设为工作层"按钮，则该图层也为工作层。
- 在"视图"工具条中，在"工作图层"文本框中直接输入层号，再按回车键，则该层也可被设置为工作层。

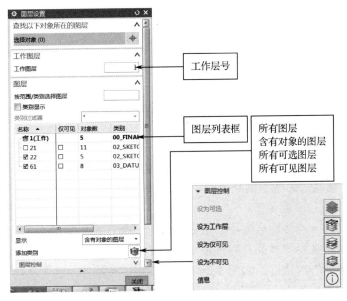

图 3-2-34　"图层设置"对话框

② 控制图层的其他状态。除了工作层，图层还有其他三种状态可供选择。

- 可选择层：该层上的几何对象和视图是可见且可选择的。
- 仅可见层：该层上的几何对象和视图是可见的，但不可选择使用。
- 不可见层：该层上的几何对象和视图是不可见的，也是不可选择的。

操作方法是只要在"图层"栏中选中某一图层，再在"图层控制"栏中单击某一控制按钮。或者在"图层"栏的图层列表框中单击层号前的小框，小框中有对钩√表示该图层处于某一状态，如图 3-2-34 中，1 层为工作层；21 层为不可见层；61 层和 22 层为可选择层。

（2）图层类别。图层类别是指具有相同属性的层的集合，它通过命名一个层或一组层，将图层进行分类，这样可以方便地识别某个层上对象的类型。

命名步骤：

- 单击"视图"工具条→"层"→"更多"→"图层类别"命令，弹出如图 3-2-35 所示对话框。

- 在"描述"中输入类别名称，如 Solid、Body、Sketch 等。
- 单击"创建/编辑"按钮，弹出新对话框，如图 3-2-36 所示。
- 在弹出的对话框中选择一个层或一组层。
- 单击"添加"按钮。
- 输入描述内容，单击"确定"按钮，完成图层类别的命名。

图 3-2-35 "图层类别"对话框

图 3-2-36 "图层类别"对话框（添加图层类别）

（3）移动至/复制至图层。

移动至图层：将某一图层上的几何对象移动到另外一图层上。

复制至图层：将某一图层上的几何对象复制到另外一图层上（不关联）。

"移动至图层"操作步骤如下：

- 选择"格式"→"移动至图层"命令，弹出"类选择"对话框，如图 3-2-37 所示。
- 在绘图区域选择要移动的几何对象，单击"确定"按钮，退出"类选择"对话框。弹出"图层移动"对话框，如图 3-2-38 所示。
- 在"图层"栏中选择目标图层，单击"确定"按钮后，几何对象就被移入到目标图层。

"复制至图层"的操作与"移动至图层"的操作步骤相似，在此不再细述。

图 3-2-37 "类选择"对话框

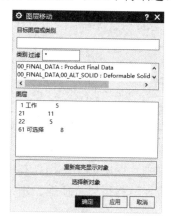

图 3-2-38 "图层移动"对话框

二、草图（Sketch）

1．基本概述

（1）草图（Sketch）概念：草图是与实体模型相关联的二维图形，具备"基本曲线"绘制草图的所有功能，草图轮廓可用于拉伸或旋转特征，也可用于自由形状特征的生成母线外形。该功能可以在需要的任何一个平面内建立草图，与"基本曲线"绘制草图的不同点在于：草图中增加了"约束"的概念，通过增加"约束"建立设计意图及提供参数驱动改变模型的能力，也叫作"参数化草图"。

（2）草图特点。

- 草图可以与由它创建的特征相关联，改变草图尺寸或几何约束能引起模型中相应的改变。
- 草图是一特征，它在部件导航器中是可见的。

2．草图平面

（1）草图必须位于基准平面或平表面上。

（2）如果要为草图选择平表面或基准平面，需要完成下列步骤：

- 激活"草图平面"图标。
- 选择已存在的实体表面或基准平面。
- 选择水平参考方向，显示方向箭头。
- 选择草图原点的位置。

3．建立草图对象

（1）创建草图一般步骤。

- 为要建模的特征或部件建立设计意图。
- 设置将要建立的草图的图层及名称。
- 选择相应的图层，单击"草图"图标，进入草图绘制环境。
- 建立和编辑草图。
- 按设计意图添加尺寸约束和几何约束，单击"完成草图"图标退出草图环境。
- 使用草图建立特征。

（2）徒手草绘。在激活的草图内建立曲线，其画法与基本曲线画法相似。

（3）添加对象到草图。允许转换非草图对象到草图，自动完全定义，并具有草图所有特性。

（4）几种方便快捷的草图画法。

- "快速修剪" ╳：快速修剪曲线到自动判断的边界。任意画线，只要与多余线段相交，就会自动修剪曲线到自动判断的边界。
- "快速延伸" ╱：快速延伸曲线到自动判断的边界。任意画线，只要交点在靠近边界的这一侧，就会自动延伸曲线到自动判断的边界。
- "拐角" ╳：快速为两条不相交的曲线相交。任意选择两段非相交曲线，可将其自动延伸或修剪，形成相交。
- 草图圆角 ⌐：给选中的两个或三个对象倒圆。在两个草图实体的交叉处剪裁角部，从而生成一个切线弧。

● 草图斜角 ＼：给选中的两个对象倒斜角。在草图中将倒角应用到相邻的草图实体中。

（5）草图操作。"草图操作"内容包括偏置曲线、镜像曲线、阵列曲线等。

● 偏置曲线 ⬡：在草图中偏置选择的曲线，并建立一偏置约束。修改原几何对象，则偏置曲线被相应地更新。

● 镜像曲线 ⚖：可以通过草图中现有的任一条直线镜像草图几何体。镜像后，镜像中心线变成了一参考线，适合于轴对称图形。

● 阵列曲线 ⚙：可以通过指定两个方向阵列选择的草图几何体，阵列后，会创建阵列表达式，如图 3-4-39 所示。

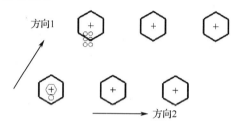

图 3-2-39   阵列曲线示例

● 包含 ⬛："包含"命令能够将草图外对象投影到草图中，如草图外对象是直线，则在草图中投影为参考线，此外，"包含"命令可将草图外的点对象也投影到草图中。

● 投影曲线 ⬢：将草图外的曲线投影到草图中。

● 相交曲线 ⬢：将草图外的平面或曲线与草图相交生成相交直线。

● 交点 ⬧：生成草图外的曲线与草图平面的交点，如果不相交，就会自动延伸曲线，使之与草图平面生成交点。

● 添加曲线 ⬢：将草图外的非关联曲线或点添加至草图。

（6）草图编辑。一个部件中可能存在若干草图，但每次只能编辑一个草图，只有处于激活状态的草图才可以编辑。要使草图成为激活的草图，有以下几种方法：

● 在"部件导航器"中选中某一草图，右击，选择"编辑…"、"编辑参数"、"可回滚编辑"、"编辑位置"命令，均可编辑相应的内容。

● 在"部件导航器"中双击某一草图，进入草图环境。

● 在绘图区域双击需激活的草图上的任一线条对象。

（7）草图创建技巧。

● 每个草图应尽可能简单，可以将一个复杂草图分解为若干简单草图，以便于为草图添加约束。

● 每个草图设置于单独的图层里，并赋予该图层合适的名称，以便于管理草图。

● 对于比较复杂的草图，应尽量避免"构造完所有的曲线，然后再添加约束"，否则会增加完全约束的难度。一般的做法是按设计意图创建曲线，每创建一条或几条曲线，应随之施加约束，同时修改尺寸至设计值，这样可减少过约束、矛盾约束等错误。

● 添加约束的一般次序：定位主要曲线至外部几何体→按设计意图施加大量几何约束→施加少量尺寸约束（表达设计关键尺寸）。

4. 草图约束

约束能够用于精确地控制草图中的对象，约束有两种类型：尺寸约束、几何约束。

（1）尺寸约束。尺寸约束可建立起草图对象的大小或两个对象间的关系。一个尺寸约束如同工程图上的一个尺寸，改变草图尺寸值则会改变尺寸控制的对象，也会改变由图线控制的实体模型。图 3-2-40 中的所有尺寸均为尺寸约束。

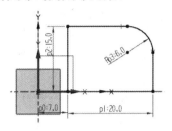

图 3-2-40　尺寸约束关系图例

温馨提示：新版本草图功能区中没有之前版本有过的尺寸标注图标，在 UG NX 2212 中如果想要尺寸约束，可直接点选需要约束的对象，软件会自动将选中对象的所有关联尺寸显示出来，用户可根据实际情况对尺寸进行修改。当然，也可以对功能区进行定制，将尺寸标注功能显示出来，如图 3-2-41 所示。

（2）几何约束。几何约束可建立起草图对象的几何特性（如水平），或是两个或更多草图对象间的关系类型（如相切、垂直等）。几何约束类型如图 3-2-42 所示（前面打钩的是已激活的，未打钩的是未激活的）。

图 3-2-41　尺寸标注按钮调用　　　　图 3-2-42　几何约束类型

温馨提示：新版本草图功能区中没有之前版本有过的几何约束功能图标，在 UG NX 2212 中如果想要几何约束，可直接点选需要约束的对象，再直接单击功能区相应的约束图标，即可添加几何约束，如图 3-2-43 所示。

图 3-2-43　可快速添加的几何约束类型

　　几何约束做完后，对象上面并不会显示对应的几何约束图标。如果需要显示几何约束图标，就不能使用上述方法进行几何约束。我们需要在功能区"选项"下面先打开"显示持久关系"与"创建持久关系"两个功能按钮（见图 3-2-44），然后再按照之前的方法对对象进行约束，这样就可以在对象上面显示几何约束图标了。

　　（3）草图约束状态。

　　欠约束草图：草图上状态行显示"已通过 n 个可移动曲线部分定义"。

　　完全约束草图：草图上状态行显示"草图已完全约束"。

　　过约束草图：如果对曲线或点所应用的约束多于控制它所必需的约束，则会出现"过约束"的情况，此时与之相关的几何体和任一尺寸约束将以红色高亮显示。

　　草图在各种状态下的曲线与尺寸的颜色可从"草图首选项"对话框（见图 3-2-45）的"部件设置"标签中查看或修改。

图 3-2-44　显示和创建持久关系　　　　　图 3-2-45　"草图首选项"对话框

　　（4）松弛尺寸和松弛关系。

　　如图 3-2-46 所示，UG NX 2212 中新增了"松弛尺寸"和"松弛关系"两个功能。这两个功能可以使草图暂时不存在尺寸或关系约束，自由移动。以图 3-2-20 完全定义草图为例，如将松弛尺寸激活，或将松弛关系激活，草图线条可拖曳，如图 3-2-47 所示。

图 3-2-46　松弛尺寸和松弛关系

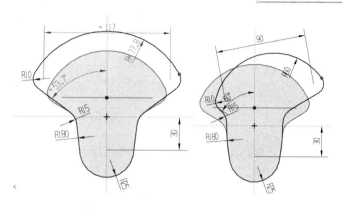

图 3-2-47　松弛尺寸和松弛关系示例

三、键槽

"键槽"选项可以生成一个槽形的通道通过实体或通到实体里面，并且在当前目标实体上自动执行"减去"操作。所有类型的深度值按垂直于平面放置面的方向测量。

- 矩形键槽：矩形键槽的参数定义如图 3-2-48 所示。
- 球形键槽：球形键槽的参数定义如图 3-2-49 所示，深度值必须大于球的半径。
- U 形键槽：U 形键槽的参数定义如图 3-2-50 所示。深度值必须大于拐角半径的值。
- T 形键槽：T 形键槽的参数定义如图 3-2-51 所示。
- 燕尾槽：燕尾槽的参数定义如图 3-2-52 所示。

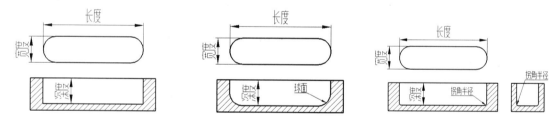

图 3-2-48　矩形键槽的参数定义　　图 3-2-49　球形键槽的参数定义　　图 3-2-50　U 形键槽的参数定义

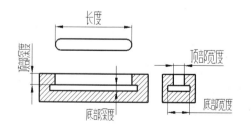

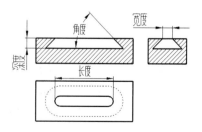

图 3-2-51　T 形键槽的参数定义　　　　图 3-2-52　燕尾形键槽的参数定义

四、基准特征

基准特征是一种辅助建模工具，辅助用户在要求的位置与方位建立特征和草图，UG NX 中有三种类型的基准特征：基准平面、基准轴和基准坐标系。它们在设计中的应用有以下几种。

- 作为安放成形特征和草图的表面。

- 作为设计特征和草图的定位参考。
- 作为扫描特征的拉伸方向或旋转轴。
- 作为通孔、通槽的通过表面。
- 作为修剪平面。
- 作为装配建模中的配对基准。

1. 基准平面

基准平面（简称基准面）包括相对基准面和固定基准面两种。相对基准面是相对于在模型中的其他对象（如曲线、边缘、控制点、表面）或其他基准建立的。相对基准面是参数化特征，其参数可随部件保存，随时可编辑；固定基准面仅仅是相对于工作坐标系 WCS 建立的，它不被其他几何对象约束。

在基准平面的基本环境中，可以通过添加约束的方法得到与已知面满足一个或多个约束关系的基准平面。

- 可以同时施加多个约束。
- 当出现多解时，可以通过单击"备用解"动态观察，获得所需约束。
- 添加约束后会显示当前约束下可能的基准平面，可以通过输入数值或者动态拖曳的方式获得任意的基准平面。

"基准平面"对话框如图 3-2-53 所示。

图 3-2-53 "基准平面"对话框

- 自动判断：通过添加约束的方法得到与已知面满足一个或多个约束关系的基准平面。
- 按某一距离：定义基准平面与已知平面平行且相距指定距离。
- 成一角度：定义基准平面与已知平面成一定夹角（须指定基准平面通过直线）。
- 二等分：基准平面与两平行平面等距。
- 曲线和点：基准平面通过指定点，且与曲线所在平面垂直。
- 两直线：两条直线构成基准平面。
- 相切：通过已知点、线、面，且与选择面相切。
- 通过对象：根据选择的对象定义基准平面。
- 点和方向：通过点构造器定义基准平面的通过点，通过矢量构造器定义基准平面的法线方向。

- 曲线上：定义基准平面通过曲线上的点，且法向与该点处曲线切矢一致。
- 固定基准面：可以获得当前工作坐标系下的 XC-YC、XC-ZC、YC-ZC 三个基准平面及与其平行的平面。
- 视图平面：可获得当前视图平面的基准面。

2．基准轴

基准轴可以相对于另一对象建立或在 WCS 中固定地建立。"基准轴"对话框如图 3-2-54 所示。

图 3-2-54 "基准轴"对话框

- 自动判断：通过添加约束的方法得到与已知面满足一个或多个约束关系的基准轴。
- 交点：通过选择两相交平面得到一基准轴。
- 曲线/面轴：通过选择直线、体的边缘直线，旋转曲面得到基准轴。
- 曲线上矢量：基准轴过所选曲线上的任一点，可与曲线相切、垂直，也可与另一直线垂直、平行。点的位置可通过定义弧的长度或拖曳的方法获取，如图 3-2-55 所示。
- 固定基准轴：可以获得当前工作坐标系下的 XC、YC、ZC 三个基准轴，如图 3-2-56 所示。固定基准轴与其他几何元素不相关。

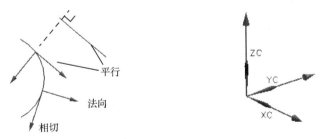

图 3-2-55 曲线上的矢量　　　　　图 3-2-56 固定基准轴

- 点和方向：通过点构造器定义基准轴的通过点，通过矢量构造器定义基准轴的方向。
- 两点：通过点构造器或已存点定义基准轴通过的两点，方向由第一点指向第二点。

3．基准坐标系

基准坐标系是一种特征，可以像使用其他特征一样编辑它们，基准坐标系的各个相关分量，即它的基准轴、基准面和原点均可以分别选取，以支持生成其他对象。

课后拓展

【重点串联】——曲轴建模关键步骤

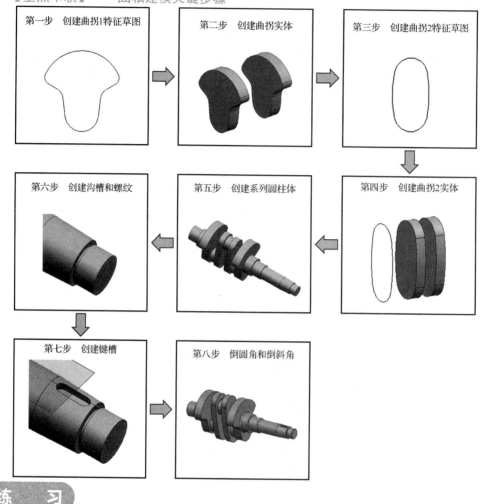

第一步　创建曲拐1特征草图

第二步　创建曲拐实体

第三步　创建曲拐2特征草图

第六步　创建沟槽和螺纹

第五步　创建系列圆柱体

第四步　创建曲拐2实体

第七步　创建键槽

第八步　倒圆角和倒斜角

练　习

【基础训练】

1. 草图平面不能是（　　　）。

A．实体平表面　　　　B．任一平面　　　　C．基准面　　　　D．曲面

2. 下面哪个选项不是图层的状态？（　　　）

A．不可选　　　　B．作为工作层　　　　C．不可见　　　　D．只可见

3. 草图平面不能是（　　　）。

A．实体平表面　　　　B．任一平面　　　　C．基准面　　　　D．曲面

4. 下图是在草图中绘制的圆，请指出哪个是用"中心和直径"的方法绘制的？（　　　）

A.

B.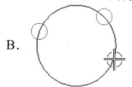

【技能训练】

要求：根据三视图（见图 3-2-57）画出实体。

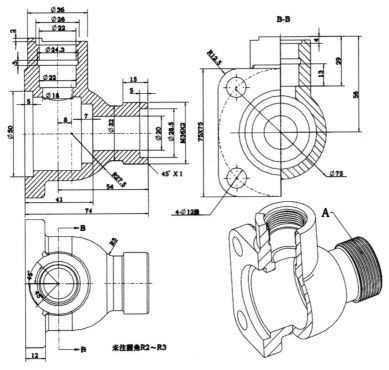

图 3-2-57　练习图

任务 3.3　连杆三维数字建模

任务引入

　　正确理解连杆的设计意图和各部分结构，在 UG NX 软件建模模块中，运用草图工具、镜像特征、拔模等命令完成图 3-3-1 所示连杆的零件建模。在这过程中，我们要能够熟练使用草图工具；能够正确对零件进行拔模操作；能够正确完成特征镜像操作；最终应用相关特征操作完成连杆的三维建模。

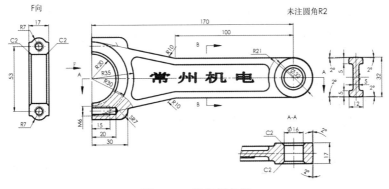

图 3-3-1　连杆零件图

任务分析

连杆是叉架类零件，通常是拉伸体的组合体，另外再附带有锥面、圆角、斜角、螺纹孔等特征，如图 3-3-2 所示，建模的基本思路是将组合进行特征分解，然后逐个创建。因为连杆与其他零件存在尺寸上的关联性，连杆内部也存在尺寸上的关系，因此拉伸体的草图采用参数化草图（Sketch），建成一个全参数化的模型，可以方便地对模型进行修改。

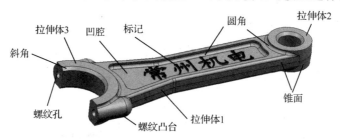

图 3-3-2　连杆特征分解图

任务实施

Step1：创建文档

连杆 主特征

启动 UG NX 2212 软件，选择合适的文件夹和"建模"模块，以"连杆"命名创建文档，单击"确定"按钮后进入 UG NX 建模环境。

Step2：创建连杆拉伸体特征草图

（1）设置 21 层为工作层，在 21 层中进入草图绘制环境，绘制如图 3-3-3 所示的草图，绘制方法与任务 3.2 中的方法相似，这里不再赘述。

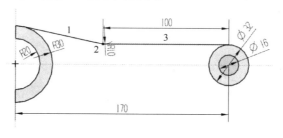

图 3-3-3　特征草图 1

（2）镜像曲线。单击"镜像"按钮 ，选择图 3-3-3 中标号 1、2、3 的图线为"要镜像的曲线"，X 轴为"镜像中心线"，单击"确定"按钮后创建镜像曲线，如图 3-3-4 所示。

（3）偏置曲线。单击"偏置"按钮，弹出"偏置曲线"对话框，如图 3-3-5 所示。选择"要偏置的曲线"，设置偏置的距离为 5，其他设置为默认，结果如图 3-3-6 所示，同理，偏置另外两段圆弧，结果如图 3-3-7 所示。

温馨提示：在使用偏置命令时，将"偏置曲线"对话框中的"创建持久关系"复选框激活，这样，偏置约束会自动添加。此外，如果不激活"创建持久关系"复选框，则这几段曲线可以在"相交处停止"按钮 激活状态下，一次性偏置成功。

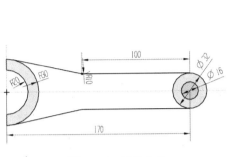

图 3-3-4　镜像曲线

图 3-3-5　"偏置曲线"对话框

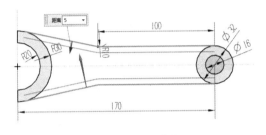

图 3-3-6　偏置曲线

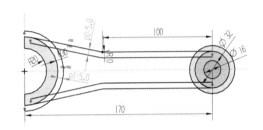

图 3-3-7　偏置曲线（另外两段圆弧）

- 修剪曲线：单击"草图"工具条中的"快速修剪"按钮✕，将光标靠近要修剪的图线一侧，修剪多余的图线，其结果如图 3-3-8 所示。
- 草图倒圆角：单击"倒圆角"按钮⌐，给刚偏置的曲线倒圆角，并约束内圆角相等，标注尺寸 R5，结果如图 3-3-9 所示。

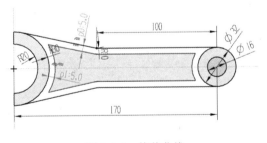

图 3-3-8　修剪曲线

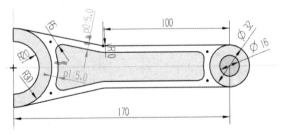

图 3-3-9　倒圆角

单击"完成草图"按钮，退出草图绘制环境，并保存文件。

Step3：创建连杆拉伸实体

（1）单击"拉伸"按钮，在曲线规则中选择"单条曲线"，拉伸草图如图 3-3-10 所示，创建连杆两端的拉伸体 2 和拉伸体 3，拉伸方向为草图平面的垂直方向，对称拉伸，拉伸距离是 8.5。

（2）同样的步骤创建拉伸体 1，在曲线规则中选择"单条曲线"，同时把"在相交处停止"

开关打开。拉伸草图如图 3-3-11 所示，对称拉伸，距离为 6。

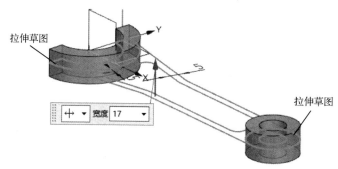

图 3-3-10 创建拉伸体 2 和拉伸体 3

（3）创建凹腔：继续创建凹腔拉伸体，选择拉伸草图如图 3-3-12 所示，单方向拉伸，起始距离为 2.5，终止距离为 6，与拉伸体 1 执行布尔"减去"运算（又称"求差"运算），结果如图 3-3-12 所示。

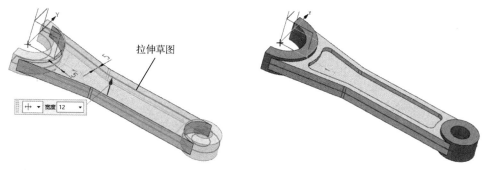

图 3-3-11　创建拉伸体 1　　　　　　　　　　　图 3-3-12　创建凹腔

（4）镜像凹腔：单击"镜像特征"按钮，弹出"镜像特征"对话框，如图 3-3-13 所示，选择刚创建的凹腔为"镜像特征"，XC-YC 平面为镜像平面，单击"确定"按钮后生成连杆另一面的凹腔，如图 3-3-14 所示。

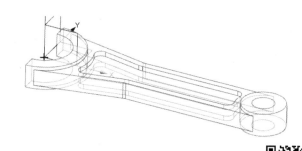

图 3-3-13　"镜像特征"对话框　　　　图 3-3-14　创建凹腔的镜像特征

Step4：创建联结螺纹

1. 创建螺纹凸台

单击"圆柱体"按钮，在连杆的左端创建两个圆柱体，在当前坐标系下，圆柱 1 起点坐

连杆 次要特征

标为（0，26.5，0），参数为 $\phi14\times30$，矢量为+XC；圆柱 2 起点坐标为（0，–26.5，0），参数为 $\phi14\times30$，矢量为+XC，并在圆柱的端部倒圆角 R7，创建结果如图 3-3-15 所示。

2．实体求和

单击"合并"按钮，选择中间的拉伸体 1 作为目标体，其余的实体都为工具体，把所有的实体合并成一整体。结果如图 3-3-16 所示。

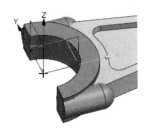
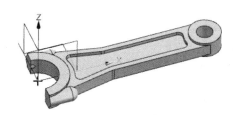

图 3-3-15　螺纹凸台　　　　　　　　　图 3-3-16　实体求和效果图

3．创建螺纹孔

● 单击"孔"按钮，在弹出的对话框中，类型选择"常规孔"，位置选择螺纹凸台的圆心，形状选择"简单"，尺寸输入 $\phi5.1\times20$，顶锥角 120°。

● 单击"螺纹"按钮 ，选择孔 $\phi5.1\times20$ 表面创建符号螺纹，在弹出的对话框中选择"手工输入"，螺纹大径为 6，小径为 5.1，螺距为 1，深度为 15。结果如图 3-3-17 所示。

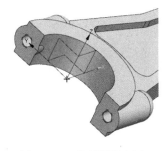

图 3-3-17　符号螺纹创建

Step5：创建锥面

1．分割平面

选择"插入"→"修剪"→"分割面"命令，弹出"分割面"对话框，如图 3-3-18 所示。选择拉伸体 1 和拉伸体 2 的外侧面为"要分割的面"，"分割对象"选择 XY 基准面，其他选项默认。单击"确定"按钮后完成分割面操作，如图 3-3-19 所示。

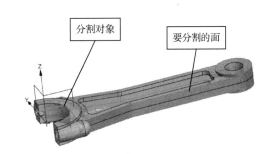

图 3-3-18　"分割面"对话框　　　　　　图 3-3-19　分割平面

2．创建锥面

单击"拔模"按钮 ，弹出如图 3-3-20 所示对话框，在"类型"栏中选择"面"，"脱模方向"设为+ZC，固定平面选择 XY 基准面，"要拔模的面"选择分割线一侧的面，角度为

2°。单击"确定"按钮后完成锥面的创建。同样的方法可以创建分割线另一侧的锥面，但是"脱模方向"为-ZC，"要拔模的面"选择分割线另一侧的面，结果如图 3-3-21 所示。

温馨提示：选择"要拔模的面"时，信息提示栏中选择面的规则是"单个面"。

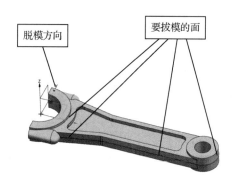

图 3-3-20 "拔模"对话框　　　　　　　　　　　图 3-3-21 拔模

Step6：创建其他细节特征

1. 创建连杆上的文字标记

● 单击"文本"按钮**A**，弹出如图 3-3-22 所示的对话框，在类型栏中选择"平面的"，"文本属性"栏中输入"常州机电"，"字体"选择"楷体-GB2312"，其他选项默认，用鼠标在图中适当位置单击，生成"常州机电"字样，如图 3-3-23 所示，用鼠标拖动图示中的小球可以改变文字的长宽比。

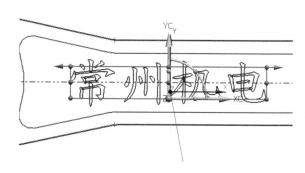

图 3-3-22 "文本"对话框　　　　　　　　　图 3-3-23 创建文本

● 单击"拉伸体"按钮，选择上述文字曲线为拉伸草图，拉伸方向为+ZC，拉伸起始距离为 0，拉伸终止距离为 2.7，设置文字与拉伸体 1"合并"，结果如图 3-3-24 所示。

2. 创建连杆左端 R20 的孔（创建圆柱时中间多了一块，需要去除）

单击"拉伸"按钮，"曲线规则"选择"单个曲线"，选择半圆形实体边缘为拉伸截面，拉伸方向为-ZC，拉伸距离为 17，激活"偏置"，并设置为"两侧偏置"，开始距离为 0，结束距离为 5，与连杆实体执行布尔"减去"运算，结果如图 3-3-25 所示。

图 3-3-24　创建文字标记

图 3-3-25　创建 R20 圆孔

3．倒斜角

单击"倒斜角"按钮，选择连杆两端的圆柱孔轮廓边，对称斜角 C2。

4．倒圆角

单击"边倒圆"按钮，按照图 3-3-1 所示要求，对连杆的部分的棱角进行倒圆角，最终如图 3-3-26 所示。

图 3-3-26　最终实体

单击 按钮，保存文件。

相关知识

一、拔模

拔模即以指定角度斜削模型中选中的面，其应用之一是使模具零件更容易脱模。拔模角分为 4 种类型。"拔模"对话框如图 3-3-27 所示。

图 3-3-27　"拔模"对话框

1. 从平面或曲面拔模

要确定四个要素：脱模方向、固定平面、要拔模的面、拔模斜度，四要素之间的关系如图 3-3-28 所示。

脱模方向：即拔模矢量，与角度标注的基准线重合。

固定平面：固定点所在的平面。

要拔模的面：倾斜面的初始面，一般与脱模矢量重合。

拔模斜度：斜面与要拔模的面之间的夹角（有时称为拔模角度）。

固定面拔模效果图如图 3-3-29 所示。

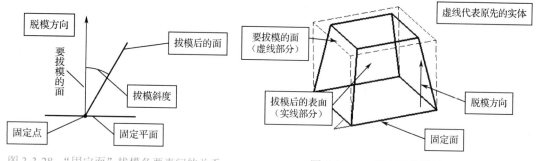

图 3-3-28　"固定面"拔模各要素间的关系　　　　图 3-3-29　　固定面拔模效果图

2. 从固定边缘拔模

用一指定的角度沿一选择的边缘组拔模，如图 3-3-30 所示。

该类型允许用户指定选定的边集为固定边集，并以指定的角度对具有这些边的面进行拔模，适用于所选实体边缘不共面的情况，当需要的边不包含在垂直于方向矢量的平面内时，这个选项特别适用。

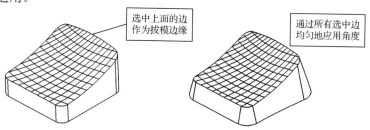

图 3-3-30　从固定边缘拔模示意

3. 对面进行相切拔模

通过给定的拔模角，拔模相切于用户选择表面的所有面。该拔模类型适用于相切表面拔模后仍然保持相切的情况，这种拔模类型对于模具类和铸件类零件特别有用，可以弥补任何出现的拔模不足。但此类型拔模不能够从实体中减去材料，只能添加材料。图 3-3-31 说明此选项的基本用法。

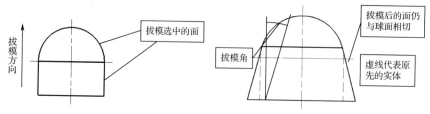

图 3-3-31　对面进行相切拔模

4．拔模到分型边缘

使用指定的角度和一固定面沿一选择的边缘组拔模。固定面决定了拔模的起始点。该拔模类型适用于实体中部具有特殊形状的情况。这种类型的拔模只改变面但不改变分隔线，而新的面是生成在分隔线不在中性面内的地方。图 3-3-32 说明此选项的基本用法。

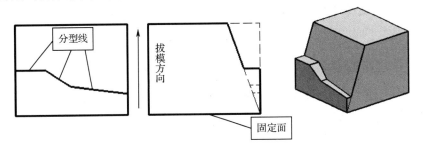

图 3-3-32　拔模到分型边缘示意图

课后拓展

【重点串联】——连杆建模关键步骤：

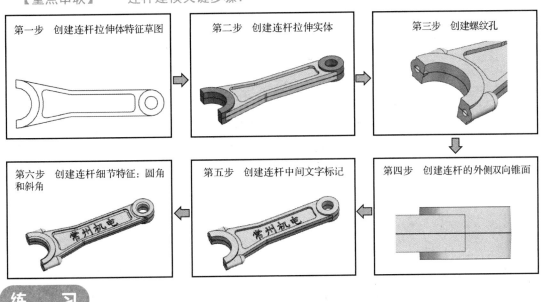

练习

【基础训练】

1．在草图中，选择两条圆弧可能产生哪些几何约束？（　　　）

A．同心　　　　　　　B．等弧长　　　　　　C．等半径　　　　　　D．重合

E．都有可能

2．"特征参数"对话框中，选择特征的类型为（　　　）。

A．草图　　　　　　　B．曲线　　　　　　　C．视图　　　　　　　D．实体

3．草图平面不能是（　　　）。

A．实体平表面　　　B．任一平面　　　　　C．基准面　　　　　　D．曲面

4．关于"从固定边缘拔模"下列说法中正确的是（　　　）。

A. 只能从实体边缘拔模　　　　　　　　B. 拔模角必须为正值

C. 拔模方向不可以改变　　　　　　　　D. 可以从被分割的面的边缘拔模

5. 在"分割体"中工具体不能是（　　　）。

A. 基准平面　　　　　B. 圆柱面　　　　C. 球面　　　　　　D. 两个曲面

6. 下列关于"文本"的说法中不正确的是（　　　）。

A. 可以创建平面文本　　　　　　　　　B. 可以沿着相连的曲线串创建文本

C. 可以在多个不相连的面上创建文本　　D. 可以在一个或多个相连面上创建文本

7. 下列哪个不是垫块可以设置的半径圆角值？（　　　）

A. 放置面半径　　　　B. 顶面半径　　　　C. 拐角半径　　　　D. 轮廓半径

【技能训练】

如图 3-3-33 所示，制作模型，要求：草图完全约束。

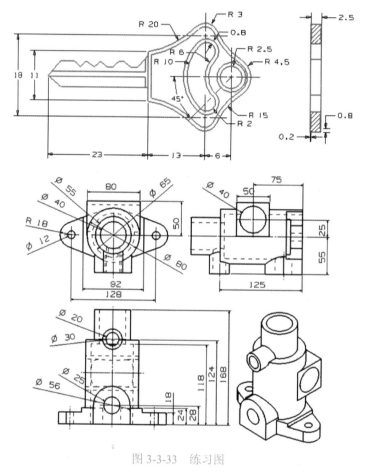

图 3-3-33　练习图

任务 3.4　机座三维数字建模

（任务引入）

读懂图纸，正确理解图 3-4-1 所示机体的结构形状和零件图纸尺寸要求，建立正确的建模思路，依次完成图 3-4-2 所示各分解特征的创建，通过拉伸、抽壳、特征阵列、成形特征等操作最终完成产品的三维数字建模。在这过程中，我们要能够熟练使用成形特征创建模型；能够使用"抽壳"命令创建一般壳体类的模型；能够使用矩形阵列复制模型特征；最终应用相关特征操作完成机座的三维建模。

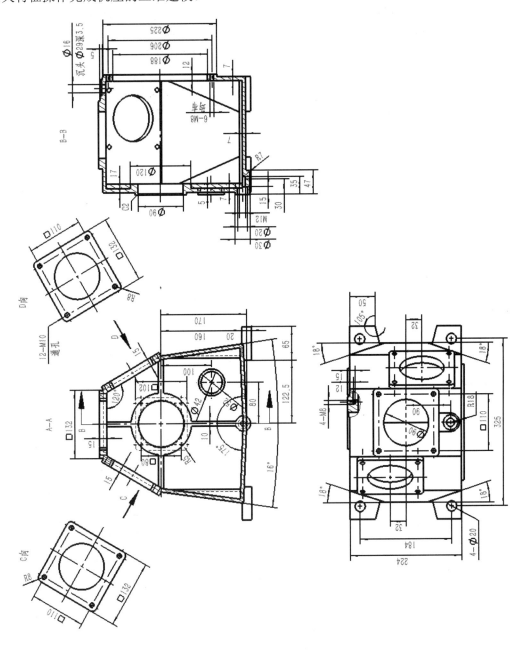

图 3-4-1 机座零件图

任务分析

机座是典型的壳体类零件，通常比较复杂，需要有较好的图形理解能力，也需要熟悉 UG

NX 软件的建模方法。一般的建模思路是把复杂模型做特征分解，变成一个个简单的特征，再运用常用的特征阵列方法（圆周阵列、线性阵列、镜像特征）完成整个模型创建。

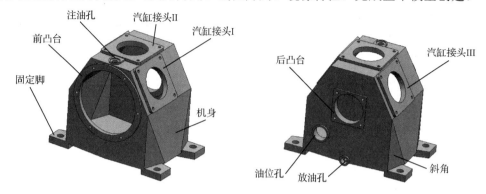

图 3-4-2　机座特征分解图

任务实施

Step1：创建文档

机座 主特征

启动 UG NX 2212，"新建"文件，选择"模型"，命名为"机座"，单位为"毫米"，确定后，进入 UG NX 2212 建模模块。

Step2：创建机座外轮廓实体（含前凸台、内部的加强筋、外部斜面、后凸台）

1. 创建机座基本外形

● 单击"草图"按钮，在 XZ 基准平面下绘制机座外轮廓草图 1，如图 3-4-3 所示。

● 单击"拉伸"按钮，选择图 3-4-3 所示草图创建实体，对称拉伸，对称值为 224，拉伸方向默认，单击"确定"按钮，完成拉伸的实体，如图 3-4-4 所示。

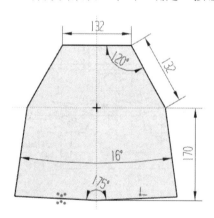

图 3-4-3　机座外轮廓草图 1

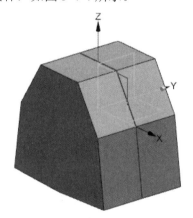

图 3-4-4　拉伸完成后的实体

● 单击"草图"按钮，在 XY 基准平面下绘制直线草图 2，如图 3-4-5 所示。

● 单击"拉伸"按钮，拉伸如图 3-4-5 所示直线草图，拉伸方向为-Z，拉伸起始距离为 0，结束距离为 200，得到片体如图 3-4-6 所示。

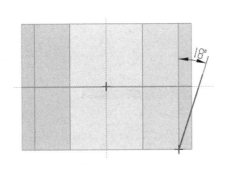

图 3-4-5　创建直线草图 2

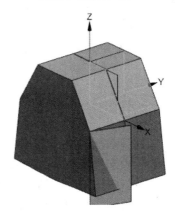

图 3-4-6　拉伸片体

- 单击"修剪体"按钮，修剪机座基本外形的一角，把直线草图和拉伸片体隐藏，如图 3-4-7 所示。
- 单击"镜像特征"按钮，选择刚创建的修剪体，选择 XZ 基准面为镜像平面，单击"应用"按钮，创建另一斜角；继续"镜像特征"，选择修剪体特征和刚镜像所得的特征，选择 YZ 基准面为镜像平面，单击"确定"按钮，四个斜角全部创建完成，如图 3-4-8 所示（为方便查看，暂时将草图 1 和基准坐标系隐藏）。
- 单击"抽壳"按钮，"类型"设置为"封闭"，选择机座基本外形为抽壳实体，实体所有的面向内偏置 7，形成一"空壳"模型，如图 3-4-9 所示。

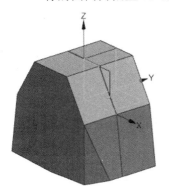

图 3-4-7　修剪体

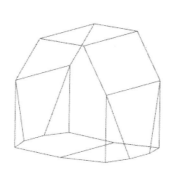

图 3-4-8　创建斜角

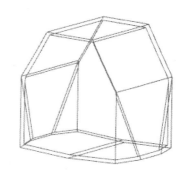

图 3-4-9　创建"空壳"模型

2．创建机座后端方形凸台（为方便绘图，将基准坐标系设为显示状态）

单击"垫块"按钮 ，在弹出的一系列的对话框中选择如下（创建步骤如图 3-4-10 所示）。

机座 次特征 1

- 类型选择"矩形"。
- 放置面选择壳体的后端面。
- 水平参考选择 X 基准轴。
- 矩形垫块参数：102×102×5（长度×宽度×高度），拐角半径 R5。
- 定位方式："线落在线上" ⊥：垫块竖直中心线与 Z 基准轴距离重合。
  　　　　　　"线落在线上" ⊥：垫块水平中心线与 X 基准轴距离重合。

注意：将模型设为线框状态，即可见垫块的两条中心线。

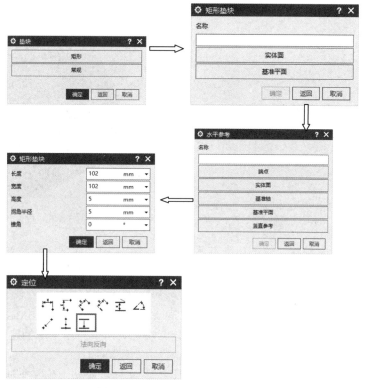

图 3-4-10 "矩形垫块"创建步骤

后凸台创建结果如图 3-4-11 所示。

3．创建机座内部加强筋

● 单击"草图"按钮，在 XZ 基准平面，绘制如图 3-4-12 所示的草图 3（注意：将草图封闭）。

● 单击"拉伸"按钮，选择加强筋草图创建拉伸体，设置"Y轴"为拉伸方向，起始距离为 95、结束距离为 105，与基本体"合并"布尔运算，单击"确定"按钮，创建机座内部加强筋。将草图 3 隐藏，结果如图 3-4-13 所示。

图 3-4-11　后凸台创建结果

● 单击"圆柱体"按钮，创建圆柱体 φ90×22，方向指向"Y轴"，圆柱起点可以通过捕捉加强筋的圆心确定，与基体做"减去"布尔运算，创建一圆柱孔。

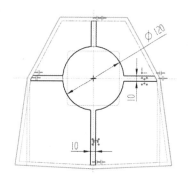

图 3-4-12　加强筋草图 3

图 3-4-13　创建加强筋

● 单击"孔"按钮，在机座后方凸台表面创建 M8 螺纹孔，孔深为 15，螺纹深为 12，单击"确定"按钮，创建单一螺纹孔，如图 3-4-14 所示。

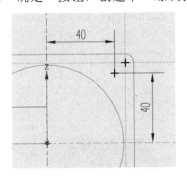 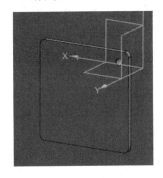

图 3-4-14　螺纹孔定位尺寸与螺纹孔示意

● 单击"阵列特征"按钮，弹出如图 3-4-15 所示对话框，选择螺纹孔为要阵列的特征，"阵列定义"中选择"线性"，选择后凸台两轮廓边为阵列"方向 1"和阵列"方向 2"，阵列间距和数量如图中所示。阵列结果如图 3-4-16 所示。

 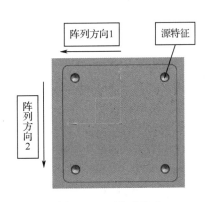

图 3-4-15　"阵列特征"对话框　　　图 3-4-16　阵列示意

机座 次特征2

4. 创建机座前端圆形凸台

● 单击"凸台"按钮，或选择"插入"→"设计特征"→"凸台"命令，在实体前表面创建 φ225×5 凸台，定位时单击"点落在线上"按钮，将凸台的圆心点既落在 X 轴，又落在 Y 轴。

● 单击"圆柱体"按钮，创建圆柱体 φ188×12，方向指向"+YC 轴"，圆柱起点捕捉上一步骤凸台的圆心，与基体做"减去"布尔运算，创建一圆柱孔。

● 单击"孔"按钮，在机座前端凸台表面创建螺纹通孔 M8，螺纹孔圆心位于 Z 轴，距离 X 轴尺寸为 103，单击"确定"按钮，创建单一螺纹孔。

● 单击"阵列特征"按钮，弹出如图 3-4-17 所示的对话框，选择要阵列的特征是 M8 螺纹孔，"阵列定义"选择"圆形"，"旋转轴"选择+YC，阵列参数按图 3-4-17 所示设置。阵列结果如图 3-4-18 所示。

图 3-4-17 "阵列特征"对话框

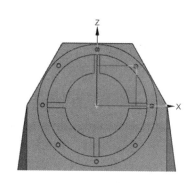

图 3-4-18 圆形阵列结果图

机座 次特征 3

Step3：创建汽缸接头

1. 创建汽缸接头Ⅲ

单击"垫块"按钮 ⬛，在弹出的一系列的对话中选择如下（创建效果如图 3-4-19 所示）。

● 类型选择"矩形"。
● 放置面选择壳体的左侧的斜坡面。
● 水平参考选择左侧斜坡面上的任意直线。
● 矩形垫块参数：132×132×8（长度×宽度×高度），拐角半径 R8。
● 定位方式：线落在线上 ⊥，目标边为斜坡面的侧边缘，刀具边为凸垫的外边框线；"按一定距离平行" ⊥，目标边为 Z 基准轴，刀具边为凸垫的另一条对称中心线，输入距离 32，得到的垫块可参见图 3-4-19。

2. 创建 φ90 圆孔

单击"腔"按钮 ⬡，在弹出的一系列的对话框中选择如下（具体如图 3-4-20 所示）。

● 腔体类型选择"圆柱形"。
● 放置面选择上一步骤汽缸接头的上表面。
● 腔体参数按图 3-4-20 所示设置。
● 定位方式：垂直定位 ⤢，圆心距垫块两轮廓边距离 66。

图 3-4-19 创建汽缸接头

3. 创建螺纹孔

参照图 3-4-1 所示尺寸，按照在后凸台表面创建螺纹孔的方法，创建机座斜面上的螺纹孔。创建效果如图 3-4-21 所示。

按上述同样步骤，创建机座顶端和另一斜面的方形凸台，结果如图 3-4-22 所示。

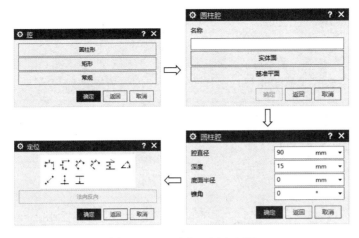

图 3-4-20　"腔体"创建步骤

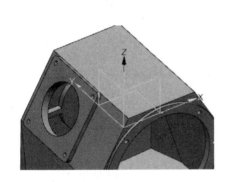

图 3-4-21　汽缸接头Ⅲ创建效果图

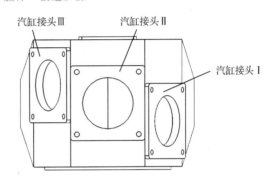

图 3-4-22　三汽缸接头创建效果图

Step4：创建机座固定脚

● 单击"基准平面"按钮，将 XY 基准平面往-Z 方向偏移 170，创建一个新的基准平面。

● 单击"草图"按钮，在新建的基准平面内创建草图，结果如图 3-4-23 所示。

● 拉伸该草图，拉伸方向设为默认，设置拉伸类型为"对称"，对称距离为 10，拉伸后与机座基体做"合并"布尔运算，单击"确定"按钮，为方便绘图，将拉伸草图隐藏，结果如图 3-4-24 所示。

● 单击"镜像特征"按钮，选择刚创建的拉伸体为要镜像的特征，选择 XZ 基准面为镜像平面，创建另一侧固定脚；再次选择刚建的镜像特征和源特征，以 YZ 基准面为镜像平面，完成四个固定脚的创建，结果如图 3-4-25 所示。

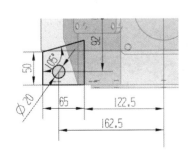

图 3-4-23　固定脚特征草图

图 3-4-24　固定脚拉伸 3D 图

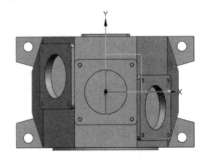

图 3-4-25　镜像固定脚

Step5：其他细节特征的创建

1. 注油孔

● 单击"草图"按钮，在凸台上表面绘制如图 3-4-26 所示草图。

机座 次特征 4

● 拉伸图 3-4-26 所示草图曲线，拉伸方向为-Z，设置起始距离为 3，结束距离为 8，与机座基体做"合并"布尔运算，将草图隐藏。

● 单击"孔"按钮，在凸台上创建一沉孔，沉孔 φ29↓3.5，孔直径 φ16 深 15，位置在圆弧中心处，如图 3-4-27 所示。

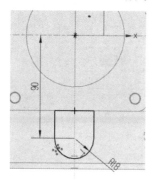

图 3-4-26　注油孔凸台草图

图 3-4-27　注油孔凸台

2. 油位孔

● 单击"圆柱"按钮，指定圆柱矢量方向为+Y；直径为 52、高度为 22；圆柱起点为（80，95，-100）；与机座基体做"合并"布尔运算。

● 单击"圆柱"按钮，指定圆柱矢量方向为+Y；直径为 42、高度为 22；圆柱起点为（80，95，-100）；与机座基体做"减去"布尔运算。结果如图 3-4-28 所示。

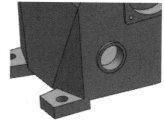

图 3-4-28　油位孔

3. 放油孔

● 单击"圆柱"按钮，指定圆柱矢量方向为+Y；直径为 30、高度为 22；圆柱起点为（0，95，-163）；与机座基体做"合并"布尔运算。

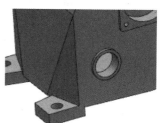

机座 次特征 5

● 单击"拉伸"按钮，在"选择意图"中选择"面的边"选项；选择图 3-4-29 所示底部月牙形的面作为拉伸截面；拉伸方向为默认；设置拉伸起始距离为 0，结束距离为 25；与机座做"合并"布尔运算。然后给圆柱边倒圆角 R7，结果如图 3-4-30 所示。

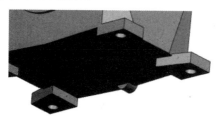

图 3-4-29　拉伸圆柱小截面

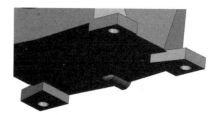

图 3-4-30　倒圆角

● 继续单击"圆柱"按钮，指定圆柱矢量方向为-Y；直径为 20、高度为 15；圆柱起点为（0，117，-163）；与机座基体做"减去"布尔运算。

● 单击"孔"按钮，在上一步创建的孔中心创建一螺纹孔 M12×15 孔深 20，如图 3-4-31
所示。

图 3-4-31 放油孔

单击"保存"按钮，保存文件，完成机座模型创建。

相关知识

一、成形特征

特征工具条中有一类特征，用于生成零件的细节结构，也叫"成形特征"，这些特征包
括孔、凸台、腔体、垫块、键槽、沟槽等。此类特征一般都需要一个安置面（又称放置面，
安放表面），一般安置面是平面；垫块、通用腔体可以放置在曲面上；另外沟槽安置面必须是
柱面或锥面。安放表面通常选择已有实体的表面，如果没有平面可作安放表面，则可以创建
基准平面。创建的特征与安放表面是相关联的。

1．建立成形特征的通用步骤

● 选择"菜单"→"插入"→"设计特征"命令，或单击"特征"工具条。
● 选择特征类型：孔、凸台、腔体、垫块、键槽、槽。
● 选择子类型：如孔有简单孔、沉孔、埋头孔等。
● 选择安放表面。
● 选择水平参考（可选项，对有长度参数值的特征）。
● 选择通过表面化（可选项，如通孔、通槽）。
● 加入特征参数值。
● 特征定位。

2．定位方式的确定

成形特征的定位方式就是定义特征在附着面上的具体位置。除孔的定位利用参数化草图
之外，其余成形特征"定位"对话框如图 3-4-32 所示。

● 水平定位。创建与水平参考方向平行的两点间的尺寸，水平参考需事先定义，如
图 3-4-33 所示。

图 3-4-32 "定位"对话框

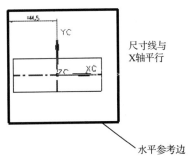

图 3-4-33 水平定位

● 竖直定位🔧。创建与水平参考方向垂直的两点间的尺寸，水平参考需事先定义，如图 3-4-34 所示。

● 平行定位🔧。平行定位尺寸平行于两点的连线，如图 3-4-35 所示。

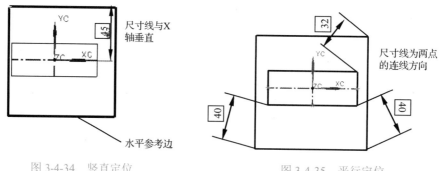

图 3-4-34　竖直定位　　　　　　　　　　图 3-4-35　平行定位

● 垂直定位🔧。定义目标体上一条边与特征上一个点之间的垂直距离，如图 3-4-36 所示。

● 按一定距离平行🔧。定义目标体上一条边与特征上一条直边之间的平行距离，如图 3-4-37 所示。

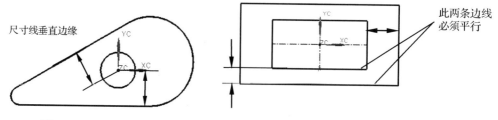

图 3-4-36　垂直定位　　　　　　　　　图 3-4-37　按一定距离平行定位

● 角度定位🔧。定义一条特征直边与一条线性参考边/曲线之间的夹角，如图 3-4-38 所示。

● 点到点定位🔧。定义定位点和目标点重合，如图 3-4-39 所示。

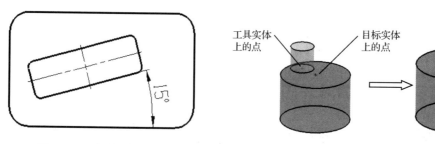

图 3-4-38　角度定位　　　　　　　　　图 3-4-39　点到点定位

● 点到线定位🔧。定义定位点在目标直线上，如图 3-4-40 所示。

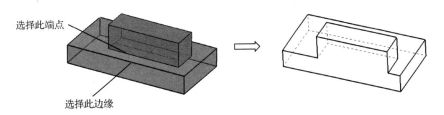

图 3-4-40　点到线定位

● 线到线定位┴。定义定位直线与目标直线重合，如图 3-4-41 所示。

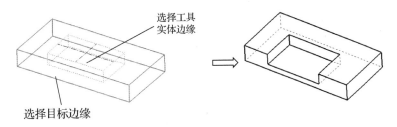

图 3-4-41　线到线定位

3．腔

"腔"选项可以在现有实体上生成一个圆柱形、矩形和常规腔体。圆柱形、矩形腔体可安放在平面上，常规腔体可安放在平表面上，也可安放在曲面上，常规腔体创建步骤比较复杂，这里不做介绍。

● 圆柱形腔体。"圆柱形腔体"选项可以定义一个圆柱形的腔体，指定其深度，底面有无圆角，侧面是直的还是锥形的，如图 3-4-42 所示。

● 矩形腔体。"矩形腔体"选项可以定义一个矩形的腔体，指定长度、宽度、深度，拐角处和底面上的半径，是否具有锥面，如图 3-4-43 所示。

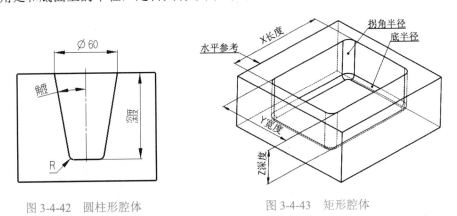

图 3-4-42　圆柱形腔体　　　　　图 3-4-43　矩形腔体

4．垫块

"垫块"选项用于在已有的实体上生成凸台。垫块有矩形垫块和常规垫块两种类型。常规垫块这里也不做介绍。

矩形垫块的创建类似于矩形腔体的创建，各参数定义如图 3-4-44 所示。

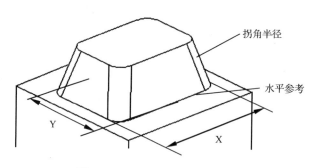

图 3-4-44　矩形垫块的参数定义

二、抽壳

　　该选项可以通过定义壁厚，将实心体的表面向面的法线方向偏置一指定的厚度，形成一"空壳"的实体零件，厚度可以均匀，也可以不均匀。偏置的方向可以指向实体内部也可以指向外部。"抽壳"对话框如图 3-4-45 所示。抽壳的步骤如图 3-4-46 所示。

图 3-4-45　"抽壳"对话框

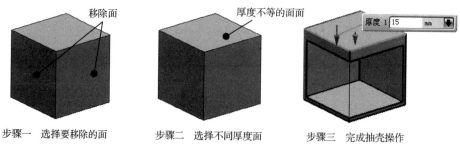

步骤一　选择要移除的面　　　　步骤二　选择不同厚度面　　　　步骤三　完成抽壳操作

图 3-4-46　　抽壳的步骤

课后拓展

【重点串联】——机座建模关键步骤

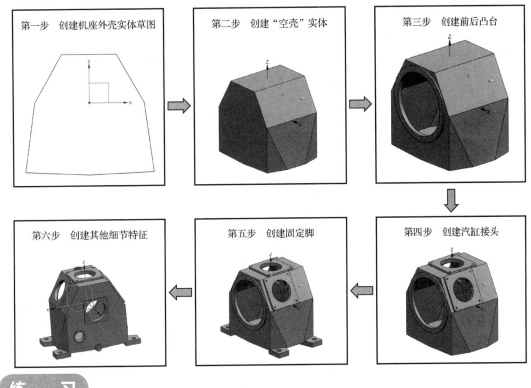

第一步 创建机座外壳实体草图

第二步 创建"空壳"实体

第三步 创建前后凸台

第四步 创建汽缸接头

第五步 创建固定脚

第六步 创建其他细节特征

练 习

【基础训练】

1. 以下哪个选项不是腔体的创建方法？（   ）

A. 圆柱形　　　　　　B. 矩形　　　　　　　　C. 燕尾形　　　　　　D. 一般

2. 矩形阵列时 XC 方向，YC 方向是以哪个坐标系的 X，Y 轴作为方向的？（   ）

A. 基准坐标系　　　　B. 绝对坐标系　　　　　C. WCS　　　　　　　D. 特征坐标系

3. 下列哪个命令不属于"实例特征"操作？（   ）

A. 矩形阵列　　　　　B. 环形阵列　　　　　　C. 镜像体　　　　　　D. 绕直线旋转

E. 镜像特征

4. 关于"从固定边缘拔模"下列说法中正确的是（   ）。

A. 只能从实体边缘拔模　　　　　　　　　B. 拔模角必须为正值

C. 拔模方向不可以改变　　　　　　　　　D. 可以从被分割的面的边缘拔模

5. 对于圆台、腔体、凸垫、键槽等特征，放置面必须是（   ）。

A. 球面　　　　　　　B. 平面　　　　　　　　C. 柱面　　　　　　　D. 锥面

6. （   ）是按照厚度将实体模型挖空形成一个内孔的腔体（厚度为正值），或者包围实体模型成为壳体（厚度为负值）。

A. 孔　　　　　　　　B. 腔体　　　　　　　　C. 抽壳　　　　　　　D. 成形

【技能训练】

实体建模训练，尺寸等如图 3-4-47 所示。

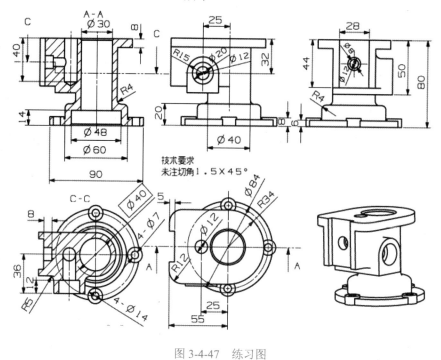

图 3-4-47　练习图

项目 4

装配设计

项目简介

本项目通过空压机装配实例操作，使学生熟悉 UG NX 2212 的构建部件装配的工具，掌握虚拟装配及干涉检查技能。通过装配设计的讲解，可以使学生了解 UG NX 产品装配的一般过程及步骤，掌握 UG NX 的虚拟装配及装配爆炸功能。学会装配过程中零部件及子装配的插入、配合等；能应用装配操作完成空压机部件装配。

学习目标

【知识目标】

1．掌握自底向上装配概念。

2．掌握装配过程操作。

3．掌握装配爆炸操作。

4．掌握引用集概念。

【能力目标】

1．能根据图纸进行自底向上装配。

2．能创建装配爆炸图。

【思政目标】

1．团队协作：能够与人分工协作并共同完成一项任务，共同营造和维护团队的良好工作氛围。

2．亲和友善：能够对他人的错误或不足保持一定的耐心和宽容。能够对别人的帮助有感激之情，并表达谢意。

3．组织管理：能够制订团队工作计划和方案。

4．沟通表达：能够与他人良好交流与沟通，并能与他人合作。

5．道德规范：在工程实践中能自觉遵守职业道德和规范，具有法律意识。

【思维导图】

【课时建议】：教学课时建议 12 课时。

任务 4.1　空压机自底向上装配

任务引入

在 UG NX 2212 装配模块中，由"汽缸"子装配、"空气过滤器"子装配、"曲轴"子装配、"连杆"子装配、"活塞"子装配、"轴承"子装配、"左端盖"子装配、"右端盖"子装配及其他零件完成空压机的总装配。在这过程中，我们要能够对产品进行自底向上装配；能够建立、编辑和删除组件引用集；能够建立合理的配对条件；能够对组件进行重新定位；能够对组件进行装配阵列和镜像装配；最终应用相关装配操作完成空压机的装配。

任务分析

就整个空压机部件而言，零部件较多，因此一般采用子装配的方式，可把空压机分为若干个子组件，包括汽缸子组件、空气过滤器子组件、连杆子组件、活塞子组件、轴承子组件、左端盖子组件、右端盖子组件、曲轴子组件等。对这些组件分别进行零件装配，再进行组件间的装配，最终完成空压机总装配体。其装配结构如图 4-1-1 所示。

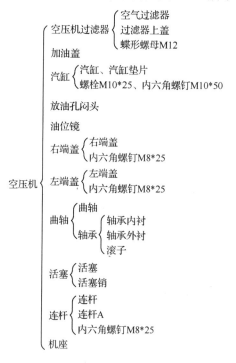

图 4-1-1　空压机装配结构

任务实施

Step1：建立汽缸子装配

1. 新建汽缸子装配文件

启动 UG NX 2212，"新建"文件，选择"模板"→"装配"，输入文件名"汽缸_子装

汽缸子装配

配"，单位为"毫米"，保存文件夹为空压机零件所在文件夹，单击"确定"按钮后，进入 UG NX 2212 装配模块。

2．添加现有的组件

（1）载入汽缸（汽缸.prt）组件。

◇ 单击工具条中的"装配"按钮，调出"装配"工具条，如图 4-1-2 所示。

图 4-1-2 "装配"工具条

◇ 单击"添加组件"按钮 🔧，弹出"添加组件"对话框，如图 4-1-3 所示。单击"打开"按钮 🗂，选择"汽缸"组件，在对话框内设置"组件锚点"为"绝对"，"装配位置"为"绝对坐标系-工作部件"，此时，绘图区域出现汽缸预览，其他参数默认，单击"确定"按钮。弹出"创建固定约束"对话框，如图 4-1-4 所示。单击"是"按钮，将汽缸零件放置在（0，0，0）点。

图 4-1-3 "添加组件"对话框

图 4-1-4 "创建固定约束"对话框

（2）载入汽缸垫片组件。

再次单击"添加组件"按钮，在弹出的对话框中单击"打开"按钮，载入汽缸垫片（汽缸垫片.prt）组件，将"位置"→"装配位置"方式改为"对齐"，在绘图区域任意位置处单击（此位置应便于添加配对约束），让汽缸垫片载入，如图 4-1-5 所示，再将对话框中"放置"选项改为"约束"，此时，"添加组件"对话框"放置""约束"选项如图 4-1-6 所示。

图 4-1-5　载入汽缸垫片组件示意

图 4-1-6　"放置"–"约束"选项

此时，可直接选择相应的约束类型，添加配对约束，也可以单击"确定"按钮，载入汽缸垫片组件，后续再专门进行配对约束。这里直接单击"确定"按钮，退出"添加组件"对话框。

图 4-1-7　"移动组件"对话框

（3）移动组件。旋转视图，观察汽缸垫片放置的位置是否便于装配，如果位置不合适，则可移动汽缸垫片的位置。

单击"移动组件"按钮 ，弹出的对话框如图 4-1-7 所示。

选择汽缸垫片为要移动的组件，设置"Motion"（即运动）为"动态"，激活"指定方位"选项，则在模型区域出现如图 4-1-8 所示动态坐标系。选择坐标系原点，可将汽缸垫片挪到任意屏幕位置；分别选择 XC、YC、ZC 方向箭头，可将汽缸垫片沿相应的轴线方向移动，选择坐标系间的旋转点可将汽缸垫片在相应的 XY、XZ、YZ 平面内旋转，最后将汽缸垫片调整到适合装配的位置，如图 4-1-9 所示，单击"确定"按钮，退出"移动组件"对话框。

图 4-1-8　动态坐标系示意

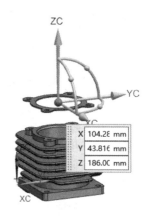

图 4-1-9　移动汽缸垫片示意

（4）配对组件。汽缸与汽缸垫片的配对关系建立步骤如下。

❖ 建立平面贴合约束。单击"装配约束"按钮 ，弹出"装配约束"对话框。设置"装配约束"对话框中的"类型"为"接触对齐"，"方位"为" 接触"，如图 4-1-10 所示。选择汽缸上表面和汽缸垫片的下表面，如图 4-1-11 所示。

图 4-1-10 "装配约束"对话框

图 4-1-11 接触约束示意

❖ 建立轴对齐约束（汽缸内圆柱孔表面和汽缸垫片的内圆柱孔表面）。设置"装配约束"对话框中的"类型"为"接触对齐"，"方位"为" 自动判断中心/轴"。选择汽缸内圆柱孔表面和汽缸垫片的内圆柱孔表面，如图 4-1-12 所示。

❖ 建立轴对齐约束（汽缸螺钉孔圆柱面和汽缸垫片的螺钉孔圆柱面）。设置"装配约束"对话框中的"类型"为"接触对齐"，"方位"为"自动判断中心/轴"。选择汽缸螺钉孔圆柱面和汽缸垫片的螺钉孔圆柱面，如图 4-1-13 所示。

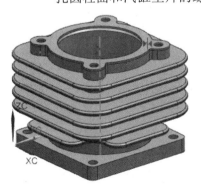

图 4-1-12 轴对齐约束示意

图 4-1-13 汽缸螺钉孔圆柱面与汽缸垫片螺钉孔圆柱面的装配

❖ 退出装配约束。单击"装配约束"对话框中的"确定"按钮，退出装配约束状态，完成汽缸垫片的装配。

（5）装配汽缸盖组件。

❖ 打开"添加组件"对话框，添加汽缸盖组件"汽缸盖.prt"。

❖ 激活"位置"选项卡中的"选择对象"，在绘图区域便于汽缸盖装配的位置处单击，放置汽缸盖。

❖ 一般情况下，放置的位置不便于装配，因此在"放置"选项组中激活"移动"，则绘图区域出现动态坐标系，借助动态坐标系，将汽缸盖移动至便于装配的位置（此处，与"移动组件"命令用法相似）。

❖ 移动至合适位置后，"放置"选项组中激活"约束"，设置"约束类型"为"接触对齐"，"方位"为"自动判断中心/轴"。选择图 4-1-14 所示汽缸盖和汽缸相应圆柱面，建立同轴约束。

❖ 设置"约束类型"为"平行"，选择汽缸侧面与汽缸盖侧面，建立平行约束，如图 4-1-15所示。

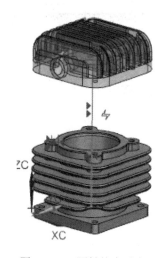

图 4-1-14　同轴约束示意

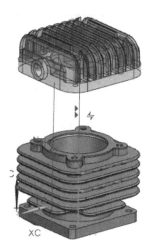

图 4-1-15　平行约束示意

❖ 设置"约束类型"为"接触对齐"，"方位"为"接触"。建立汽缸与汽缸盖对应平面的"接触"约束。

❖ 单击"应用"按钮，完成汽缸盖的装配，如图 4-1-16 所示。

（6）装配 M10 螺栓。

❖ 添加螺栓组件"螺栓 M10*25.prt"。

❖ 依次运用"接触对齐"中的"接触"、"自动判断中心/轴"约束选项对"螺栓 M10*25"建立配对关系，如图 4-1-17 所示。

❖ 创建螺栓阵列装配。

● 单击"阵列组件"按钮，弹出"阵列组件"对话框，定义"阵列定义"方式为"线性"。

● 选择"螺栓 M10*25"为线性阵列组件。

● 选择"边"阵列方法，选择两条实体边分别为 XC 方向和 YC 方向（如图 4-1-18 所示），偏置距离设为 110（若偏置方向与阵列方向相反，则偏置距离设为-110）。

● 单击"确定"按钮完成螺栓阵列装配。

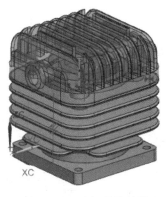

图 4-1-16　汽缸盖的装配

图 4-1-17　M10*25 螺栓的装配

（7）装配内六角螺钉 M10*50。

◇ 添加螺钉组件"内六角螺钉 M10*50.prt"。

◇ 依次运用"接触对齐"选项中的"接触"、"自动判断中心/轴"约束选项对内六角螺钉 M10*50 建立配对关系。

◇ 创建螺钉阵列装配（同螺栓 M10*25 阵列方法，在此不再详述），阵列距离设为 88mm，最终所得结果如图 4-1-19 所示。

图 4-1-18　阵列方向选择

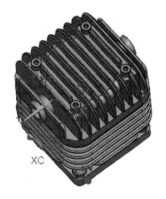

图 4-1-19　内六角螺钉 M10*50 的装配

至此，汽缸子装配完成，单击"保存"按钮，保存子装配。

Step2：空气过滤器子装配

1．新建子装配文件

新建文件名为"空气过滤器_子装配"的空气过滤器子装配文件。

空气过滤器子装配

2．添加现有的组件

（1）载入空气过滤器（空气过滤器.prt）组件。

◇ 单击"添加组件"按钮，弹出"添加组件"对话框，设置"装配位置"为"绝对坐标系"，将空气过滤器零件放置在（0，0，0）点，如图 4-1-20 所示。

◇ 单击"应用"按钮，把空气过滤器固定在坐标原点。

（2）载入过滤器上盖（空气过滤器上盖.prt）组件。

继续在"添加组件"对话框中单击"打开"按钮，载入"空气过滤器上盖"组件，设置"装配位置"为"对齐"，建立空气过滤器和过滤器上盖组件对应平面的"接触"约束、对应圆柱面的"自动判断中心/轴"约束，如图 4-1-21 所示。

（3）载入蝶形螺母（蝶形螺母 M12.prt）组件。

继续在"添加组件"对话框中单击"打开"按钮，载入"空气过滤器上盖"组件，设置"装配位置"为"对齐"，建立蝶形螺母和过滤器上盖组件对应平面的"接触"约束、对应圆柱面的"自动判断中心/轴"约束，最终装配结果如图 4-1-22 所示。

图 4-1-20　空气过滤器示意　　　图 4-1-21　过滤器上盖装配示意　　　图 4-1-22　蝶形螺母装配示意

保存空气过滤器子装配文件。

Step3：建立连杆子装配

1．新建子装配文件

新建文件名为"连杆_子装配"的连杆子装配文件。

2．添加现有的组件

连杆子装配

（1）载入连杆（连杆.prt）组件，设置"装配位置"为"绝对坐标系"，将连杆放置在（0，0，0）点，并添加"固定"约束，如图 4-1-23 所示。

（2）载入连杆 A（连杆 A.prt）组件，设置"装配位置"为"对齐"，建立连杆和连杆 A 组件对应平面的"接触"约束和"对齐"约束、对应圆柱面的"自动判断中心/轴"约束，如图 4-1-24 所示。

图 4-1-23　连杆装配示意　　　　　　　　图 4-1-24　连杆 A 装配示意

（3）载入内六角螺钉 M8*25（内六角螺钉 M8*25.prt）组件，设置"装配位置"为"对齐"，建立螺钉和连杆 A 组件对应平面的"接触"约束、对应圆柱面的"自动判断中心/轴"约束，如图 4-1-25 所示。

（4）镜像装配。

✧ 选中"装配导航器"中的连杆 A，右击，选择"在窗口中打开"命令，将连杆 A（连杆 A.prt）打开，插入 YZ、XY 基准平面，如图 4-1-26 所示。

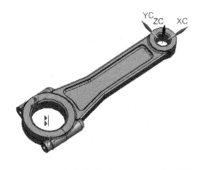

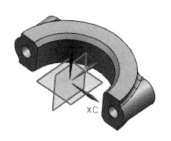

图 4-1-25　内六角螺钉 M8*25 装配示意　　　　图 4-1-26　基准面创建示意

◇ 选择"菜单"→"格式"→"引用集"命令，弹出"引用集"对话框。单击"添加新的引用集"按钮 ，选择上一步骤创建的 YZ、XY 基准平面，在"引用集名称"文本框内输入"基准"，按键盘上的回车键，则完成新引用集"基准"的创建。

◇ 选中"装配导航器"中的连杆 A，右击，选择"在窗口中打开父项"→"连杆_子装配"命令，则打开"连杆_子装配"文件。选择"装配导航器"中的"连杆 A"文件，右击，选择"替换引用集"→"基准"命令，将连杆 A 的引用集替换为"基准"引用集，如图 4-1-27 所示。

◇ 单击"镜像装配"按钮 ，弹出"镜像装配向导"对话框，单击"下一步"按钮，选定内六角螺钉 M8*25 为镜像体，单击"下一步"按钮，选定连杆 A 中的 YZ 基准平面为镜像平面，一直单击"下一步"按钮，完成内六角螺钉 M8*25 的镜像装配。

◇ 将连杆 A 的引用集切换为"MODEL"，镜像结果如图 4-1-28 所示。

图 4-1-27　引用集替换示意　　　　　图 4-1-28　内六角螺钉 M8*25 的镜像装配

至此，子装配完成，保存连杆_子装配文件。

Step4：建立活塞子装配

1. 新建子装配文件

新建文件名为"活塞_子装配"的活塞子装配文件。

活塞子装配

2. 添加现有的组件

（1）载入活塞（活塞.prt）组件，设置"装配位置"为"绝对坐标系"，将活塞零件放置在（0，0，0）点，将约束关系设为"固定"。

（2）添加活塞环组件"活塞环.prt"，设置"装配位置"为"对齐"，建立活塞环上表面和活塞槽上表面的"接触"约束、对应圆柱面的"自动判断中心/轴"约束，所得结果如图 4-1-29 所示。

（3）载入活塞销（活塞销.prt）组件，设置"装配位置"为"对齐"，将活塞销放置在任意位置。

（4）将活塞设为显示部件，创建 XZ 基准平面。新建"基准"引用集，把新建的基准平面放入此引用集，如图 4-1-30 所示。

图 4-1-29　活塞环的装配　　　　　　　　　　图 4-1-30　活塞基准面创建示意

（5）将活塞销设为显示部件，创建基准平面（活塞销两端面的平分面），如图 4-1-31 所示。新建"基准"引用集，把新建的基准平面放入此引用集。

（6）打开"活塞_子装配"文件，激活装配体，首先建立活塞和活塞销组件对应圆柱面的"自动判断中心/轴"约束，再把活塞和活塞销的引用集全部替换为"基准"引用集，建立两个基准平面的"对齐"约束（若出现错误，可单击"反转约束"按钮✕），再将活塞和活塞销的引用集均切换为"MODEL"，所得装配体如图 4-1-32 所示。

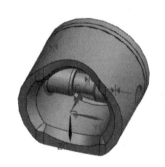

图 4-1-31　活塞销基准面创建示意　　　　　　图 4-1-32　活塞销装配示意

活塞子装配完成，保存装配文件。

Step5：建立轴承子装配

1. 新建子装配文件

新建文件名为"轴承_子装配"的轴承子装配文件。

2. 添加现有的组件

（1）载入轴承内圈（轴承内圈.prt）组件，设置"装配位置"为"绝对坐标系"，将轴承内圈零件放置在（0，0，0）点，将约束关系设为"固定"。

轴承子装配

（2）把轴承内圈设为工作部件，创建 XY、YZ 及轴承内圈两平面的平分平面三个基准平面，如图 4-1-33 所示。新建"基准"引用集，把三个基准平面放入此引用集。

（3）双击激活"轴承_子装配"文件，激活装配体，载入滚子（轴承滚子.prt）组件，设置"装配位置"为"对齐"，单击"确定"按钮，将轴承滚子放在任意位置。

（4）把轴承滚子设为工作部件，创建 XY、YZ 及 XZ 三个基准平面，如图 4-1-34 所示。新建"基准"引用集，把三个基准平面放入此引用集。

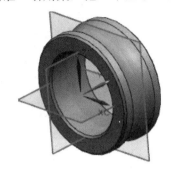

图 4-1-33　轴承内圈基准面示意

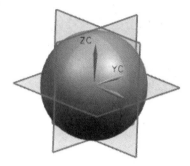

图 4-1-34　滚子基准面示意

✧ 双击激活"轴承_子装配"装配文件，激活装配体，将"轴承内圈"与"滚子"组件均替换为"基准"引用集。分别利用"对齐"与"距离"（32.5mm）约束定位滚子，再将引用集替换回"MODEL"，装配结果如图 4-1-35 所示。

✧ 创建滚子阵列装配：单击"阵列组件"按钮 ，定义滚子组件为圆形阵列的源文件，设置"布局"方法为"圆形"，激活"旋转轴"中的"指定矢量"，选择轴承内圈的外圆柱面，再在"斜角方向"选项组中设置"间距"方式为"数量和间隔"，"总数"为 16，"角度"为 22.5°。阵列结果如图 4-1-36 所示。

✧ 载入轴承外圈组件，设置"装配位置"为"对齐"，建立轴承外圈和轴承内圈组件对应平面的"对齐"约束、对应圆柱面的"自动判断中心/轴"约束，所得结果如图 4-1-37 所示。

图 4-1-35　滚子装配示意

图 4-1-36　圆形阵列结果示意

图 4-1-37　轴承装配示意

Step6：建立左端盖子装配

1. 新建子装配文件

新建文件名为"左端盖_子装配"的左端盖子装配文件。

2. 添加现有的组件

（1）载入左端盖（左端盖.prt）组件，设置"装配位置"为"绝对坐标系"，将左端盖零

左端盖子装配

件放置在（0，0，0）点，设置约束关系为"固定"。

（2）载入内六角螺钉"内六角螺钉 M8*25"。依次运用"接触对齐"中的"接触"、"自动判断中心/轴"约束选项对 M8*25 螺钉建立约束，如图 4-1-38 所示。

（3）创建内六角螺钉的线性阵列装配，具体方法在此不再详述，阵列距离设为 80mm，所得装配图如图 4-1-39 所示。

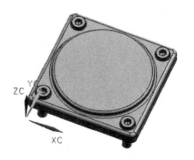

图 4-1-38　M8*25 螺钉装配示意　　　　　图 4-1-39　线性阵列装配示意

Step7：建立右端盖子装配

右端盖子装配

1．新建子装配文件

新建文件名为"右端盖"的右端盖子装配文件。

2．添加现有的组件

（1）载入右端盖（右端盖.prt）组件，设置"装配位置"为"绝对坐标系"，将右端盖零件放置在（0，0，0）点，设置约束关系为"固定"。

（2）载入内六角螺钉"内六角螺钉 M8*25"。依次运用"接触对齐"中的"接触"、"自动判断中心/轴"约束选项对 M8*25 螺钉建立约束，如图 4-1-40 所示。

（3）创建内六角螺钉的圆形阵列装配，定义内六角螺钉为圆形阵列源文件，设置"轴定义"方法为"圆形"，"间距"为"数量和跨度"，"总数"为 6，"角度"为 60°，所得装配体如图 4-1-41 所示。

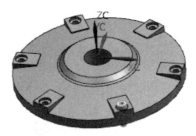
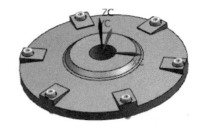

图 4-1-40　M8*25 螺钉装配示意　　　　　图 4-1-41　圆形阵列装配示意

Step8：建立曲轴子装配

曲轴子装配

1．新建子装配文件

新建文件名为"曲轴_子装配"的曲轴子装配文件。

2．添加现有的组件

（1）载入曲轴（曲轴.prt）组件，设置"装配位置"为"绝对坐标系"，将曲轴零件放置在（0，0，0）点，设置约束关系为"固定"。

（2）载入轴承子组件（轴承_子装配），设置"装配位置"为"对齐"，建立曲轴和轴承子装配体对应平面的"接触"约束、对应圆柱面的"自动判断中心/轴"约束，如图 4-1-42 所示。

（3）再次载入轴承子组件（zhoucheng_subasm），并进行相应的"接触"约束、"自动判断中心/轴"约束，所得装配结果如图 4-1-43 所示。

图 4-1-42　曲轴子组件装配示意（1）

图 4-1-43　曲轴子组件装配示意（2）

Step9：建立空压机装配部件

1．新建装配文件

新建文件名为"空压机_总装配"的空压机总装配文件。

2．添加现有的组件

（1）载入机座（机座.prt）组件，设置"装配位置"为"绝对坐标系"，将机座零件放置在（0，0，0）点，设置约束为"固定"。

（2）载入曲轴子组件（曲轴_子装配.prt），设置"装配位置"为"对齐"，建立曲轴和机座对应圆柱面的"自动判断中心/轴"约束。

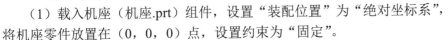
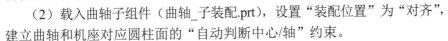

空压机总装配 1　　空压机总装配 2

空压机总装配 3

（3）载入连杆子组件（连杆_子装配.prt），设置"装配位置"为"对齐"，建立连杆和曲轴子装配体对应平面的"接触"约束、对应圆柱面的"自动判断中心/轴"约束。同理再装配两次连杆子组件，最后所得装配体如图 4-1-44 所示（注意：装配完成后运用"移动组件"命令将三个连杆子装配分别移动到合适位置，如果移不到合适位置也不要紧，后续可以通过活塞子装配的约束实现连杆子装配的约束）。

（4）载入活塞子组件（活塞_子装配.prt），设置"装配位置"为"对齐"，建立活塞和连杆子装配体对应平面的"对齐"约束（将活塞和连杆的引用集切换为"整个部件"，则两个基准面全部显示，运用基准面与基准面间的对齐关系约束，如果没有基准面，则可自行建立）、对应圆柱面的"自动判断中心/轴"约束，建立活塞和机座对应圆柱面的"自动判断中心/轴"约束。同理，再次装配两次活塞子组件，最后所得装配体如图 4-1-45 所示。

图 4-1-44　连杆子组件装配示意

图 4-1-45　活塞子组件装配示意

（5）载入汽缸子组件（汽缸_子装配.prt），设置"装配位置"为"对齐"，建立汽缸子装配和活塞子装配体对应圆柱面的"自动判断中心/轴"约束，建立汽缸子装配和机座对应平面的"接触"约束、"对齐"约束。同理，再装配两次汽缸子组件，最后所得装配体如图 4-1-46 所示。

（6）载入空气过滤器子组件（空气过滤器_子装配.prt），设置"装配位置"为"对齐"，建立空气过滤器和汽缸盖对应平面的"接触"约束、对应圆柱面的"自动判断中心/轴"约束。同理，再装配两次空气过滤器子组件，最后所得装配体如图 4-1-47 所示。

图 4-1-46　汽缸子组件装配示意　　　　　　　　图 4-1-47　空气过滤器子组件装配示意

（7）载入左端盖子组件（左端盖_子装配.prt），设置"装配位置"为"对齐"，建立左端盖和机座对应平面的"接触"约束和"对齐"约束、对应圆柱面的"自动判断中心/轴"约束，最后所得装配体如图 4-1-48 所示。

（8）载入油位镜（油位镜.prt），设置"装配位置"为"对齐"，建立油位镜和机座对应平面的"接触"约束、对应圆柱面的"自动判断中心/轴"约束，最后所得装配体如图 4-1-49 所示。

图 4-1-48　左端盖子组件装配示意　　　　　　　　图 4-1-49　油位镜装配示意

（9）载入放油孔闷头（放油孔闷头.prt），设置"装配位置"为"对齐"，建立放油孔闷头和机座对应平面的"接触"约束、对应圆柱面的"自动判断中心/轴"约束，最后所得装配体如图 4-1-50 所示。

（10）载入右端盖子组件（右端盖_子装配.prt），设置"装配位置"为"对齐"，建立右端盖和机座对应平面的"接触"约束、对应圆柱面的"自动判断中心/轴"约束，最后所得装配体如图 4-1-51 所示。

图 4-1-50 放油孔闷头装配示意

图 4-1-51 右端盖子组件装配示意

（11）载入加油盖（加油盖.prt），设置"装配位置"为"对齐"，建立加油盖和机座对应平面的"接触"约束、对应圆柱面的"自动判断中心/轴"约束，最后所得装配体如图 4-1-52 所示。至此，空压机总装配体装配完成。

（12）装配体中的装配约束默认处于显示状态，可以单击"显示/隐藏"下拉菜单中的"显示和隐藏"按钮，在弹出的"显示和隐藏"对话框中，将"装配约束"全部隐藏。

相关知识

图 4-1-52 空压机总装配图示意

一、装配概述

装配体设计是将各组件模型（或子组件）插入到装配体文件中，利用配对条件来限制组件间的相对位置，使其构成一个部件。整个装配体保持关联性，不管如何编辑、修改组件，相关装配部件会自动更新。

1. 装配部件

装配部件指一个产品的零件和子装配的集合。在 UG NX 系统中，允许向任何一个 Part 文件中添加部件构成装配，反之，任何一个 Part 文件都可以作为装配部件。

2. 子装配

子装配是在高一级装配中被用作组件的装配，子装配也拥有自己的组件。子装配是一个相对的概念，任何一个装配部件都可拥有自己的子装配或被高一级装配中用为子装配。

3. 组件对象

组件对象是指在装配部件中连接到部件主模型的指针实体。一个组件对象记录的信息有部件名称、层、颜色、线型、线宽、引用集和配对条件等。

4. 组件部件

组件部件是指在装配里组件对象所指的部件文件。组件部件可以是单个文件（即零件），也可以是一个子装配。

5. 主模型

主模型是提供给 UG NX 模块共同引用的部件模型。同一主模型可同时被工程图、装配、加工、分析、仿真等模块引用，且参数相关联，当主模型修改时，相关引用会自动更新。

6. 单个零件

单个零件是指在装配外存在的零件几何模型，它可以根据用户需要添加到装配中去，但本身不包含下级组件。

7. 自顶向下装配

自顶向下装配是指在装配体中创建与其他部件相关联的部件模型，是在装配部件的顶级向下产生子装配和部件（即零件）的装配方法。

8. 自底向上装配

自底向上装配是先创建零件几何模型，再由这些零件组合成若干子装配，最后生成最终总装配部件的装配方法。

9. 混合装配

混合装配是将自顶向下装配和自底向上装配结合在一起的装配方法。在实际设计中，可根据需要在这两种模式下切换。

10. 引用集

引用集是指来自特定命名的集合体几何，可以用来在高级装配中简化组件部件的图形显示。

11. 配对条件

配对条件是指对用户进行装配的组件间的定位约束关系的约束集。约束集可以由一个或多个配对约束组成，配对约束限制组件在装配中的自由度。

二、自底向上装配

UG NX 装配模块中自底向上装配步骤如下。

1. 完成零件文件

将所有零件设计完成，并在 UG NX 建模模块中完成所有零件的三维建模。

2. 新建装配体文件

新建装配体文件和新建零件文件的方法相同，但需要选择装配体类型的模板文件，如图 4-1-53 所示。

图 4-1-53　新建装配体文件

温馨提示：由于 UG NX 软件中，零件文件和装配文件扩展名均为 ".prt"，因此，为区分零件文件与装配文件，建议在子装配文件的命名方式上以 "XXX_子装配" 为文件名，在总装配文件的命名方式上以 "XXX_总装配" 为文件名。

3．插入已存零部件

将零部件载入到装配体中，这个零部件文件会与装配体文件参数化关联。零部件被引用到装配体中，但其数据依然保存在源零部件文件中。对零部件所进行的任何更改都会更新装配体。反之，在装配体中对零部件进行修改，源零部件文件也会相应改变。

在装配体中，插入的第一个零部件采用 "绝对原点" 方式定位，第一个零件定好后，其他零件可通过各种配合方法装配。

温馨提示：

（1）装配时既可载入单个零件，也可载入已装配完成的装配体作为 "子装配"。

（2）载入零部件时，为方便装配，尽量先选择 "Model" 引用集载入。若有需要，再转换为其他相应引用集。

（3）如果载入的零部件看不到预览，则其原因往往是实体所在图层未打开。可在 "图层选项" 中选择 "工作层" 或 "指定的" 选项。

4．建立零部件间的配对条件

载入零部件后，往往需要对之添加配合约束才能把零部件放在合适的位置。因此，可添加合理的配对条件，如配对、对齐、平行等。

温馨提示：

（1）零部件间的配对条件往往不止一个。

（2）对于轴类零件，并不一定要完全约束，即不需要完成 6 个自由度。

5．验证装配是否恰当

三、装配约束

装配约束是指组件间的装配关系，以确定组件在装配中的相对位置。每个零部件在自由空间中有 6 个自由度：3 个平移自由度和 3 个旋转自由度，装配过程中通过平面约束、直线约束和点约束等几种方式对零部件自由度进行限制。

在 UG NX 中，常用的配对类型有以下几种。

1．接触对齐

（1）查找最近的：自动根据所选几何体的方位指派约束的方位。如果所选对象的法向矢量的角度小于等于 90 度，则约束为接触约束。如果所选对象的法向矢量的角度大于 90 度，则该约束为对齐约束。

（2）首选接触：自动判断接触对齐类型。

（3）接触：定义两个相同类型的对象之间是贴合的，对于平面特征，它们共面且法线方向相反。

（4）对齐：定义两部件之间对齐。对于平面对象，它指所定位的两平面对齐；对于圆柱、圆锥、圆环面等轴对称实体，它指所定义的两轴对象的轴线对齐。

（5）自动判断中心/轴：定义轴对称对象的轴线对齐。

2．同心

约束两个组件的圆形边界或椭圆边界，以使中心重合，并使边界的面共面。

3. 距离

定义两个指定配对对象之间的最小三维距离，距离可以是正值也可以是负值，正负号确定相配对象是在目标对象的哪一侧。

4. 固定

定义指定部件固定在图形中的某位置。

5. 平行

定义两个对象的方向矢量彼此平行。

6. 垂直

定义两个对象的方向矢量彼此垂直。

7. 对齐/锁定

将不同组件中的两个轴对齐并防止围绕公共轴的任何旋转。

8. 等尺寸配对 ═

使具有相等半径的两个圆柱面合起来。此约束对于确定孔中销或螺栓的位置很有用。

9. 胶合

将组件"焊接"在一起，使它们作为刚体移动。

10. 中心

定义两个指定对象的中心对齐。

（1）1 对 2：将相配组件中的一个对象定位到基础组件中的两个对象的对称中心上。

（2）2 对 1：将相配组件中的两个对象定位到基础组件中的一个对象上，并与其对称。

（3）2 对 2：将相配组件中的两个对象定位到基础组件中的两个对象成对称放置。

温馨提示：相配组件指需要约束的组件，基础组件指已约束的组件。

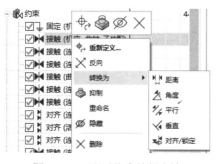

图 4-1-54　配对约束编辑方法

11. 角度

定义两对象之间的角度。这种约束允许配对不同类型的对象，例如可以在面和边缘之间指定一个角度约束。

装配完毕后，可打开"装配导航器"中"约束"扩展栏，可找到装配体中的所有约束关系，选中其中某一个约束，右击，可对此约束进行相应的编辑，如"重新定义"、"反向"、"转换为"、"抑制"等，如图 4-1-54 所示。

四、引用集

在装配中，由于各个零部件在建模过程中不仅含有实体模型，还含有如草图、基本曲线、基准轴、基准面及其他辅助图形数据，如果在装配中显示零件所有数据，就容易混淆图形，不利于装配工作的进行。因此通过适当选择引用集可方便装配工作的进行。

1. 引用集的概念

引用集是用户在零部件中定义的部分几何对象，它代表相应的零部件加入装配。引用集可包含下列数据：零部件名称、原点、方向、几何体、坐标系、基准轴、基准平面和属性等。引用集一旦产生，就可以单独装配到部件中。一个零部件可以有多个引用集。

2．缺省引用集

每个零部件含有 6 个缺省的引用集。

（1）Entire Part：引入零部件的全部几何数据。

（2）Empty：引用集为空的引用集，即在装配中看不到零部件中的任何数据，可提高显示速度。

（3）BODY、DRAWING、MATE、SIMPLIFIED：均默认为空，可以根据需要加入几何数据。

实际装配中，通常会运用到实体中的基准面、基准轴、坐标系等几何数据，因此可根据需要创建合适的引用集。

3．引用集创建方法

具体的引用集创建方法如下：

（1）打开要创建引用集的零部件。

（2）选择主菜单"格式"→"引用集"命令，弹出"引用集"对话框，如图 4-1-55 所示（注：已存在的 Entire Part、Empty、BODY、DRAWING、MATE、SIMPLIFIED 为 6 个系统缺省引用集）。

图 4-1-55 "引用集"对话框

（3）单击"引用集"对话框中的"添加新的引用集"图标，选择要添加入此引用集的对象，再在"引用集名称"栏内输入新的引用集名称，则完成新引用集的创建。

（4）创建完引用集后，可对此引用集进行相应的重命名（直接在"引用集名称"文本框内修改）、编辑（选中此引用集，可添加需要添加入引用集的内容，借助于 Shift 键重复单击可取消已添加的对象）和删除（直接选中要删除的引用集，单击删除图标区）操作。

温馨提示：要更换装配体中零部件的引用集，可打开绘图区左侧的"装配导航器"，在需要改变引用集的零部件上右击，选择"替换引用集"命令，然后选择需要的引用集即可进行更换。

五、重定位组件

对于装配体中没有完全定义的零部件，可以使用"移动组件"命令在装配体中旋转和移动零部件，这样可以使零部件处于一个更便于装配的位置，方便建立配合关系。

单击"装配"工具条上的"移动组件"按钮 ，弹出"移动组件"对话框。选择要移动的组件，再进行相应的移动，具体方法主要有以下几种。

（1）动态：选择"动态"，图形区域会出现动态坐标系，拖动 X、Y、Z 方向箭头可进行相应轴向的移动，利用鼠标左键选择轴与轴之间的点，可进行相应的轴向旋转。

（2）角度：选择某矢量，使实体绕矢量旋转若干角度。

（3）点到点：两点组成一根直线，沿这根直线移动直线长度距离。

（4）增量 XYZ：沿 X、Y、Z 方向移动指定的距离。

（5）投影距离：沿一个指定的矢量方向移动指定的距离。

六、镜像装配

具体的镜像装配步骤如下。

◇ 选择菜单栏"装配"→"镜像装配"命令，弹出"镜像装配向导"对话框，如图 4-1-56 所示。

◇ 单击图 4-1-56 中的"下一步"按钮，弹出的对话框如图 4-1-57 所示，选定需要镜像装配的零件作为镜像体（如果选择错误，则可以按住 Shift 键，单击选错的零件，可取消选择）。

图 4-1-56 "镜像装配向导"对话框（欢迎使用）　　图 4-1-57 "镜像装配向导"对话框（镜像体的选择）

◇ 单击图 4-1-57 中的"下一步"按钮，弹出的对话框如图 4-1-58 所示，选定基准平面，如果没有合适的基准平面，也可以单击图中的"创建基准平面"按钮 ，创建新的基准平面。

◇ 单击图 4-1-58 中的"下一步"按钮，弹出的对话框如图 4-1-59 所示，设置命名规则和目录规则。

◇ 单击图 4-1-59 中的"下一步"按钮，弹出的对话框如图 4-1-60 所示，选择镜像装配的类型，默认为"重用和重定位"，也可以切换为"关联镜像"和"非关联镜像"，用户可根据需要自行定义。

◇ 单击图 4-1-60 中的"下一步"按钮，弹出的对话框如图 4-1-61 所示，可对镜像组件重定位，也可以重新选择镜像平面，单击"完成"按钮，完成镜像装配。

图 4-1-58　"镜像装配向导"对话框（基准平面的选择）　　图 4-1-59　"镜像装配向导"对话框（命名策略）

图 4-1-60　"镜像装配向导"对话框　　　　　图 4-1-61　"镜像装配向导"对话框（镜像装配重定位
（镜像类型的选择）　　　　　　　　　　　　　　和镜像平面的重选择）

七、装配阵列

具体的装配阵列步骤如下。

（1）选择菜单栏"装配"→"阵列组件"命令，弹出"阵列组件"对话框如图 4-1-62 所示。

（2）选择要阵列的组件，可以是一个或多个组件。

（3）根据"阵列定义"中"线性"、"圆形"、"参考"的不同选择，可实现不同的阵列方法。

◇ 线性：在"布局"下拉列表中选择"线性"，则界面切换为如图 4-1-63 所示，选择两条实体边分别为 XC 方向和 YC 方向，再分别设定偏置距离（偏置方向与阵列方向相反的，偏置距离设为负值）。

图 4-1-62 "阵列组件"对话框

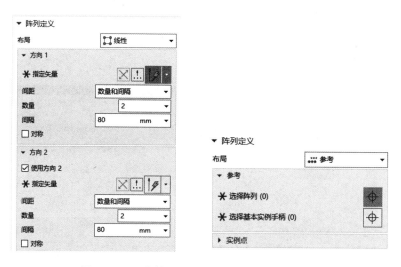

图 4-1-63 "线性"和"参考"的"阵列定义"

◇ 圆形：在"布局"下拉列表中选择"圆形"，则界面切换为如图 4-1-62 所示，"旋转轴"中可以根据需要选择"圆柱面"、"边"或"基准轴"（若选择圆柱面，则默认中轴线为环形阵列轴），也可以选择方向与点的方式设定旋转轴，"斜角方向"中的"间距"可设置为"数量和节距"、"数量和跨度"或"节距和跨度"，与特征阵列类似，在此不再详述。

◇ 参考：根据现有阵列的定义来布局阵列，如果零件特征由阵列得到，则可根据此阵列方法直接实现零部件的阵列装配。反之，如果零件特征并非由阵列得到，则不能使用这种方法创建组件阵列。

八、装配导航器

在装配导航器中可以显示装配中的组件对象与已存在的装配约束条件（如图 4-1-64 所示），同时可对每个零部件进行编辑。

装配导航器						
描述性部件名 ▲	信息	只读	已修改	位置	数量	引用集
📁 截面						
☑️ 🔧 气缸_子装配 (顺序: 时间顺序...	💾	🔟			12	
⊞ ☑️ 组件阵列				✓	2	
⊟ ☑️ 约束				✓	11	
☑️ ⊥ 固定 (气缸)				✓		
☑️ ▶◀ 接触 (气缸, 气缸垫片)				✓		
☑️ ▶◀ 接触 (气缸, 气缸垫片)				✓		
☑️ 对齐 (气缸, 气缸垫片)				✓		
☑️ 对齐 (气缸, 气缸盖)				✓		
☑️ ∥ 平行 (气缸, 气缸盖)				✓		
☑️ ▶◀ 接触 (气缸, 气缸盖)				✓		
☑️ ▶◀ 接触 (气缸, 螺栓 M10X...				✓		
☑️ 对齐 (螺栓 M10X25, ...				✓		
☑️ ▶◀ 接触 (内六角螺钉 M1...				✓		
☑️ ▶◀ 接触 (气缸盖, 内六角螺...				✓		
☑️ 气缸	💾			⊥		模型 ("MODEL")
☑️ 气缸垫片	💾			●		模型 ("MODEL")
☑️ 气缸盖	💾		▢	●		模型 ("MODEL")
☑️ 螺栓 M10x25 x 4	💾			◐		模型 ("MODEL")
☑️ 内六角螺钉 M10X50 x 4	💾			◐		模型 ("MODEL")

图 4-1-64   装配导航器

其中的"位置"列中，⊥表示该零件为固定约束，●表示该零件完全约束，◐表示零件未完全约束，○表示未约束（装配镜像、装配阵列的组件均为未约束，图中未显示）。

在打开一个完整的装配后，在装配导航器中选择需要编辑的组件，单击鼠标右键，选择"设为工作部件"命令进行编辑。对于复杂装配体，为便于编辑，还可以选择"设为显示部件"命令打开组件进行编辑。在装配导航器中选择需要编辑的约束，单击鼠标右键，可以对已配对的约束进行"重新定义"，或"转换为"其他约束，或者"抑制"。

温馨提示：对组件进行编辑以后，整个装配体和其他组件处于不可操作状态，这时可以选择"装配导航器"顶部的组件对象（总装配），双击鼠标左键使其作为工作部件，则重新回到整个装配为可操作的状态。

任务 4.2   装配爆炸图

任务引入

在装配模块对已完成的空压机装配体进行爆炸，如图 4-2-1 所示。在这过程中，我们要能够对产品进行爆炸视图的创建和编辑；最终应用相关操作完成空压机的装配爆炸。

图 4-2-1   空压机装配爆炸图示意

任务分析

空压机内含零部件较多，因此自动爆炸一般达不到理想效果，应运用手动编辑方法移动零部件，移动过程中应尽量遵循先移整体再移部分的原则。

任务实施

爆炸 1　　　　爆炸 2

Step1：爆炸视图的创建

单击"装配"工具条中的"爆炸"按钮，弹出"爆炸"对话框，如图 4-2-2 所示。单击"爆炸"对话框中的"新建爆炸"按钮，弹出"编辑爆炸"对话框，如图 4-2-3 所示。

图 4-2-2　"爆炸"对话框

图 4-2-2　"编辑爆炸"对话框

Step2：隐藏装配组件

为便于后续的爆炸编辑操作，先把机座部件（机座.prt）隐藏。单击装配导航器中机座部件前面的选择框，将机座隐藏，如图 4-2-3 所示，隐藏的零部件在装配导航器中灰色显示。

图 4-2-3　装配导航器中机座隐藏后状态

Step3：爆炸视图的编辑

1．选择要爆炸的组件

激活"要爆炸的组件"选项，在装配导航器中选择相应的空气过滤器组件、汽缸组件、活塞组件（空气过滤器_子装配、汽缸_子装配、活塞_子装配）为需要编辑的组件，如果子装配处于打包状态，可单击鼠标右键，选择"解包"命令，即可将相同的组件解包。

温馨提示：选择子组件时，可以直接在装配导航器中选择，也可以在绘图区域选择，如果要选择的零部件较多，可以将视图调整至合适的方位，运用框选功能多个选择。

2．只移动手柄

打开"编辑爆炸"对话框中的"只移动手柄"选项，再激活"指定方位"选项，绘图区域出现动态坐标系，如图 4-2-4 所示。把鼠标放在 X 轴与 Y 轴之间的旋转手柄上，将 Y 轴旋转到汽缸顶面的法线方向（可以单击 Y 向箭头，再单击需要指定方位的实体边线），方位如图 4-2-5 所示。

图 4-2-4 选择的组件与动态坐标系示意

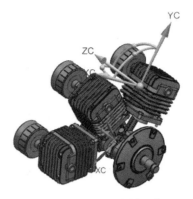

图 4-2-5 手柄旋转示意

3．移动对象

取消选择"只移动手柄"选项，将光标移至绘图区域，左键单击 Y 轴箭头，在"距离"框内输入数值 100（或者鼠标左键单击 Y 轴箭头后，按住左键在 Y 轴方向拖动）。单击"确定"按钮后，过滤器组件、汽缸组件、活塞组件爆炸状态如图 4-2-6 所示，单击"应用"按钮完成选中组件的爆炸。

此时，"选择组件"处于激活状态，采用同样的方法选择并移动空气过滤器组件、汽缸组件，完成的爆炸状态如图 4-2-7 所示。

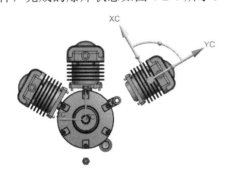

图 4-2-6 过滤器、汽缸、活塞组件爆炸示意

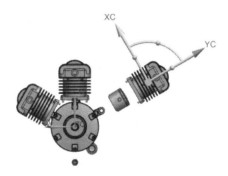

图 4-2-7 过滤器、汽缸组件爆炸示意

按照上述步骤对空压机组件中的每一个零部件进行爆炸，即可完成空压机爆炸。

4．爆炸视图与装配视图的切换

单击"爆炸"对话框中的"在工作视图中显示爆炸"按钮，可显示爆炸图。单击"在可见视图中隐藏爆炸"按钮，如图 4-2-8 所示，则退出爆炸视图，恢复到非爆炸状态。

图 4-2-8 爆炸视图与非爆炸视图的切换

相关知识

装配体的爆炸视图可以分离其中的零部件以便查看装配体的装配关系。装配体可在正常视图和爆炸视图之间切换。建立爆炸视图后，可以进行编辑，也可以将其生成二维工程图。一个装配体可创建多个爆炸视图。

单击"装配"工具条中的"爆炸"按钮，弹出"爆炸"对话框，如图 4-2-9 所示，爆炸视图可以创建多个，图中的爆炸 1 是已经创建的爆炸视图。

1. 新建爆炸图

单击此按钮，弹出"编辑爆炸"对话框，如图 4-2-10 所示，在此对话框中，可对零件或组件进行爆炸。

图 4-2-9 "爆炸"对话框

图 4-2-10 "编辑爆炸"对话框

2. 自动爆炸组件

将"编辑爆炸"对话框的"爆炸类型"切换为"自动"，再在"要爆炸的组件"中选择需要自动爆炸的组件，最后单击"全部自动爆炸"按钮，系统可对选中的组件进行自动爆炸，如图 4-2-11 所示。如果需要全部自动爆炸，则可直接框选整个装配体，或"选择组件"栏不进行任何选择，直接单击"全部自动爆炸"按钮。

图 4-2-11 自动爆炸组件

温馨提示：

◇ "自动爆炸组件"只能爆炸具有关联条件的组件，对于没有关联条件的组件不能使用该爆炸方式。

◇ 在"自动爆炸组件"中，所定义的爆炸距离为组件移动的相对距离。

◇ "自动爆炸组件"对于比较复杂的装配体，一般不适用，建议尽量选择手动编辑爆炸。

3．编辑爆炸

自动爆炸组件一般不能得到理想的爆炸视图，因此需要使用"编辑爆炸"命令进行编辑调整。单击此按钮后，弹出"编辑爆炸"对话框，如图4-2-10所示。首先选择需要编辑爆炸的组件，再单击"指定方位"单选框，则在绘图区域自动出现动态坐标系，只需拖动此坐标系即可实现组件在X、Y、Z轴的平移及绕三轴的旋转运动，从而实现组件的手动爆炸。

相关选项含义如下。

◇ 只移动手柄：如果动态坐标系X、Y、Z的方位需要调整，可激活"只移动手柄"选项，先改变坐标系方向，再进行相关方向的爆炸。

◇ 取消爆炸所选项：此命令可使所选中的已爆炸的组件回到爆炸前的初始位置。

◇ 全部取消爆炸：此命令可使所有已爆炸的组件回到爆炸前的初始位置。

◇ 爆炸名称：用户可根据需要，对爆炸进行重命名。

4．创建追踪线

为了方便将爆炸后的视图放入图纸中，或为了美观考虑，有时爆炸会破坏原有的一些约束关系，如同轴等，此时，为了方便读者读懂图纸，可在两个轴线间创建追踪线。

5．在工作视图中显示爆炸

在工作视图中显示所选中的爆炸图。

6．在可见视图中隐藏爆炸

可隐藏所选中的装配爆炸。

7．删除爆炸

删除选中的爆炸视图。

练 习

【基础知识】

1．先创建部件几何模型，再组合成子装配，最后生成装配部件的装配方法是（　　　）。
A．自顶向下装配　　　B．自底向上装配　　　C．混合装配　　　D．以上都不是

2．在装配文件中，添加一个空部件文件，然后使该部件文件成为工作部件，进行零件设计，所设计内容将会被关联到装配文件中，此种装配方法是（　　　）。
A．自顶向下装配　　　B．自底向上装配　　　C．混合装配　　　D．以上都不是

3．下面哪个图标是"创建组件阵列"？（　　　）
A．　　　　B．　　　　C．　　　　D．

4．下列哪个图标是"镜像装配"？（　　　）
A．　　　　B．　　　　C．　　　　D．

5．下图采用了哪种类型的装配约束？（　　　）
A．配对　　　　B．对齐　　　　C．距离　　　　D．平行

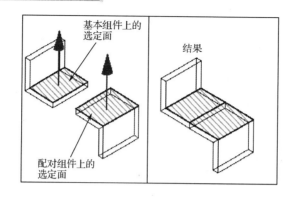

6. 在装配导航器中符号"●"表示（　　　）。

A. 充分约束　　　　　B. 部分约束　　　　　C. 无约束　　　　　D. 延迟约束

7. "添加现有组件"中"图层选项"包括（　　　）。

A. 工作层　　　　　B. 原先的　　　　　C. 如指定的　　　　　D. 以上均是

8. 在装配导航器中图标"▱"（灰色线框，无颜色填充）表示（　　　）。

A. 组件在工作部件内，被激活　　　　　B. 组件在工作部件内，未被激活

C. 组件不在工作部件内，未被激活　　　　　D. 组件已被关闭

9. 下列关于"爆炸视图"的说法中正确的是（　　　）。

A. 一个装配文件只能有一个爆炸视图

B. "创建爆炸视图"后，视图立即发生改变

C. "自动爆炸组件"后，组件不可编辑

D. "创建爆炸视图"后，视图并未发生改变，还需对爆炸视图进行编辑

10. 在装配导航器中图标"▱"表示（　　　）。

A. 组件在工作部件内，被激活　　　　　B. 组件在工作部件内，未被激活

C. 组件不在工作部件内，未被激活　　　　　D. 组件已被关闭

【技能训练】

1. 完成台虎钳零件的实体建模，并完成部件装配。

（1）大螺钉（见图 4-2-12）。

（2）小螺钉（见图 4-2-13）。

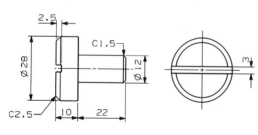

图 4-2-12　大螺钉

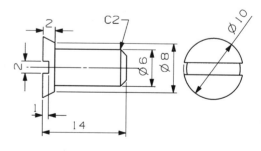

图 4-2-13　小螺钉

（3）挡圈（见图 4-2-14）。

（4）垫圈 1（见图 4-2-15）。

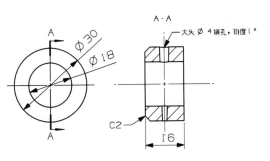

图 4-2-14 挡圈

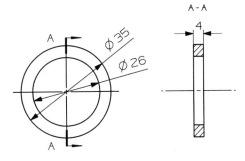

图 4-2-15 垫圈 1

（5）垫圈 2（见图 4-2-16）。

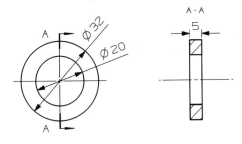

图 4-2-16 垫圈 2

（6）固定钳身（见图 4-2-17）。

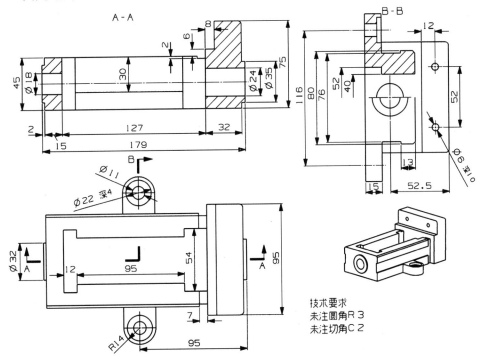

图 4-2-17 固定钳身

（7）活动钳身（见图 4-2-18）。

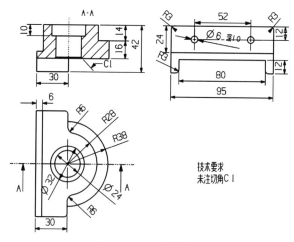

图 4-2-18　活动钳身

（8）螺杆（见图 4-2-19）。

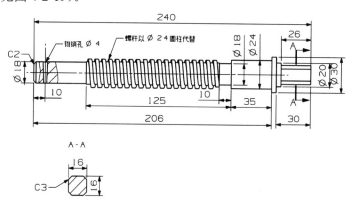

图 4-2-19　螺杆

（9）螺杆螺母（见图 4-2-20）。

（10）钳口板（见图 4-2-21）。

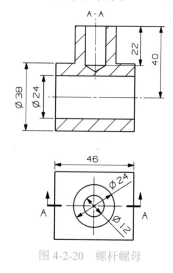

图 4-2-20　螺杆螺母

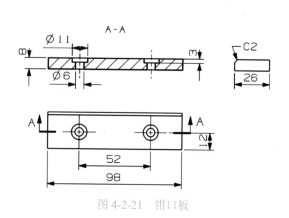

图 4-2-21　钳口板

（11）销（见图 4-2-22）。

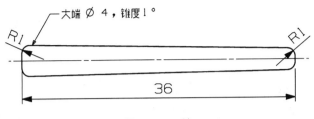

图 4-2-22　销

（12）台虎钳装配结构示意（见图 4-2-23）。

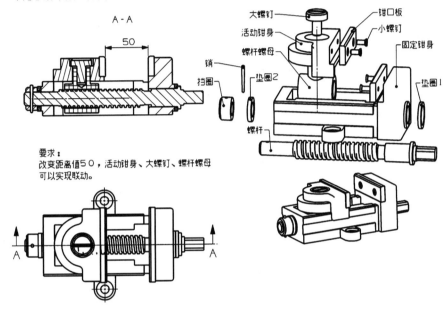

图 4-2-22　台虎钳装配结构示意

项目 5

截止阀阀体工程图

项目简介

本项目通过截止阀阀体工程图实例操作,使学生熟悉 UG NX 2212 工程图的创建和编辑,掌握由三维模型到二维工程图的创建技能。通过截止阀阀体工程图的讲解,可以使学生了解 UG NX 产品工程图的一般绘制过程,掌握 UG NX 由三维视图创建二维视图的方法。学会工程图中设置、尺寸标注、公差标注、注释标注及爆炸工程图的创建。

学习目标

【知识目标】

1．掌握工程制图模板定制方法。

2．掌握创建工程图的方法。

3．掌握视图创建：标准三视图、模型视图、投影视图、剖视图等。

4．掌握注释、尺寸、公差、粗糙度等的标注方法。

【能力目标】

1．能按照标准定制工程图纸。

2．能根据图形大小创建大小合适的工程图。

1．能根据需要添加各种视图。

2．能根据需要添加注释、公差、粗糙度等。

【思政目标】

1．学会学习：学会运用各种资源搜集资料,并能运用这些资料进行自我学习。

2．自我管理：能够合理规划和利用时间,在完成任务的过程中正确认识和评估自我。

3．团队协作：能够与他人分工协作并共同完成一项任务,共同营造和维护团队的良好工作氛围。

4．亲和友善：愿意为他人提供帮助,并能赞赏他人的成绩。

5．精益求精：有坚持探索、不断改进、追求卓越的精神。能够不断优化工作计划,改进工作方法。

【思维导图】

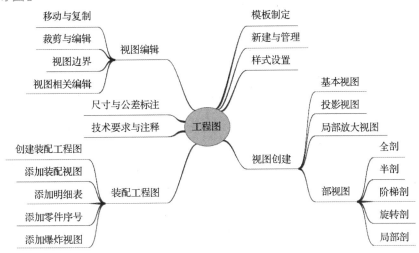

图 5-1　知识点思维导图

【课时建议】：教学课时建议 12 课时。

任务 5.1　截止阀阀体工程图

任务引入

　　将截止阀阀体三维模型（如图 5-1-1 所示）转化为二维工程图（如图 5-1-2 所示）。在这过程中，我们要能够创建图纸及其模板；能够对基本视图、投影视图、局部放大图、断开视图、全剖视图、半剖视图、旋转剖视图、局部剖视图、阶梯剖视图、展开剖视图进行创建与编辑；能够标注尺寸、形位公差、尺寸公差、基准、粗糙度与注释，并能够对之进行编辑；能够创建与编辑合理的中心线；最终应用相关操作完成截止阀阀体的工程图创建。

图 5-1-1　截止阀阀体三维模型

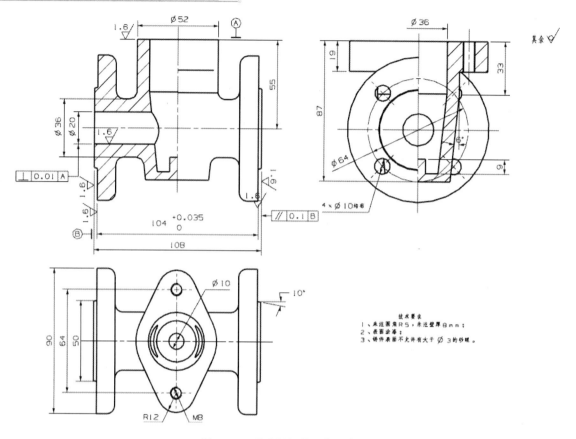

图 5-1-2 截止阀阀体二维工程图

任务分析

由三维软件转化二维工程图是各种三维设计软件的基本功能。因为图纸国标化的要求，在具体应用中，使用者往往会把三维设计模型仅仅转化成三视图，然后再转至熟悉的二维软件来完成尺寸、公差、粗糙度、技术要求的标注。这样就会使实体模型尺寸的变更不能及时反映到工程图。其根本的原因就是使用者对 UG NX 软件的工程图相关设置不熟悉。其实 UG NX 2212 的工程图已有国标模板，如果个别方面不符合国标，也可进行相应设置，这样就能够产生符合中国标准的图纸。

任务实施

Step1：UG NX 2212 工程图预设置

阀体工程图 视图添加

（1）启动 UG NX 2212，单击"新建"按钮，弹出"新建"对话框，设置单位为"毫米"，选择"模型"，单击"确定"按钮，进入建模模块。

（2）选择"文件"→"实用工具"→"用户默认设置"命令，弹出"用户默认设置"对话框。

（3）在"用户默认设置"对话框中依次单击"制图"→"常规/设置"→"制图标准"，选择"GB"，如图 5-1-3 所示。

图 5-1-3 GB 设置

（4）单击"GB"后面的"定制标准"，进入"定制国家标准-GB"对话框，选择"视图"
→"公共"→"光顺边"，把"显示光顺边"前面的钩去掉，如图 5-1-4 所示。

图 5-1-4 "定制制图标准-GB"对话框光顺边设置

（5）上述设置完成，单击"另存为"按钮，弹出"另存为制图标准"对话框，如图 5-1-5
所示，在"标准名称"文本框内输入新标准的名称，单击"确定"按钮，回到"定制视图标
准-GB"对话框，单击对话框中的"取消"按钮，回到"用户默认设置"对话框，再次单击
"确定"按钮，完成标准的设置。重新启动 UG NX 2212，所有设置将自动生效。

图 5-1-5 "另存为制图标准"对话框

Step2：创建阀体工程图

（1）重新启动 UG NX 2212，打开阀体"阀体.prt"文件。

（2）图层操作：设置 91 层为工作层，第 1 层为可选层，第 61 层为不可见层。

（3）进入工程图模块。单击"应用模块"→"制图"按钮，进入制图模块，如图 5-1-6 所示。

图 5-1-6　切换至制图模块

（4）定义图纸类型。

① 更改图纸背景颜色。单击菜单栏"首选项"→"可视化"，弹出"可视化首选项"对话框，如图 5-1-7 所示，设置图纸部件颜色为"单色显示"，背景颜色为"白色"。

图 5-1-7　"可视化首选项"对话框（更改图纸背景颜色）

② 设置图纸大小。

◇ 单击"新建图纸页"图标，弹出"图纸页"对话框。设置"大小"为"使用模板"→"A3-无视图"，如图 5-1-8 所示。

◇ 单击"确定"按钮，进入图纸页。

③ 设置图框。

◇ 设置图层 170 为可选层，显示国标图框（170 图层默认为图框层）。

◇ 双击需要修改的表格注释区域，将右下角单位栏的"西门子产品管理软件（上海）有限公司"改为"常州机

图 5-1-8　"图纸页"对话框

电职业技术学院"，将图纸名称栏中的<WID239*0@DB_PART_NAME>改为"阀体"，如图 5-1-9 所示。

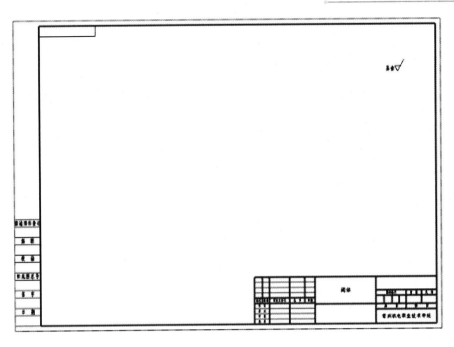

图 5-1-9　设置"图框"

（5）添加视图。

① 添加俯视图。

◇ 单击"视图"工具条中的"基本视图"图标，弹出的对话框如图 5-1-10 所示。

◇ 在"部件"选项组中单击"打开"按钮，载入阀体零件，此时绘图区域出现视图预览。

◇ 在"模型视图"列表框内选择合适的视角"俯视图"。如没有合适的视图，单击图 5-1-10 中的"定向视图工具"按钮，弹出"定向视图工具"对话框，分别定义其中的"法向"矢量和"X 向"矢量，必要时单击"反向"图标，将视图调整到合适的视角，如图 5-1-11 所示。

图 5-1-10　"基本视图"对话框

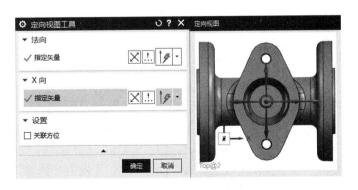

图 5-1-11　"定向视图工具"对话框定向视图

◆ 设置完成后单击"确定"按钮，将俯视图放置于图纸的合适位置，如图 5-1-12 所示。
② 添加主视图（半剖视图）。
◆ 单击"剖视图"按钮 ，弹出的"剖视图"对话框如图 5-1-13 所示。

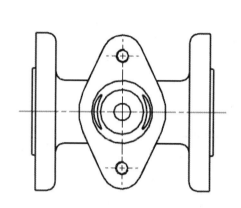

图 5-1-12 俯视图　　　　　　　　　　图 5-1-13 "剖视图"对话框

◆ 设置"剖切线"下的"定义"为"动态"，"方法"设置为"半剖"
◆ 选择俯视图中的凸台圆心作为截面线段的一端，如图 5-1-14 所示。
◆ 选择俯视图中的螺纹孔圆心作为截面线段的另外一端，如图 5-1-15 所示。

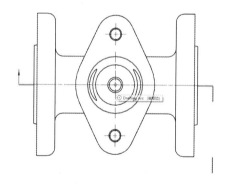

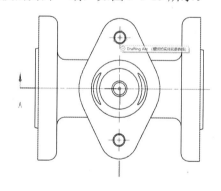

图 5-1-14 截面线段选择（1）　　　　图 5-1-15 截面线段选择（2）

◆ 截面线段设置完成后，"半剖视图"则可以生成。
◆ 将半剖视图的投影方向设为竖直向上，将半剖的主视图放在合适位置，如图 5-1-16 所示。此时俯视图的剖切线如图 5-1-17 所示。
◆ 关闭对话框。
温馨提示：图 5-1-17 中的剖切位置为左半边，如要剖切右半边，可在生成半剖预览时左右移动光标位置，切换剖切位置。
◆ 选中主视图中的"SECTION A-A"，右击，选择"隐藏"命令 ，得到主视图。
◆ 选中俯视图中的截面线标签"A"，右击，选择"隐藏"命令 ，再选中半剖截面线，右击，选择"隐藏"命令 ，得到俯视图。

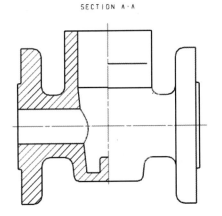

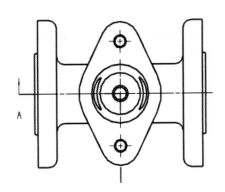

图 5-1-16　得到的主视图　　　　　　　　　图 5-1-17　俯视图的剖切线

（3）添加左视图（投影视图和局部剖视图）。

✧ 先选中主视图，再单击"投影视图"按钮，弹出"投影视图"对话框如图 5-1-18 所示，将对话框中"铰链线"下的"矢量选项"设置为"自动判断"，"视图原点"下 "放置"中的"方法"设置为"自动判断"，在绘图区域将投影视图的预览放在主视图 的正右方，则添加了左视图，如图 5-1-19 所示。

✧ 关闭"投影视图"对话框。

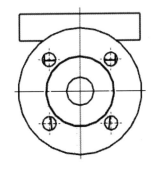

图 5-1-18　"投影视图"对话框　　　　　　　图 5-1-19　左视图

✧ 将光标放在视图边界内上，右击，选择"展开"命令，进入视图扩大状态。在工具条 空白处右击，选择"定制"命令，弹出"定制"对话框。找到"矩形（原有）"命令，将此命令拖至工具条，如图 5-1-20 所示。单击"矩形"按钮，通过捕捉某些特殊点，绘制矩形如图 5-1-21 所示。矩形创建完成后，再把光标放在视图边界上，右击，选择"展开"命令，退出"展开"状态，切换到视图显示状态。

温馨提示：为避免在后续选择剖切线时不方便选取，建议矩形的右边线和下边线不要超出视图边界。

图 5-1-20　"定制"对话框

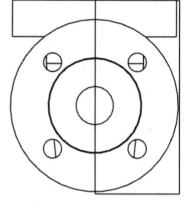

图 5-1-21　绘制完的矩形

❖ 单击"局部剖视图"按钮 ，弹出"局部剖"对话框，如图 5-1-22 所示。单击左视图，则视图自动切换到指定基点状态，如图 5-1-23 所示。

图 5-1-22　"局部剖"对话框

图 5-1-23　指定基点

❖ 指定基点（用于指定剖切位置的点）。在俯视图中选择顶部圆的圆心，则俯视图自动生成剖切箭头如图 5-1-24 所示；如果方向准确则直接单击鼠标中键确定，如果不准确则单击对话框中的"反向"按钮改变方向，再单击鼠标中键确认，此时对话框切换到选择边界状态，如图 5-1-25 所示。

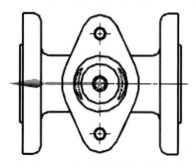

图 5-1-24　选择基点及默认方向

图 5-1-25　选择局部剖边界状态

◇ 选定已创建的矩形曲线作为局部剖边界，再单击对话框中的"应用"按钮，完成局部剖视图的创建，如图 5-1-26 所示。

6．中心线的添加与编辑

（1）添加螺栓圆中心线。

◇ 选中左视图中 4 个圆的中心线，右击，选择"删除"命令，删除中心线。

◇ 单击"中心线"标注中的"螺栓圆中心线"图标，弹出"螺栓圆中心线"对话框，如图 5-1-27 所示。

◇ 设置"类型"为"通过 3 个或多个点"，依次选择左视图中 4 个圆的圆心点，选完后单击"确定"按钮，得到如图 5-1-28 所示中心线。

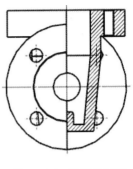

图 5-1-26　局部剖视图

图 5-1-27　"螺栓圆中心线"对话框

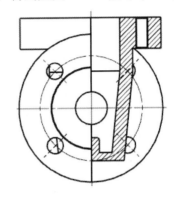

图 5-1-28　得到的螺栓圆中心线

（2）添加螺纹中心线。

◇ 单击"中心线"标注中的"3D 中心线"图标，弹出"3D 中心线"对话框，如图 5-1-29 所示。

◇ 选择左视图中的螺纹面，自动生成符合要求的中心线，如图 5-1-30 所示。

图 5-1-29　"3D 中心线"对话框

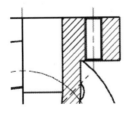

图 5-1-30　得到的中心线

7．尺寸标注

（1）常规尺寸。运用如图 5-1-31 所示尺寸工具栏中的命令按钮对所有视图进行合理标注，必要情况下，可选中某个需要编辑的尺寸并右击，添加附加文本（如 φ、M、R 等）。

阀体工程图 尺寸添加

（2）特殊尺寸。

❖ 左视图中 φ36 尺寸。双击左视图边框，弹出"设置"对话框，设置"隐藏线"为虚线，如图 5-1-32 所示。运用"快速尺寸"命令 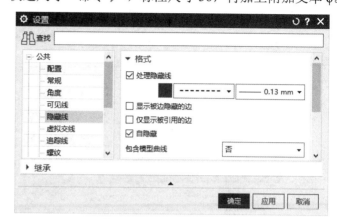，标注尺寸 36，再加上附加文本 φ。

图 5-1-31 "尺寸"工具条   图 5-1-32 "设置"对话框

选中 φ36 尺寸，右击，选择"设置"命令，弹出"设置"对话框，左侧选择"直线/箭头"→"箭头"，把"应用于整个尺寸"前面的复选框关闭，"第 2 侧尺寸"→"显示箭头"前面的复选框关闭，同时左侧选择"直线/箭头"→"延伸线"，把"应用于整个尺寸"前面的复选框关闭，把"第 2 侧"→"显示延伸线"前面的复选框关闭，如图 5-1-33 所示，即可得到所需的尺寸效果，如图 5-1-34 所示。

图 5-1-33 箭头与延伸线设置

双击左视图边框，弹出"设置"对话框，设置"隐藏线"为"不可见"。

温馨提示：将隐藏线设为不可见后，有可能尺寸会变成虚线状态，打开"制图首选项"对话框，将"保留的注释"选项中的"格式"由虚线改为实线即可，如图 5-1-35 所示。

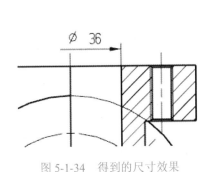

图 5-1-34 得到的尺寸效果

图 5-1-35 "保留的注释"设置

❖ 俯视图中角度尺寸 10°。单击"角度尺寸" ∠图标，弹出"角度尺寸"对话框，将
角度尺寸的第一个对象的"选择模式"设置为"对象"，选择直线，如图 5-1-36 所示。

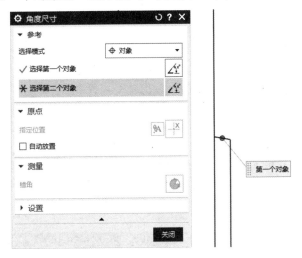

图 5-1-36 "角度尺寸"对话框及第一个尺寸对象的选择

将角度尺寸的第二个对象的"选择模式"设置为"矢量和对象"，选择直线端点，选完
后右方自动出现方向矢量，选择水平向右方向矢量，如图 5-1-37 所示。矢量选择完成后，绘
图区会自动出现尺寸预览，随着鼠标的移动，可标注不同的尺寸，将尺寸 10°放在合适位置，
如果位置不合适，先标注完 10°尺寸，再将尺寸移动到需要的位置，如图 5-1-38 所示。

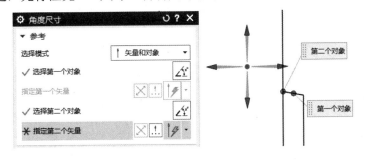

图 5-1-37 第二个尺寸对象的选择及方向矢量的选择

◇ 设置径向尺寸格式。把所有的径向尺寸选中，右击，选择"设置"命令 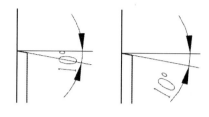，弹出"设置"对话框，设置"文本"→"方向和位置"→"方位"下拉列表为"水平文本"，"位置"为"文本在短划线之上"，如图 5-1-39 所示，设置完成后即可得到水平方位的径向尺寸。

图 5-1-38 角度标注示意

如果需要径向尺寸过圆心，则选中需要更改的尺寸，右击，选择"编辑"命令，弹出"快速编辑"对话框，如图 5-1-40 所示，根据需要选择"过圆心的半径"或"创建带折线的半径"即可。

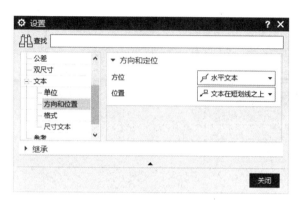

图 5-1-39 "尺寸方位、位置"设置

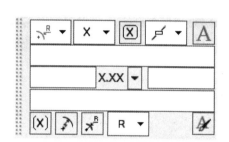

图 5-1-40 "快速编辑"对话框

如果附加文本与尺寸间有间隙，则选择需要更改的尺寸，如 φ50，右击，选择"设置"命令 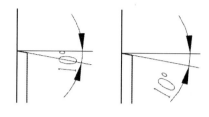，在弹出的"设置"对话框中，设置"文本"→"附加文本"→"文本间隙因子"文本框竖直为 0 即可，如图 5-1-41 所示。

图 5-1-41 "附加文本间隙"设置

8. 尺寸公差

在标注尺寸的同时可以设置尺寸公差，也可以在标注完成后对带公差的尺寸进行单独编辑。

阀体工程图 注释

如要单独进行编辑，则选中要标注尺寸公差的尺寸，右击，选择"编辑"命令，在打开的对话框中选择公差形式为"双向公差"，输入公差数值，如图 5-1-42 所示。

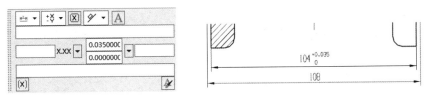

图 5-1-42 尺寸公差标注示意

9. 形位公差

✧ 单击"注释"工具条中的"特征对话框"图标，弹出"特征控制框"对话框。

✧ 指定原点位置：左键摁住 φ20 尺寸线下边线不松，移动鼠标，添加带指引线的形位公差，在合适的位置单击鼠标左键确定控制框位置。

温馨提示：在需要放置处单击一下鼠标左键，则无指引线；若需要指引线，在需要标注的位置处摁下鼠标左键不松，再移动鼠标，则能生成指引线，移动鼠标位置，可改变指引线位置与角度。

✧ 此时，工具条切换至"常规"工具条，设置"特性"为"垂直度"⊥，"公差值"为0.01，"基准参考"中的"第一"为 A，如图 5-1-43 所示。由于默认指引线较短，可以双击形位公差，弹出"特征控制框"对话框。单击指引线箭头，在弹出的文本框中设置"短划线长度"为 3，单击"确定"按钮，退出"特征控制框"对话框，再移动控制框，使线条竖直，如图 5-1-44 所示。

图 5-1-43 "常规"工具条

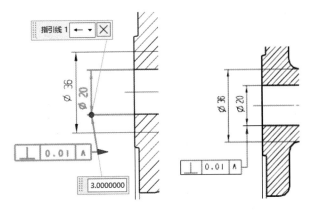

图 5-1-44 形位公差标注示意

10. 标注基准

✧ 单击"注释"工具条中的"基准特征符号"按钮。

◇ 在弹出的"基准特征符号"对话框中，设置"基准标识符"为 A，再指定原点位置（指定位置方法与形位公差指定位置的方法类似）。

◇ 设置完成后即可得到 A 基准，如图 5-1-45 所示。

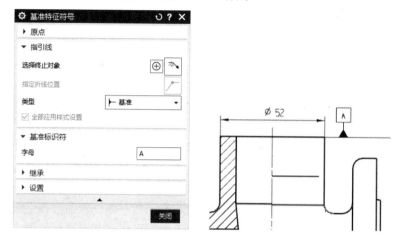

图 5-1-45 "基准特征符号"对话框基准标注示意

11．标注粗糙度

◇ 单击"注释"工具条中的"表面粗糙度符号"图标 √ 。

◇ 在弹出的"表面粗糙度"对话框中，设置"指引线"为"直线" 指引线1 ─▾ ⊠ ，设置"除料"为"√ 修饰符，需要除料"方式，添加"下部文本（a2）"为 1.6，选择视图中的线条或尺寸线上的依附点，移动鼠标，在合适位置单击鼠标左键确定放置位置，完成粗糙度的标注，如图 5-1-46 所示。

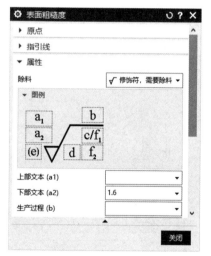

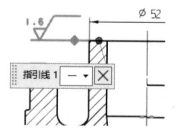

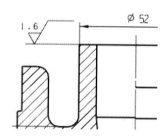

图 5-1-46 粗糙度标注示意

12．技术要求

◇ 单击"注释"工具条中的"注释"图标 A。

◇ 在弹出的"注释"对话框中，在"文本输入"文本框中输入技术要求，如图 5-1-47 所示。

图 5-1-47　技术要求

至此完成阀体工程图的创建，保存文件。

相关知识

一、工程图模板制定

（1）启动 UG NX 2212，单击"新建"按钮，弹出"新建"对话框，设置单位为"毫米"，选择"模型"，单击"确定"按钮，进入建模模块。

（2）选择主菜单"文件"→"实用工具"→"用户默认设置"命令，弹出"用户默认设置"对话框。

（3）单击"制图"→"常规/设置"→"标准"，选择"GB"，再单击对话框中的"定制标准"按钮，弹出的对话框如图 5-1-48 所示。

图 5-1-48　"定制制图标准-GB"对话框

（4）在图 5-1-48 中可对制图标准中的图纸格式、注释、剖切线、视图、视图标签、中心线、尺寸等各参数及样式进行相关设置。

（5）制图标准中的参数设置完成后，单击"另存为"按钮。

（6）输入用户自定义的工程图标准名，单击"确定"按钮。

（7）所有设置完成后，重新启动 UG NX 2212，所有设置将自动生效。

二、工程图的新建与管理

1. 新建工程图

新建工程图有两种方法：直接新建图纸文件、在已有图纸的情况下新建图纸页。

（1）打开 UG NX 软件，单击"新建"按钮，弹出"新建"对话框，选择"图纸"选项卡，设置"过滤器"→"关系"为"全部"，"过滤器"→"单位"为"毫米"，选择合适的图纸模板，如图 5-1-49 所示。单击最下方的"要创建图纸的部件"图标，选择"截止阀阀体"零件，单击"确定"按钮，进入"制图"模块。

图 5-1-49　新建工程图示意

（2）首先打开需要制图的 NX 模型文件，单击"应用模块"→"制图"，切换到制图环境。在 UG NX 制图环境下，单击"新建图纸页"按钮，弹出"图纸页"对话框，如图 5-1-50 所示。设置"大小"为"使用模板"，选择合适的模板。

2. 打开工程图

（1）打开已存在的工程图：单击"打开"按钮，选择需要打开的文件即可。

（2）打开图纸页：根据需要打开已存在的工程图，打开后单击"资源导航器"中的"部件导航器"，直接双击"图纸"扩展栏中的"图纸页"即可进入相应的制图环境（此方法针对有多张图纸存在的情况）。

3．删除工程图

根据需要可以直接在建模工作环境中删除已存在的工程图纸。单击"资源导航器"中的"部件导航器"，打开"图纸"扩展栏，在展开的下拉菜单中选择要删除的图纸页，右击，选择"删除"命令即可（此方法针对有多张图纸存在的情况）。

4．编辑工程图

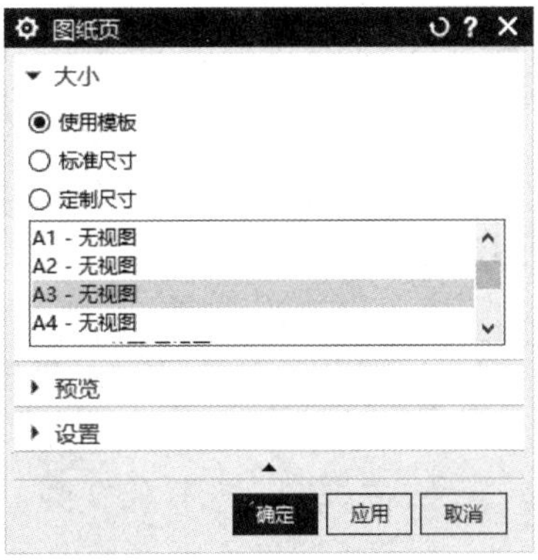

图 5-1-50　"图纸页"对话框

在制图过程中，如若发现所设定的工作图纸的大小、比例、单位等不能满足当前的图纸需要，可通过编辑工程图对所设定的工作图纸进行参数的修改。

单击"资源导航器"中的"部件导航器"，打开"图纸"扩展栏，在展开的下拉菜单中选择要编辑的图纸并右击，选择"编辑图纸页"命令，弹出"图纸页"对话框，再根据需要改变图纸参数即可。

三、视图样式的设置

若制图中未进行相关设置，也可以在视图首选项中进行设置。

选择主菜单"首选项"→"制图"命令，弹出"制图首选项"对话框。在此对话框中可对视图的相关属性进行设置。应特别注意以下几项。

- ✧ 光顺边是否显示：在国家标准中，不显示光滑过渡边（光顺边）。把"显示光顺边"前的单选框去除即可。
- ✧ 螺纹显示：在建模过程中建立的"符号螺纹"特征，可以选择符合国家标准的螺纹标准。
- ✧ 尺寸格式：对相应的尺寸格式进行设置，如径向尺寸、倒角尺寸等。
- ✧ 注释：对注释格式进行设置，如附加文本、文本间隙等。

四、基本视图的添加

"基本视图"是指部件模型的各种向视图和轴测图，包括前视图、后视图、俯视图、仰视图、左视图、右视图、轴侧视图和各种用户定义视图。这些视图均可添加到工程图中作为基本视图。该基本视图作为主要视图，其后的视图均由它产生。

单击"基本视图"按钮，弹出"基本视图"对话框。在"模型视图"列表框内选择合适的视图作为基本视图，"比例"列表框内选择合适的比例（可根据需要适当选择，也可自定义）。

由于各种基本视图都是从某个固定方向观察模型的，不能随意改变观察方向，因此对于一些复杂模型，如果需要从某个特定的角度添加基本视图，可单击"定向视图工具"按钮，弹出"定向视图工具"对话框及"定向视图"对话框（即基本视图预览对话框），在此对话框中适当地选择"法向"矢量和"X 向"矢量，将视图调整到合适位置。调整完成后单击鼠标中键将基本视图放在图纸的合适位置。

五、投影视图的添加

单击"投影视图"按钮，弹出"投影视图"对话框，如图 5-1-51 所示。可添加已有视图的正交投影视图和向视图，方法如下。

◇ 正交投影视图：选择父视图，在其上、下、左、右均可产生相应的正交投影视图，举例如图 5-1-52 所示。

◇ 向视图：选择俯视图，通过设置"铰链线"（可自动判断也可手动定义），可得到任意方向的向视图，举例如图 5-1-53 所示。

温馨提示：基本视图添加完成后会自动切换到投影视图创建，可直接创建需要的投影视图。

六、局部放大图的添加

局部放大图用于表达视图的某些细小结构，用户可以对任何视图进行局部放大。

单击"局部放大图"按钮，弹出"局部放大图"对话框。设置局部放大类型（可选择圆形、矩形），为局部放大图设置合适的比例，设置"父项上的标签"为"标签"。以局部放大框为圆形为例，举例如图 5-1-54 所示。

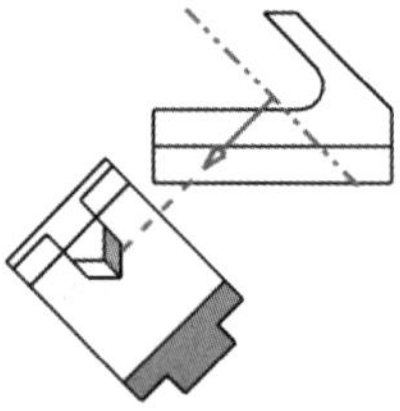

图 5-1-51 "投影视图"对话框

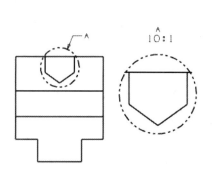

图 5-1-52 "正交投影视图"示例 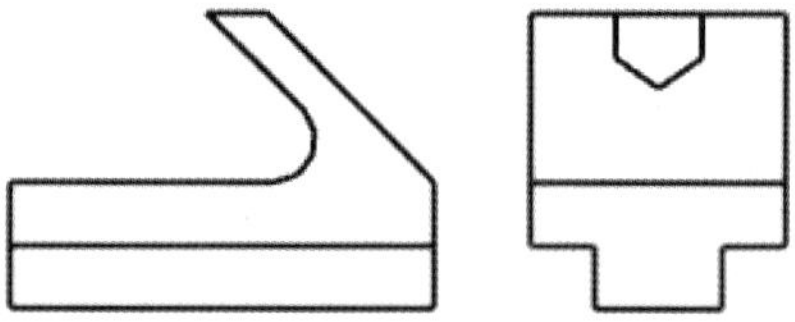　　　　图 5-1-53 "向视图"示例

图 5-1-54 "局部放大图"示例

七、剖视图的添加

1. 简单剖视图

生成简单剖视图操作步骤如下。

◇ 单击"剖视图"按钮，弹出"剖视图"对话框，如图 5-1-55 所示。

◇ 定义"剖切线"下的"方法"为"简单剖/阶梯剖"：通过点构造器自动捕捉要建立剖切的位置点，移动鼠标，可获得不同的剖切位置，适当情况下可单击"反向"按钮改变剖切方向。

◇ 放置剖切视图：通过移动鼠标将剖视图放置到理想位置。

"简单剖视图"示例如图 5-1-56 所示。

2. 阶梯剖视图

生成阶梯剖视图操作步骤如下：

◇ 单击"剖视图"按钮，定义"剖切线"下的"方法"为"简单剖/阶梯剖"。

◇ 定义第一个剖切位置（通过点构造器自动捕捉）。

图 5-1-55　"剖视图"对话框

◇ 捕捉完第一个点后，对话框会自动激活"视图原点""指定位置"，此时需激活"截面线段"下的"指定位置"，然后再通过捕捉定义第二个剖切位置点（如有需要，可按此法继续添加剖切位置）。

◇ 放置剖切视图：通过移动鼠标将剖视图放置到理想位置（若剖切方向不合适，可将"铰链线"下的"矢量选项"设置为"已定义"，再选择具体的矢量方向，或者将"矢量选项"切换为"自动判断"，可根据鼠标的移动自动定义剖切方位）。

"阶梯剖视图"示例如图 5-1-57 所示。

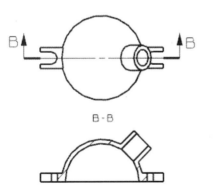

B-B

图 5-1-56　"简单剖视图"示例

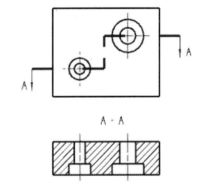

A-A

图 5-1-57　"阶梯剖视图"示例

3. 半剖视图

生成半剖视图操作步骤如下：

◇ 单击"剖视图"按钮，定义"剖切线"下的"方法"为"半剖"。

◇ 定义剖切位置（通过点构造器自动捕捉两个点）。

◇ 放置剖切视图：通过移动鼠标将剖视图放置到理想位置。

"半剖视图"示例如图 5-1-58 所示（可以捕捉左边圆的圆心和底部直线的中点）。

4．旋转剖视图

生成旋转剖视图操作步骤如下：

◇ 单击"剖视图"按钮，定义"剖切线"下的"方法"为"旋转剖"。

◇ 定义旋转点（通过点构造器自动捕捉）。

◇ 定义支线 1 的位置（通过点构造器自动捕捉）。

◇ 定义支线 2 的位置（通过点构造器自动捕捉）。

◇ 放置剖切视图：通过移动鼠标将剖视图放置到理想位置。

"旋转剖视图"示例如图 5-1-59 所示。

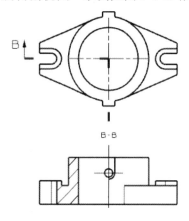
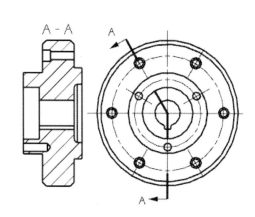

图 5-1-58 "半剖视图"示例　　　　　　　图 5-1-59 "旋转剖视图"示例

5．点到点剖视图

生成点到点剖视图操作步骤如下，以图 5-1-60 为例：

◇ 单击"剖视图"按钮，定义"剖切线"下的"方法"为"点到点"。

◇ 激活"截面线段"下的"指定位置"选项，从左到右依次捕捉选择 5 个圆心。

◇ 激活"铰链线"下的"指定矢量"，绘图区域自动出现 X 轴和 Y 轴两个方向矢量，选
　　择 X 轴。

◇ 连接点全部选完后，单击鼠标中键确定，再将剖切视图放置到理想位置。

注意：此时对话框中"截面线段"下的"创建折叠剖视图"前面的复选框处于激活状态，
如若将该复选框取消选择，则此时相当于创建展开剖视图，得到剖视图结果如图 5-1-61 所示。

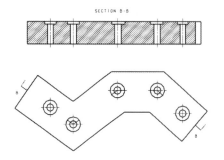
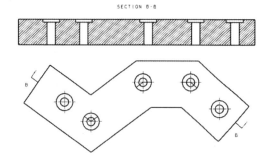

图 5-1-60 "点到点剖视图"示例（创建折叠剖视图）　图 5-1-61 "点到点剖视图"示例（创建展开剖视图）

6. 局部剖视图

前述 5 种剖视图都是在父视图基础上产生新的视图，而局部视图则是在现有父视图上所进行的操作。生成局部剖视图操作步骤如下：

✧ 在视图边界内右击，选择"扩大"命令，进入视图扩大状态，利用"曲线"命令创建局部剖视图边界，曲线创建完成后，再选择下拉菜单内的"扩大"命令，退出"扩大"状态，切换到视图显示状态。

✧ 单击"局部剖视图"按钮 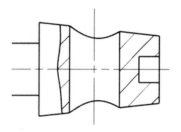，选择要生成局部剖的视图。

✧ 指定基点（用于指定剖切位置的点）。在局部剖视图中或与局部剖视图相关的投影视图中，用点捕捉功能选择一合适的点作为基点。

✧ 指定投影方向，可用矢量功能选项指定方向作为投影方向，若要求的方向与默认方向相反，可单击"反向"按钮。

✧ 选定已创建的曲线作为局部剖边界。

✧ 单击"应用"按钮，完成局部剖视图的创建。

"局部剖视图"示例如图 5-1-62 所示。

图 5-1-62 "局部剖视图"示例

7. 截面线的设置与编辑

（1）截面线样式的设置与编辑。主要有两种方法。

✧ 设置截面线首选项：选择"菜单"→"首选项"→"制图"命令，弹出"制图首选项"对话框，选择"图纸视图"→"剖切线"选项，如图 5-1-63 所示。在此对话框中，可以设置剖切线格式、箭头样式等各项参数。

图 5-1-63 "制图首选项"对话框

✧ 选中要编辑的剖切线，右击，选择"设置"命令，弹出"设置"对话框。在此可对视图标签进行编辑，也可以对截面线样式进行编辑。

（2）剖切线的编辑。选择需要编辑的剖切线，右击，选择"编辑"命令，弹出"剖视图"对话框，在此可以对截面线进行增加或删除或修改。

八、视图管理

1．删除视图

直接右击要删除的视图，选择"删除"命令✕即可。

2．对齐视图

选择"菜单"→"编辑"→"视图"→"对齐"命令，或直接单击"视图"选项卡中的"视图对齐"按钮，弹出"视图对齐"对话框，如图 5-1-64 所示。

系统共提供了 5 种视图对齐的方式。

◇ 自动判断：对所定义视图的基准点自动判断对齐操作。

◇ 水平：设置所定义视图的基准点水平对齐。

◇ 竖直：设置所定义视图的基准点竖直对齐。

◇ 垂直于直线：设置所定义视图的基准点与某一直线垂直对齐。

◇ 叠加：设置所定义视图的基准点重合对齐。

视图的基准点有三种选择方式。

◇ 模型点：将所定义视图中的某一点设置为基准点。

◇ 对齐至视图：将所定义视图中的中心点设置为基准点。

◇ 点到点：将所定义视图中的不同点设置为基准点。

3．移动/复制视图

选择"菜单"→"编辑"→"视图"→"移动/复制"命令，或直接单击"视图"选项卡中的"移动/复制视图"按钮，弹出"移动/复制视图"对话框，如图 5-1-65 所示。系统共提供了 5 种移动/复制视图的方式。

图 5-1-64 "视图对齐"对话框

图 5-1-65 "移动/复制视图"对话框

◇ 至一点 ：将选定视图移动或复制到某一点。

◇ 水平 ：将选定视图沿水平方向移动或复制。

◇ 竖直 ：将选定视图沿竖直方向移动或复制。

◇ 垂直于直线 ：将选定视图沿某一根直线的垂直方向移动或复制。

◇ 至另一图纸 ：将选定视图移动或复制到另一工程图上。

温馨提示：移动视图最直接的方式是直接选中视图边界进行自由拖动，在拖动过程中，系统会自动提示与相关视图对齐。

4．视图相关编辑

选择"菜单"→"编辑"→"视图"→"视图相关编辑"命令，或直接单击"视图"选项组中的"视图相关编辑"按钮 ，弹出"视图相关编辑"对话框，如图 5-1-66 所示。

（1）添加编辑：根据需要进行视图添加编辑的操作。

◇ 擦除对象 ：对视图中所选择的对象（可以是曲线、边和样条曲线等）进行擦除。

温馨提示：擦除对象仅仅把所选取的对象隐藏起来，与删除操作不同。

◇ 编辑完整对象 ：对视图中所定义对象的显示方式进行编辑，包括线条颜色、线型、线宽。

◇ 编辑着色对象 ：对视图中所定义的面、实体或片体对象进行着色或透明度的编辑。

◇ 编辑对象段 ：对视图中所选对象的某个片段的显示方式进行编辑，包括颜色、线型和线宽。

◇ 编辑剖视图背景 ：对视图中非剖视图边缘线进行隐藏。

图 5-1-66　"视图相关编辑"对话框

（2）删除编辑：根据需要对视图编辑操作进行删除的操作。

◇ 删除选定的擦除 ：用于删除视图中用户前面定义的擦除操作，使先前擦除的对象重新显示出来。

◇ 删除选定的编辑 ：用于删除视图中用户前面定义的编辑操作，使先前编辑的对象返回到原来的显示状态。

◇ 删除所有编辑 ：用于删除视图中用户前面定义的所有编辑操作，使所有对象全部返回到原来的显示状态。

（3）转换依附性：根据需要对所定义的视图进行视图与模型间的转换操作。

◇ 模型转换到视图 ：将视图中所定义的模型对象转换到视图中。

◇ 视图转换到模型 ：将视图中所定义的视图对象转换到模型中。

5．定义视图边界

选择"菜单"→"编辑"→"视图"→"边界"命令，或直接单击"视图"选项组中的"视图边界"按钮 ，弹出"视图边界"对话框，如图 5-1-67 所示。视图边界类型设置如下。

◇ 断裂线/局部放大图：用断裂线或局部视图边界线来设置任意形状的视图边界。该类型仅仅显示被边界曲线围绕的视图部分。

温馨提示：选用这种方法时，应先创建与视图关联的断开线。方法是首先选择要定义边界的视图，右击，选择"扩大"命令，进入视图扩大状态，运用曲线功能创建断开线，完成后，再右击，选择"扩大"命令，返回到工程图状态。

◇ 手工生成矩形：定义矩形边界时，在选择的视图中按住鼠标左键并拖动鼠标来生成矩形边界。

◇ 自动生成矩形：可随模型的更改自动调整视图的矩形边界。

温馨提示："锚点"是将视图边界固定在视图的某个相关联的点上，使视图边界随指定点位置的变化而变化。如果没有指定锚点，则当模型修改后，视图边界中的对象可能会发生位置变化，导致视图边界中所实现的内容不是希望的内容。反之，如果指定锚点，则即使视图位置发生变化，视图边界也会跟着指定点移动。

6. 更新视图

选择"菜单"→"编辑"→"视图"→"更新"命令，或直接单击"视图"选项组中的"更新视图"按钮🕮，弹出"更新视图"对话框，如图 5-1-68 所示，选择需要更新的视图，则可更新绘图区域中的视图。

温馨提示：通常情况下，在建模模块更改了模型特征后，再次进入工程图模块需要进行视图的更新显示。

图 5-1-67 "视图边界"对话框

图 5-1-68 "更新视图"对话框

任务 5.2 截止阀装配爆炸工程图

任务引入

1. 能够创建装配工程图。
2. 能够在剖视图中添加非剖切部件。

3．能够插入添加了链接的明细表。

4．能够根据明细表插入零件序号，并对之进行排序。

工作任务

在利用装配模块对已完成的截止阀进行爆炸后，在工程图模块中建立装配爆炸工程图，如图 5-2-1 所示。在这过程中，我们要学会创建装配工程图；能够在剖视图中添加非剖切部件；能够插入添加了链接的明细表；能够根据明细表插入零件序号，并对之进行排序；最终应用相关操作完成截止阀装配爆炸工程图的创建。

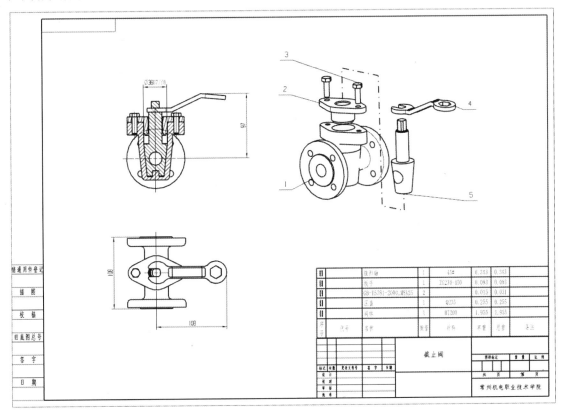

图 5-2-1　截止阀爆炸工程图

任务分析

截止阀爆炸工程图中总共包括一个全剖的主视图、一个俯视图、一个爆炸视图。重点在于如何在剖切过程中设置不剖切部件，以及零件明细表模板的制作，明细表的添加及零件序号的生成。

任务实施

Step1：制作明细表模板

装配工程图1 明细表

装配工程 2 明细表 2

1．设置部件属性

（1）打开阀部件装配文件，打开装配导航器，将光标置于"阀体"零件，右击，选择"属性"命令。

（2）弹出"组件属性"对话框。单击"新建属性"按钮，在"标题/别名"栏输入"名称"，"值"栏输入"阀体"，回车确定。再次新建属性，材料：HT20-40，如图 5-2-2 所示。部件属性在装配工程图明细表中将自动添加。同理，为其他零件添加组件属性。

图 5-2-2 "组件属性"对话框

（3）切换到制图模块，新建 A3—装配图纸页。在"部件导航器"中选中此图纸页，右击，选择"编辑图纸页"命令，设置"比例"为 1∶2。

（4）选择菜单"插入"→"表"→"零件明细表"命令，或直接单击"主页"工具条→"表"→"零件明细表"按钮，添加的明细表标题栏如图 5-2-3 所示。

（5）将标题栏英文改为中文，如图 5-2-4 所示。

图 5-2-3 零件明细表标题栏 　　　　　　　　图 5-2-4 中文标题栏

（6）完成完整的明细表模板。选择"序号"单元格，右击，选择"列"命令。再右击，选择"插入"下的"在右边插入列"命令，则在右侧又添加了一列，命名为"代号"。

同理添加"材料"、"单重"、"总重"、"备注"列。拖动单元格分界线，调整列宽到指定尺寸，完成完整的明细表模板，列宽尺寸如图 5-2-5 所示。

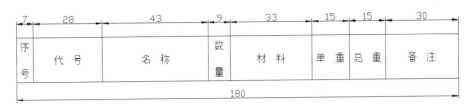

图 5-2-5 明细表模板列宽尺寸

（7）设置"材料"列。选中"材料"整列，右击，选择"设置"命令，弹出"设置"对话框，选择"属性名称"为"材料"，如图 5-2-6 所示。

图 5-2-6 修改"列"属性

（8）设置明细表格式。选择整个表格，右击，选择"设置"命令，弹出"设置"对话框，定义明细表表格的格式。

设置"表区域"选项中的"对齐位置"为"左下"或者"右下"，便于和标题栏对齐，如图 5-2-7 所示。

图 5-2-7 "对齐位置"设置

选择表格标题栏，右击，选择"列"，再右击，选择"设置"命令，弹出"设置"对话框，设置字体为仿宋，高度为3.5，如图5-2-8所示。

图5-2-8　字体设置

（9）设置单重列和总重列。选中"单重"单元格，右击，选择"列"，再右击，选择"设置"命令，弹出"设置"对话框。设置"列"的"类别"为"常规"，"默认文本"为"<W$=@$MASS>"，如图5-2-9所示。在UG NX软件中，默认调出来的重量单位为克，需要改为千克，继续在"设置"对话框中，单击"单元格"，再设置"小数位数"为2，激活"根据公式评估单元值"，"增量类型"为百分比，"增量"为-99.9，如图5-2-10所示。

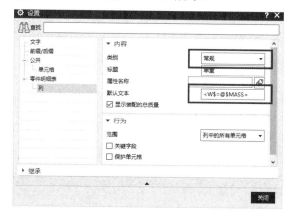

图5-2-9　"单重"链接设置

选中"总重"单元格，右击，选择"列"，再右击，选择"设置"命令，弹出"设置"对话框。设置"列"的"类别"为"数量"，"默认文本"为"<W$=@$MASS>"，如图5-2-11所示。此列也需要将克改为千克，继续在"设置"对话框中，单击"单元格"，同样设置"小数位数"为2，激活"根据公式评估单元值"，"增量类型"为百分比，"增量"为-96.8377，如图5-2-12所示。

（10）保存模板。选择整个表格，右击，选择"另存为模板"命令，弹出如图5-2-13所示对话框。在目录 D:\Program Files\Siemens\NX2212\UGII\table_files 中保存模板名为"demolist"。

图 5-2-10 将单重单位克改为千克

图 5-2-11 总重链接设置

图 5-2-12 将总重单位克改为千克

温馨提示：此处的路径为 UG NX 软件的安装路径，每位用户安装位置可能有所不同，请注意选择路径。

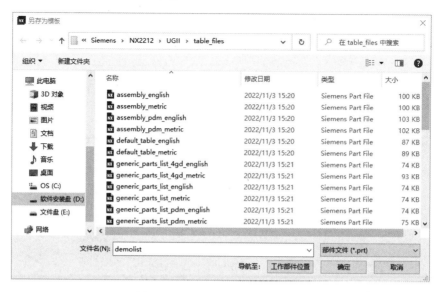

图 5-2-13　"另存为模板"对话框

温馨提示：UG NX 2212 装配工程图模板中提供了符合国标的标题栏，只需把第 170 图层显示即可，明细表也可选择默认模板，如果不符合要求，则可按上述步骤自己制作明细表。

（11）设置明细表模板调用。选择"文件"→"实用工具"→"用户默认设置"命令，在打开的对话框中选择"制图"→"常规/设置"→"标准"→"厂标"→"定制标准"命令，弹出"定制制图标准-厂标"对话框。选择"表"→"零件明细表"→"工作流程"，在"默认零件明细表：原生模式"文本框中填入"demolist.prt"，如图 5-2-14 所示，单击"保存"、"确定"按钮，重启 UG NX。

图 5-2-14　默认零件明细表模板定制

2．建立装配爆炸工程图

（1）将截止阀总装配切换到建模状态。

装配工程 3

（2）将截止阀装配视图切换为爆炸视图。

（3）保存爆炸视图。选择主菜单"视图"→"操作"→"另存为"命令，弹出"保存工作视图"对话框，将视图命名为"爆炸视图"。

（4）添加俯视图。将截止阀切换回制图模块，添加俯视图，如图 5-2-15 所示。

（5）添加全剖的主视图。

✧ 生成主视图。单击"剖视图"按钮，弹出"剖视图"对话框，选择俯视图为父视图，以螺栓的圆心点为剖切位置，单击"剖视图"对话框中的"设置"→"非剖切"（如图 5-2-16 所示），选择装配导航器中的"扳手"和"螺栓"组件，添加全剖的主视图，如图 5-2-17 所示。

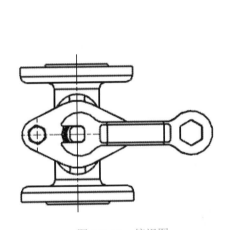

图 5-2-15　俯视图

图 5-2-16　非剖切组件设置

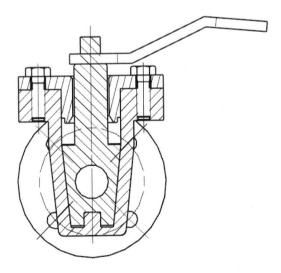

图 5-2-17　得到的主视图

温馨提示：对于每个组件剖面线的样式，可以选择主菜单"编辑"→"设置"命令，然后选择需要调整的剖面线进行单独的参数设置。

（6）添加爆炸视图。添加"爆炸视图"作为基本视图，放在图纸的合适位置。如果在进入工程图前，视图显示的不是爆炸状态，则此时添加的"爆炸视图"为非爆炸状态。

（7）添加标准图框。把 170 图层设为可选层，调出图框。

（8）添加明细表。单击"零件明细表"按钮，绘图区域出现明细表预览，将明细表放在标题栏上方，最终所得零件明细表如图 5-2-18 所示。

5		GB-T5781-2000,M8X25	2		0.02	0.03	
4		扳手	1	ZG230-450	0.09	0.09	
3		压盖	1	Q235	0.25	0.25	
2		锥形轴	1	45#	0.34	0.34	
1		阀体	1	HT20-40	1.95	1.95	
序号	代号	名称	数量	材料	单重	总重	备注

图 5-2-18　零件明细表

图 5-2-19　"零件明细表"对话框
零件明细表符号自动标注设置

（9）零件序号标注。选中零件明细表，右击，选择"编辑"命令，弹出"零件明细表"对话框。激活"符号标注"中的"显示"复选框，定义"爆炸视图"为要自动标注的视图，如图 5-2-19 所示，此时，图纸中零件序号已自动标注，但格式不准确，继续单击"设置"按钮，弹出"零件明细表设置"对话框。激活"零件明细表"-"标注"，在"符号"栏改为"下画线"，如图 5-2-20 所示，完成符号标注。完成的自动符号可自由拖动到合适的位置。

选择主菜单"GC 工具箱"→"制图工具"→"装配序号排序"命令，或直接选择"主页"→"制图工具-GC 工具箱"→"装配序号排序"命令，弹出"装配序号排序"对话框，如图 5-2-21 所示，将序号设为顺时针排序，"阀体"作为"初始装配序号"，此时，零件序号重新排序，明细表也会随之更新。

图 5-2-20　"零件明细表设置"对话框零件序号样式设置

图 5-2-21　"装配序号排序"对话框

　　零件序号位置如果不合适，可双击需要编辑的零件序号，改变序号的起始位置和终止位置，至此完成截止阀工程图的创建。

相关知识

　　爆炸图是在装配模型中组件按装配关系偏离原来的位置拆分图形。爆炸图的创建可以方便用户查看装配中的零件及其相互间的装配关系。

　　爆炸图在本质上也是一个视图，与其他用户定义的视图一样，一旦定义和命名就可以被添加到其他图形中。爆炸图与显示部件关联，并存储在显示部件中。用户可以在任何视图中显示爆炸图形，并对该图形进行任何 UG NX 的操作，该操作也将同时影响到非爆炸图中的组件。

课后拓展

【基础训练】

1. 在 UG NX 2212 制图模块中默认零件明细表是不可用的，要想正常使用，以下选项正确的是（　　　）。

A．更改用户默认配置　　　　　　　　　B．更改 NXII 附属文件

C．更改制图首选项设置　　　　　　　　D．A+B

2. 在"图纸页"对话框中，标准尺寸大小选项默认共有（　　　）种。

A．3　　　　　　　　B．4　　　　　　　　C．5　　　　　　　　D．6

3. 工程图是计算机辅助设计的重要内容，"制图"模块和"建模"模块默认是（　　　）。

A．不相关联的　　　　　　　　　　　　B．完全相关联的

C．可关联可不关联的　　　　　　　　　D．三维模型修改后，工程制图需手动更新

4. 在工程制图中，进行直径尺寸标注需要单击以下哪个图标（　　　）。

A．　　　　　　　B．　　　　　　　C．　　　　　　　D．

5. 在工程制图中，进行角度尺寸标注需要单击以下哪个图标（　　　）。

A．　　　　　　　B．　　　　　　　C．　　　　　　　D．

6. 在工程制图中，进行倒斜角尺寸标注需要单击以下哪个图标（　　　）。

A．　　　　　　　B．　　　　　　　C．　　　　　　　D．

7. 下图中所用的是哪个类型的剖视图（　　　）。

A．旋转剖　　　　　　B．局部剖　　　　　　C．半剖　　　　　　D．展开剖

【技能训练】

1. 工程图综合练习（见图 5-2-20）

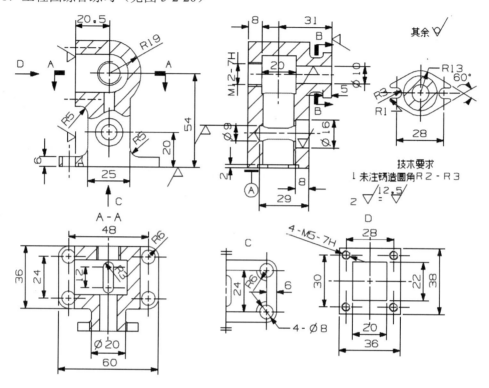

图 5-2-20 练习 1 图

2. 工程图综合练习（见图 5-2-21）

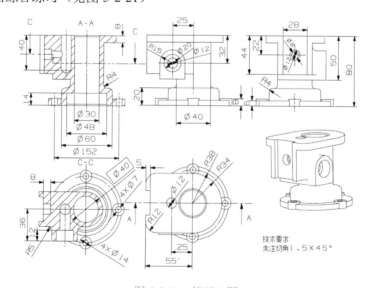

图 5-2-21 练习 2 图

项目 6

曲面设计

项目简介

在我们的实际设计过程中，有些产品是非常复杂的，特别是现在人们追求个性化和人机工程，对舒适性要求高，符合人体曲面，用设计特征无法实现，我们一般由点构线，由线构曲面，再封闭曲面形成实体。本次任务是通过汤匙、礼帽建模实例，使学生了解 UG NX 2212 的曲面设计用户界面，熟悉曲面创建工具。同时掌握全国计算机辅助技术应用工程师对该部分内容考试技能。

学习目标

【知识目标】

1．掌握样条曲线与派生曲线的绘制方法。

2．掌握各种曲面的创建方法。

【能力目标】

1．能根据要求绘制各种曲线。

2．能根据要求创建曲面。

3．能将所有曲面进行编辑操作。

【思政目标】

1．自我管理：能够合理规划和利用时间，能够自觉完成任务，无须等待别人督促。

2．诚实守信：能够按照自己的承诺完成任务。

3．亲和友善：能够赞赏他人的成绩，用积极乐观的态度感染他人。

4．持之以恒：具有达成目标的持续行动力。

5．精益求精：对待任何细节都能认真、专注，一丝不苟。

【思维导图】

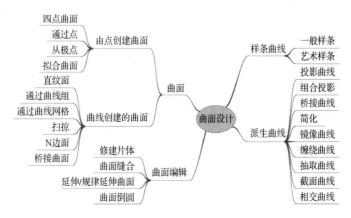

【课时建议】：教学课时建议 16 课时。

任务 6.1　汤匙三维数字建模

任务引入

前面，我们学习了实体建模，主要通过基本曲线、草图曲线使用拉伸、回转等设计特征完成实体创建，应用细节特征修饰直接建成实体。现在我们用曲面来构建汤匙的三维模型。汤匙基本尺寸如图 6-1-1 所示。

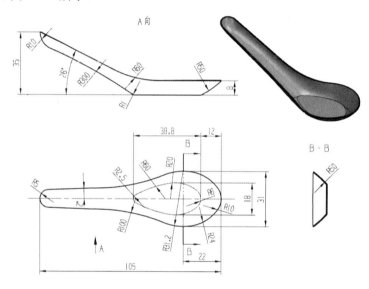

图 6-1-1　汤匙基本尺寸

任务分析

汤匙是我们生活中的常用物品，一般说，外形看似简洁，却是由曲面组成的。我们需要正确分析图 6-1-1 所示的汤匙基本尺寸的要求，建立正确建模思路，按一般流程，由点构线，由线构面，由面再构体。通过片体加厚等完成最终产品的三维建模。首先完成基本草图曲线，再创建关键点，通过组合投影构建空间曲线；接着使用曲线桥接、样条构建过渡曲线；完成曲线构建后，使用"曲面"命令构建各外形曲面，通过缝合组成一体，使用加厚完成实体，最后进行圆角细节造型，即可完成，具体特征分解如图 6-1-2 所示。完成本任务，我们可以达成下列目标：掌握来自曲线集的曲线创建；掌握来自体的曲线的创建；掌握分析测量应用；掌握网格曲面创建；掌握有界平面创建；掌握加厚片体。同时要求会组合投影曲线、会桥接曲线、会截面曲线创建、会分析测量应用、会通过曲线网格曲面创建、会根据条件创建有界平面、会根据要求修剪片体、会缝合曲面。

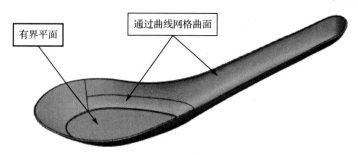

图 6-1-2 汤匙特征分解图

标注：有界平面，通过曲线网格曲面

汤匙 1 底部草图

任务实施

Step1：创建文档

启动 UG NX 2212，"新建"文件，选择"模型"，命名为"汤匙"，单位为"毫米"，"确定"后，进入 UG NX 2212 建模模块。

Step2：工作层设置

由于汤匙建模复杂，曲面和曲线较多，我们需要分层放置。

设置第 21 层为工作层。草图 1 轮廓曲线位于该层。

Step3：建立汤匙俯视图最大轮廓线草图——草图 1

1．视图调整

在绘图区域右击，选择"定向视图"→"俯视图"命令 ，使工作坐标系处于俯视图状态。

2．最大轮廓线绘制

利用草图曲线在 XY 平面完成最大轮廓线曲线绘制，尺寸如图 6-1-3 所示，草图必须完全约束。

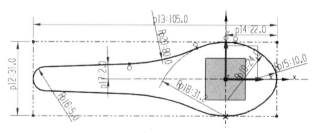

图 6-1-3 最大轮廓线尺寸

（1）绘制矩形。绘制矩形 105×31，设置矩形关于 X 轴对称，并且转换为参考曲线，如图 6-1-4 所示。

（2）绘制 ø10、ø20 圆，圆心在 X 轴上，两圆与矩形相切，如图 6-1-5 所示。

图 6-1-4 矩形尺寸

图 6-1-5 绘制 ø10、ø20 圆

（3）绘制与 ø10 圆相切，与 X 轴成 2°的直线，如图 6-1-6 所示。

（4）绘制与矩形相切，圆心在 Y 轴上的 R31.2 的圆，如图 6-1-7 所示。

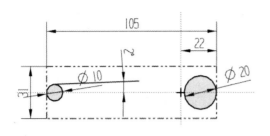

图 6-1-6　绘制与 X 轴成 2°的直线　　　　　　　图 6-1-7　绘制 ø62.4 的圆

（5）绘制与 ø20 圆及与 ø62.4 圆相切半径为 R24 的圆弧，如图 6-1-8 所示。

（6）在直线与 ø62.4 的圆之间倒 R100 的圆角，如图 6-1-9 所示。

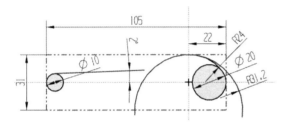

图 6-1-8　绘制 R24 的圆弧　　　　　　　　　图 6-1-9　倒 R80 的圆弧

（7）快速修剪草图，结果如图 6-1-10 所示。

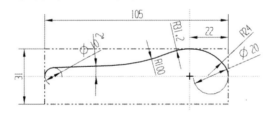

图 6-1-10　修剪草图

（8）镜像草图，则完成底面最大轮廓线绘制，结果如图 6-1-11 所示。

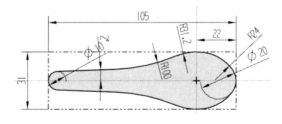

图 6-1-11　镜像草图结果

Step4：建立汤匙俯视图底部轮廓线草图——草图 2

设置第 22 层为工作层。草图 2 轮廓曲线位于该层。

（1）绘制矩形 38.8×18。绘制矩形 38.8×18，设置矩形关于 X 轴对称，并且转换为参考曲线，如图 6-1-12 所示。

（2）绘制 ø5、ø12 圆，圆心在 X 轴上，与 38.8×18 矩形相切，如图 6-1-13 所示。

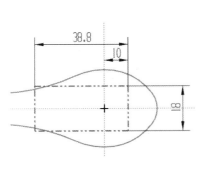

图 6-1-12 绘制矩形

图 6-1-13 绘制 ø51、ø12 圆

（3）绘制 R20 的圆弧，该圆弧与 ø12 圆及矩形相切，半径为 20，如图 6-1-14 所示。

（4）绘制 R60 圆弧，该圆弧与 R20 圆弧及 ø5 圆相切，如图 6-1-15 所示。

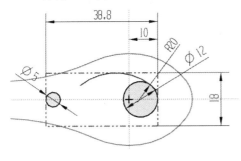
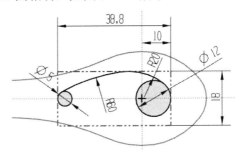

图 6-1-14 绘制 R20 圆弧

图 6-1-15 绘制 R60 圆弧

（5）快速修剪，结果如图 6-1-16 所示。

（6）镜像上述草图曲线，结果如图 6-1-17 所示。至此，已经完成底面轮廓线草图绘制，退出草图。

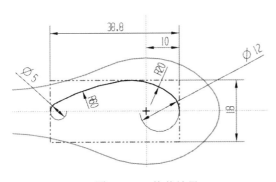
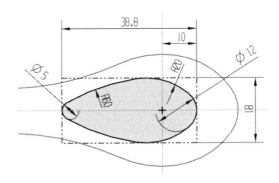

图 6-1-16 修剪结果

图 6-1-17 镜像草图曲线结果

Step5：绘制前视图——草图 3

设置第 23 层为工作层。草图 3 轮廓曲线位于该层。以 XZ 平面为基准，绘制草图 3。

汤匙 2 组合投影曲线

1. 绘制 4 条辅助直线

在草图中，绘制 4 条直线，与 Z 轴平行，长度相等，端点在两个矩形边上，并转换为参考曲线，如图 6-1-18 所示。

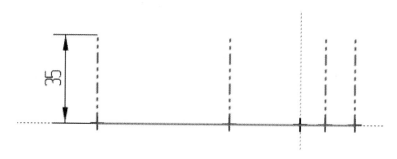

图 6-1-18　绘制 4 条辅助直线

2. 绘制直线及圆弧

绘制如图 6-1-19 所示草图曲线，过直线端点，与 X 轴成 26°；另一直线与 X 轴平行且距 X 轴 8mm，倒 R60 圆弧。

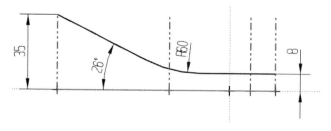

图 6-1-19　草图曲线

3. 绘制其余草图曲线

创建其余草图曲线，结果如图 6-1- 20 所示，至此已经完成草图绘制，退出草图。

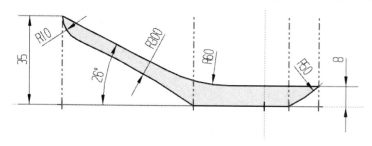

图 6-1-20　前视图草图曲线

Step6：组合投影曲线

设置第 41 层为工作层。

选择"菜单"→"插入"→"派生曲线"→"组合投影"命令，或者直接单击"曲线"工具条"派生"中的"更多"→"组合投影"按钮，如图 6-1-21 所示，弹出"组合投影"对话框如图 6-1-22 所示。激活投影曲线选择，移动鼠标到绘图区域，选择如图 6-1-23 所示的选择投影曲线 1、投影曲线 2；组合投影结果如图 6-1-24 所示。

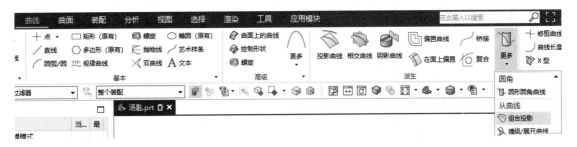

图 6-1-21 "组合投影"按钮位置

图 6-1-22 "组合投影"对话框

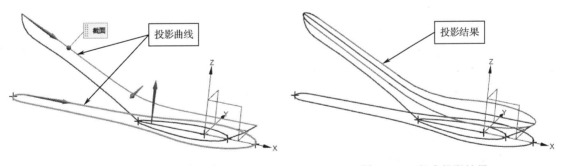

图 6-1-23 组合投影截面选取　　　　　　图 6-1-24 组合投影结果

Step7：分析手柄处最短距离

1．调用"测量距离"命令

单击"分析"工具条中的"测量"图标📏，弹出如图 6-1-25 所示"测量"对话框。

2．选择测量对象

激活"对象"，移动鼠标到绘图区域，如图 6-1-26 所示，选择测量曲线。

图 6-1-25 "测量"对话框

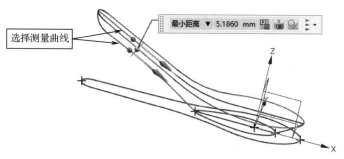

图 6-1-26 选择测量曲线

3. 对话框中参数设置

在绘图区域"测量方法"选项下选择"最小距离",在"设置"栏下的"关联"、"显示注释"、"创建几何体"前的复选框打钩。

4. 创建直线并显示最短距离

完成曲线选择与参数设置后,对话框中的"确定"、"应用"按钮可用,单击"确定"按钮,如图 6-1-27 所示,在两曲线的最短距离处创建直线并显示数值。

汤匙3 其他曲线

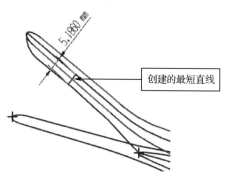

图 6-1-27 最小处创建的直线

Step8:移动坐标系

选择"菜单"→"格式"→"WCS"→"定向(N)"命令,在出现的对话框中选择"原点,X点,Y点",构建以创建直线顶点为原点,直线为 X 轴,草图直线为 Y 轴的坐标系,如图 6-1-28 所示。

Step9:构建基准面

单击"创建基准面"图标 ◇,"类型"选择"XC—ZC",偏置距离为 0。

Step10:创建交点

设置第 42 层为工作层。选择"菜单"→"插入"→"派生曲线"→"截面曲线"命令,或直接单击"曲线"工具条中"派生"→"截面曲线"

按钮，弹出如图 6-1-29 所示"截面曲线"对话框。如图 6-1-30 所示，移动鼠标到绘图区域，选择"要剖切的对象"为组合投影曲线及 R300 圆弧，"剖切平面"为 XC—ZC 基准面，单击"应用"按钮，完成交点 1、交点 2、交点 3 的创建，结果如图 6-1-31 所示。

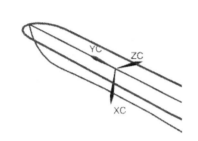

图 6-1-28　完成的坐标系　　　　　　　　　图 6-1-29　"截面曲线"对话框

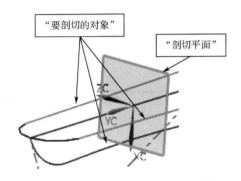

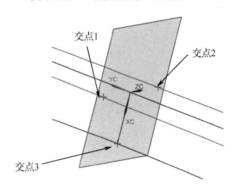

图 6-1-30　选择"要剖切的对象"和"剖切平面"　　　图 6-1-31　创建结果

Step11：创建圆弧 1

设置第 43 层为工作层。调用基本曲线中的"创建圆弧"命令，过上述 3 点创建圆弧 1，如图 6-1-32 所示。

Step12：桥接曲线

1. 调用"桥接"曲线命令

选择"菜单"→"插入"→"派生曲线"→"桥接"命令，或直接单击"曲线"工具条中"派生"→"桥接"按钮，出现如图 6-1-33 所示"桥接曲线"对话框。

2. 选择需要桥接曲线

移动鼠标到绘图区域，选择要桥接的曲线——草图 3 中 2 条曲线，如图 6-1-34 所示。

3. 对话框参数设置

对话框参数采用默认设置。

4. 创建曲线

完成曲线选择和参数设置后，对话框中的"确定"按钮可用，单击"确定"按钮，就完成草图曲线的桥接。

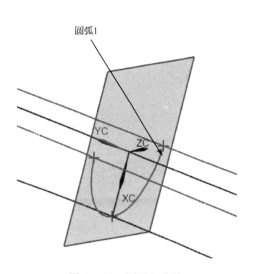

圆弧1

图 6-1-32　圆弧 1 曲线　　　　　　　　　图 6-1-33　"桥接曲线"对话框

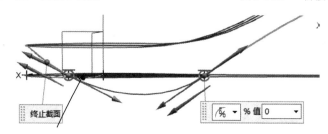

终止截面　　　　　　　　　　　　　％ ▾ ％ 值 0 ▾

图 6-1-34　桥接曲线

Step12：回到绝对坐标系下，创建 YC-ZC 基准面

选择"菜单"→"格式"→"WCS"→"定向（N）"命令，弹出如图 6-1-35 所示对话框。在对话框中"类型"选择"绝对坐标系"，结果如图 6-1-36 所示。接着创建 YC-ZC 基准面，如图 6-1-37 所示。

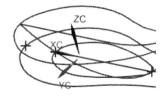

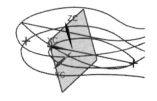

图 6-1-35　"坐标系"对话框　　　图 6-1-36　绝对坐标系　　　图 6-1-37　创建 YC-ZC 基准面

Step13：创建交点

设置第 44 层为工作层，将图层 21 隐藏。同 Step10 创建交点步骤一样，创建如图 6-1-38 所示交点 4、交点 5、交点 6、交点 7、交点 8。

Step14：创建圆弧 2 和圆弧 3

设置第 24 层为工作层。以 YC-ZC 基准面为草图平面，过交点 4、5 创建 R50 圆弧 2；过交点 6、7 创建 R50 圆弧 3，结果如图 6-1-39 所示。

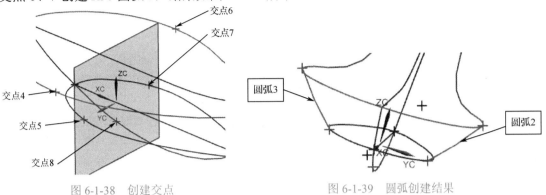

图 6-1-38 创建交点   图 6-1-39 圆弧创建结果

Step15：创建艺术样条曲线

设置第 45 层为工作层。

1．调用"艺术样条"命令

选择"菜单"→"插入"→"曲线"→"艺术样条"命令，或直接单击"曲线"工具条中"基本"→"艺术样条"按钮，弹出如图 6-1-40 所示"艺术样条"对话框，"类型"选择"通过点"。

2．指定通过点

激活"指定点"选项，移动鼠标到绘图区域依次选择交点 5、交点 8、交点 7，如图 6-2-41 所示。

图 6-1-40 "艺术样条"对话框

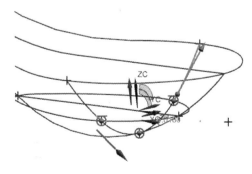

图 6-1-41 艺术样条创建

3．指定约束类型

指定起始点与圆弧 2 相切。

（1）展开列表，激活"列表"中的"点 1"。

（2）在对话框"约束"下的"连续类型"文本框中选择"G1（相切）"。

（3）激活"指定相切"选项，单击选项的黑三角，展开下拉菜单，选择"曲线上矢量" ✐ 。

（4）移动鼠标到绘图区域，选择圆弧 2。

同理，指定终止点与圆弧 3 相切。激活"列表"中的"点 3"，在对话框"约束"下的"连续类型"文本框中选择"G1（相切）"，激活"指定相切"选项，单击选项的黑三角，展开下拉菜单，选择"曲线矢量" ✐ ；移动鼠标到绘图区域，选择圆弧 3，如若方向不对，可单击"反转相切方向"按钮。

4．设置对话框参数

"参数设置"下的"次数"设置为 3。

5．完成创建

完成选择与参数设置后，对话框中的"确定"按钮可用，单击"确定"按钮，完成艺术样条的创建，结果如图 6-1-42 所示。

温馨提示：指定艺术样条相切曲线时，一定要注意切线箭头方向。

Step15：创建通过曲线网格

1．调用"通过曲线网格"曲面命令

汤匙 4 曲面及实体创建

设置第 91 层为工作层。选择"菜单"→"插入"→"网格曲面"→"通过曲线网格"命令，或直接单击"曲面"工具条中的"通过曲线网格"按钮 ✐ ，弹出如图 6-1-43 所示"通过曲线网格"对话框。

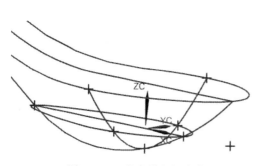

图 6-1-42　艺术样条创建结果　　　　图 6-1-43　"通过曲线网格"对话框

2．主曲线选择

激活对话框中的"主曲线"，如图 6-1-44 所示，移动鼠标到绘图区域选择"主曲线 1"——R10 圆弧与直线交点；移动鼠标到对话框中单击"添加新集"按钮⊕，再移动鼠标到绘图区域选择"主曲线 2"——圆弧 1，再依次完成"主曲线 3"的选择。

3．交叉曲线选择

激活对话框中"交叉曲线"，如图 6-1-44 所示，移动鼠标到绘图区域选择"交叉曲线 1"；移动鼠标到对话框中单击"添加新集"按钮，再移动鼠标到绘图区域选择"交叉曲线 2"，重复上述操作，完成"交叉曲线 3"的选择。

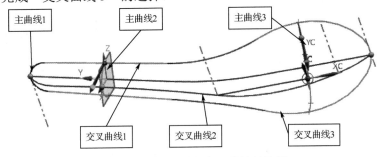

图 6-1-44　主曲线与交叉曲线的选择

4．参数设置

对话框中的参数设置如图 6-1-43 所示，保持默认。

5．建成曲面

完成选择与设置后，对话框中的"确定"按钮可用，单击"确定"按钮，完成"通过曲线网格"创建，结果如图 6-1-45 所示。

Step16：修剪曲面

1．偏置基准面

定义 XY 平面为基准面，往上偏置 3.5mm，建立偏置面。

2．调用"修剪片体"命令

单击"曲面"工具条的"修剪片体"按钮，弹出如图 6-1-46 所示"修剪片体"对话框。

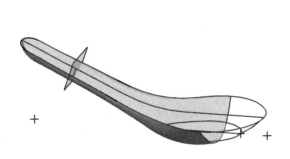

图 6-1-45　创建成的网格曲面

图 6-1-46　"修剪片体"对话框

3．选择目标体和边界对象

激活"目标"选项，移动鼠标到绘图区域选择网格曲面，激活"边界"选项，移动鼠标到绘图区域选择偏置得到的基准平面，如图 6-1-47 所示。

4．修剪结果

单击对话框中的"确定"按钮，结果如图 6-1-48 所示。此时，为了便于绘图，将图层 23、24、41、42、43、44、45 隐藏。

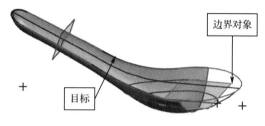

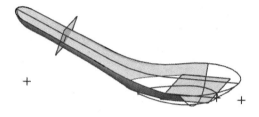

图 6-1-47　修剪目标及边界选择　　　　　　　　图 6-1-48　修剪结果

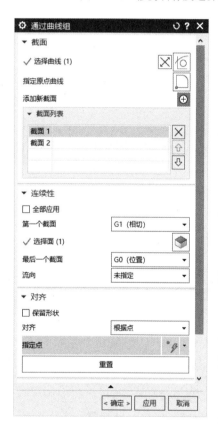

图 6-1-49　"通过曲线组"对话框

温馨提示：若选择区域中"保留"单选按钮被激活，则鼠标点下去的地方将保留；如果是"放弃"单选按钮被激活，则鼠标点下去的地方将修剪掉。

Step17：抽取曲线

单击"曲线"工具条中的"派生"→"复合" ⌴，选择修剪完成后曲面的下边缘，得到曲线。

Step18：创建通过曲线网格曲面

1．调用"通过曲线网格"曲面命令

单击"曲面"工具条中的"基本"-"通过曲线组"按钮，弹出如图 6-1-49 所示"通过曲线组"对话框。

2．指定主曲线与交叉曲线

依次选择主曲线 1、主曲线 2、交叉曲线 1、交叉曲线 2，如图 6-1-50 所示。

3．指定连续性

设置"第一个截面"方式为"G1（相切）"，激活"第一个截面"-"选择面"，在绘图区域选择与之相切的曲面，如图 6-1-50 所示。

4．建成曲面

完成选择与设置后，单击"确定"按钮，完成"通过曲线组"创建。

5．建成另一侧曲面

采用同样的创建方法完成另一侧曲面创建，结果如图 6-1-51 所示。

6．缝合

选择"插入"→"组合"→"缝合"命令，或单击"曲面"工具条中的"组合"-"缝合"按钮 ⌴，出现如图 6-1-52 所示"缝合"对话框；移动鼠标，选择所有片体，单击对话框中的"确定"按钮，即完成曲面缝合。

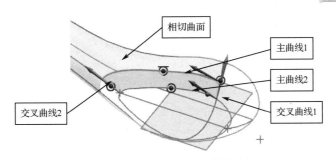

图 6-1-50　主曲线与交叉曲线选择

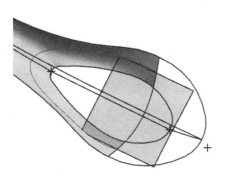

图 6-1-51　创建成的"通过曲线组"曲面

图 6-1-52　"缝合"对话框

7．创建汤匙边缘部分曲面

与前述"通过曲线网格"操作方法一致，完成汤匙边缘部分曲面，此处，第一交叉曲线与第二交叉曲线处需要设置相切连续，如图 6-1-53 所示。

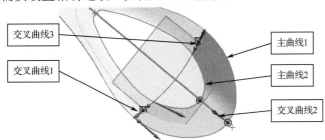

图 6-1-53　　汤匙边缘部分曲面创建

Step19：有界平面

选择"菜单"→"插入"→"曲面"→"有界平面"命令，或者单击"曲面"工具条中的"基本"→"有界平面"，出现如图 6-1-54 所示"有界平面"对话框；移动鼠标，选择汤匙底面草图 2，单击"确定"按钮，即完成有界平面创建，结果如图 6-1-55 所示。

图 6-1-54　"有界平面"对话框

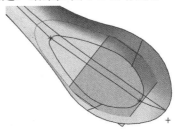

图 6-1-55　创建成的有界平面

图 6-1-56 "加厚"对话框

Step20：缝合曲面

单击"曲面"工具条中的"组合"→"缝合"按钮，出现"缝合"对话框；移动鼠标，选择所有片体，单击对话框中的"确定"按钮，即完成曲面缝合。

Step21：实体造型

将工作图层切换至图层 1。

选择"菜单"→"插入"→"偏置/缩放"→"加厚"命令，或单击"曲面"工具条中的"基本"→"加厚"按钮，弹出如图 6-1-56 所示"加厚"对话框；绘图区域选择缝合好的片体，在"偏置 1"中设置偏置值为 0.5mm，单击对话框中的"确定"按钮，即完成片体加厚，片体加厚结果如图 6-1-57 所示。

Step22：倒圆角

按照图纸要求，对实体进行圆角处理。

将图中曲线、草图、基准、曲面全部隐藏，最终得到实体如图 6-1-58 所示。

至此，完成汤匙的造型设计，保存退出。

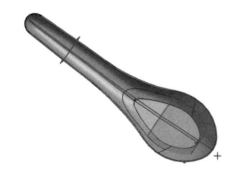

图 6-1-57 片体加厚结果

图 6-1-58 完成实体

相关知识

一、样条曲线

（一）一般样条曲线

样条曲线是使用各种方法创建样条，通过多项式曲线和所设定的点，来拟合曲线。本命令在 UG NX 2212 处于隐藏状态，即将失效，由"艺术样条"替代。在"命令查找器"中查找"样条"命令，将此命令加入工具条中，系统会弹出如图 6-1-59 所示的"样条"创建方式对话框。

系统中共提供了 4 种生成样条曲线的方式，由于即将失效，所以不多介绍。下面我们重点介绍艺术样条。

图 6-1-59 "样条"创建方式对话框

（二）艺术样条 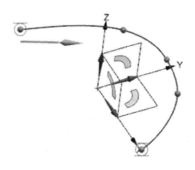 艺术样条

艺术样条：通过拖放定义点或极点并在定义点指派斜率或曲率约束，动态创建和编辑样条。

选择"菜单"→"插入"→"曲线"→"艺术样条"命令，或单击"曲线"工具条中的"基本"→"艺术样条" 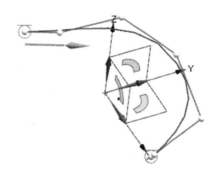，系统会弹出如图 6-1-60 所示的"艺术样条"对话框。

1．艺术样条创建类型有 2 种

（1）通过点（用定义点生成样条曲线）。如图 6-1-61 所示，该选项是通过设置样条曲线的各定义点，生成一条通过各点的样条曲线，生成的样条曲线通过各个控制点。单击该按钮后，激活"指定点"，可以用点构造器来定义样条曲线的各点。

（2）根据极点（以极点生成曲线）。如图 6-1-62 所示，该选项是通过设定样条曲线的各控制点来生成一条样条曲线。控制点的创建方法为使用点构造器定义点。

图 6-1-60 "艺术样条"对话框

图 6-1-61 "通过点"创建的艺术样条

图 6-1-62 "根据极点"创建的艺术样条

2．点位置或极点位置

点位置或极点位置，用于指定构建艺术样条的点，单击"指定点"或"指定极点"后的

"点构造器"图标 ⬚，使用随后弹出的点构造器，指定构建艺术样条的点。同时可以指定各点的约束，如图 6-1-63 所示，激活列表中的点，指定"连续类型"，指定相切的对象及方向。

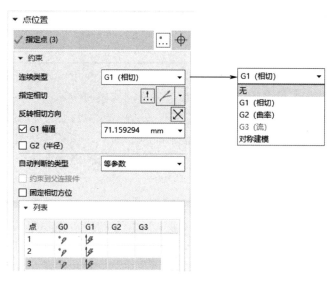

图 6-1-63　艺术样条指定点及约束约束

连续类型共有以下 5 类。

"无"：点连续。

"G1（相切）"：相切连续，与指定矢量相切。

"G2（曲率）"：曲率连续，与指定曲线曲率一致。

"G3（流）"：流连续，与指定曲线的三阶偏导数一致。

"对称建模"：起点和终点矢量一致。

操作步骤：选择"列表"中的点，指定"连续类型"，指定相切矢量或幅值。

3．参数化

"次数"：指定生成样条曲线的阶数。

"匹配的结点位置"和"封闭"复选框可两选一。

"封闭"复选框用于设定随后生成的样条曲线是否封闭。选择该选项，所创建的样条曲线起点和终点会在同一位置，生成一条封闭的样条曲线，与"样条"方式同。

图 6-1-64　艺术样条参数

温馨提示："次数"文本框用于设置曲线的阶数。用户设置的控制点数必须大于曲线阶数加 1，否则无法创建样条曲线。

完成对话框参数设置和构造点的指定后，"艺术样条"对话框中"确定"或"应用"按钮可用，单击"确定"或"应用"按钮就可完成创建。

二、派生曲线

（一）投影曲线

投影曲线用于将曲线或点沿某一方向投影到现有曲面、平面或参考平面上。但是如果投影曲线若与面上的孔或面上的边缘相交，则投影曲线会被面上的孔和边缘所修剪。投影方向可以设置成某一角度、某一矢量方向、向某一点方向或沿面的法向。

1．操作步骤

Step1：单击"曲线"工具条中的"派生"→"投影曲线"图标，或选择"菜单"→"插入"→"派生曲线"→"投影曲线"命令，系统会弹出如图 6-1-65 所示的"投影曲线"对话框。

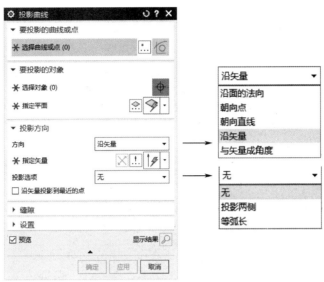

图 6-1-65 "投影曲线"对话框

Step2：单击"选择曲线或点"激活"要投影的曲线或点"选项，移动鼠标到绘图区域选择要投影的曲线或点，如图 6-1-66 所示。

Step3：单击"选择对象"或"指定平面"激活"要投影的对象"；移动鼠标到绘图区域选择要投影的面。

Step4：设置投影方向，单击图 6-1-65 中"方向"列表，选择投影方式。

Step5：指定矢量或移动鼠标到绘图区域选择方向。

Step6：单击"确定"按钮即完成投影曲线创建，如图 6-1-67 所示。

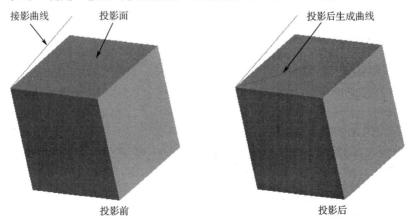

图 6-1-66 投影曲线和投影面的选择　　　　图 6-1-67 投影结果

2．投影方向

本选项用于设置投影方向的方式，其中提供了 5 种方式。

➢ 沿面的法向。该方式是沿所选投影面的法向向投影面投影曲线，图 6-1-68 所示为这种方式的示例。

➢ 朝向点。该方式用于从原定义曲线朝着一个点向选取的投影面投影曲线，图 6-1-69 所示为这种方式的示例。

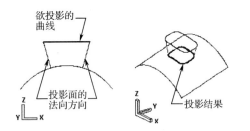

图 6-1-68　沿面的法向方式

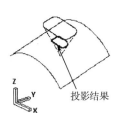

图 6-1-69　朝向点方式

➢ 朝向直线。该方式用于沿垂直于选定直线或参考轴的方向向选取的投影面投影曲线，图 6-1-70 所示为这种方式的示例。

➢ 沿矢量。该方式用于沿设定矢量方向向选取的投影面投影曲线。选择该方式后，系统会弹出"矢量构造器"对话框，让用户设置一个投影向量方向。选择此选项时，其下方会出现"投影选项"，它包括"无"、"投影两侧"和"等弧长"三个单选项。"无"选项用于设定沿投影方向单向投影选定曲线，"投影两侧"选项用于设定沿投影方向双向投影选定曲线。图 6-1-71 和图 6-1-72 所示为这两种方式的示例。

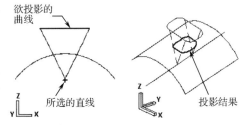

图 6-1-70　朝向直线方式

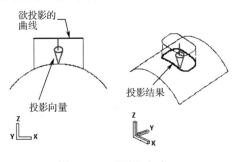

图 6-1-71　"无"方式

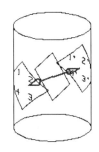

图 6-1-72　"投影两侧"方式

选择"等弧长"时，系统对话框中会增加图 6-1-73 所示"源平面定义"选项，"保持长度"中有 5 个选项，如图 6-1-73 所示。首先选择一参考点，则系统以该参考点作为 X-Y 坐标系的原点；再利用矢量构造器设定投影矢量的方向，接着再设定对应的 X 向量方向，最后在"保持长度"选项中设定投影曲线的 X、Y 方向长度确定方式。

"保持长度"选项中包含了 5 种确定投影曲线的 X、Y 方向长度的方式。

图 6-1-73　"等弧长"增加选项

同时 X 和 Y：投影曲线的 U 方向长度由原曲线 X 方向长度来确定，投影曲线的 V 方向长度由原曲线 Y 方向长度来确定。

首先 X，然后 Y：先由原曲线 X 方向长度来确定投影曲线的 U 方向长度，然后再由原曲线 Y 方向长度来确定投影曲线的 V 方向长度。

首先 Y，然后 X：先由原曲线 Y 方向长度来确定投影曲线的 V 方向长度，然后再由原曲线 X 方向长度来确定投影曲线的 U 方向长度。

只有 X：投影曲线的 U 方向长度由原曲线 X 方向长度来确定，投影曲线沿投影面 V 方向的长度由原曲线 Y 方向长度沿向量方式直接投影到曲面上。

只有 Y：投影曲线的 V 方向长度由原曲线 Y 方向长度来确定，投影曲线沿投影面 U 方向的长度由原曲线 X 方向长度沿向量方式直接投影到曲面上。

在上述 5 种投影曲线 U、V 方向长度的确定方式中，若原曲线为 X-Y 平面上通过参考点且平行于 X 或 Y 方向的直线，则投影曲线长度与直线长度相等。

该方式允许由 X-Y 坐标系向投影面的 U-V 坐标系投影曲线，在投影时，曲面上投影曲线的 U、V 方向长度的确定取决于"等弧长"方式的选择，并且在选择该方式前，必须先选择投影面，如图 6-1-74 所示。

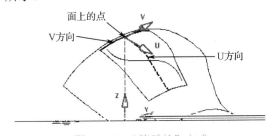

图 6-1-74　"等弧长"方式

➢ 与矢量成角度。该方式用于沿与设定向量方向成一定角度的方向，向选取的投影面投影曲线。选择该方式后，系统会增添"矢量构造器"，如图 6-1-75 所示，让用户设定一个投影向量方向，对话框中同时增添"与矢量成角度"文本框，用户可以输入投影角度值。角度值的正负是以选定曲线的几何形心为参考点来设定的。曲线投影后，投影曲线向参考点方向收缩，则角度为负值；反之，角度为正值。图 6-1-76 所示为这种方式的示例。

（二）组合投影曲线

单击"曲线"工具条中的"派生"→"组合投影"按钮，或选择"菜单"→"插入"→"派生曲线"→"组合投影"命令，出现如图 6-1-22 所示"组合投影"对话框。它用于将两选定的曲线沿各自的投影方向投影生成一条新曲线，但是要注意的是所选两条曲线的投影必须是相交的。

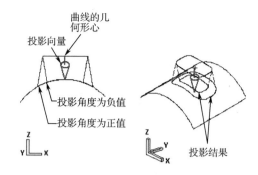

图 6-1-75 "与矢量成角度"对话框增加栏   图 6-1-76 "与矢量成角度"投影

在对话框状态下，步骤栏里的一个"曲线1"图标是自动激活的，提示选择第一条曲线，选定以后"曲线2"图标激活，选择第二条曲线，选定以后选择投影方向，单击"投影方向1"-"投影方向"，使之激活，选择第一条曲线的投影方向；然后单击"投影方向2"-"投影方向"使之激活，选择第二条曲线的投影方向，最后单击"确定"按钮即可完成组合投影。

（三）桥接曲线

单击"曲线"工具条中的"派生"→"桥接"按钮 ⁓，或者选择"菜单"→"插入"→"派生曲线"→"桥接"命令，系统会弹出如图 6-1-77 所示的"桥接曲线"对话框，它用于融合或桥接两条不同位置的曲线。

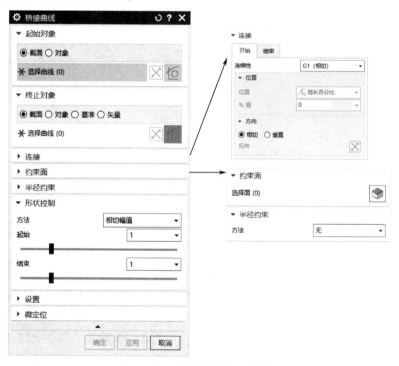

图 6-1-77 "桥接曲线"对话框

"桥接曲线"操作步骤如下。

Step1：指定桥接对象

首先激活"起始对象"，提示我们选择第一条曲线。移动鼠标到绘图区域选择第一条曲线；接着激活"终止对象"，再提示选择第二条曲线，如图 6-1-78 所示。

Step2：指定连续性

展开对话框中"连接"，如图 6-1-77 所示，指定起始曲线和终止曲线的连续性。

Step3：指定约束面和半径约束

如果有约束面，移动鼠标指定约束面，指定约束半径，如果没有，则跳过该步。

Step4：设置形状控制

指定形状控制方法："相切幅值"、"深度和歪斜度"、"模板曲线"，拖动滑块，可以调节深度。

Step5：创建桥接

完成曲线选择及参数设置，单击"确定"按钮，就可以完成桥接，如图 6-1-79 所示。

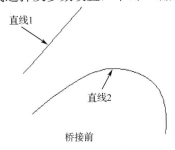

图 6-1-78　两曲线间的桥接

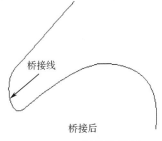

图 6-1-79　桥接结果图

对话框中选项说明如下。

1．连续性

本选项用于设置桥接曲线和欲桥接的第一条曲线、第二条曲线的连接点间的连续方式。它包含如下 2 种：

（1）G1（相切）。选择该方式（又称为切线连续方式），则生成的桥接曲线与第一条曲线、第二条曲线在连接点处切线连续，且为三阶样条曲线。

（2）G2（曲率）。选择该方式，则生成的桥接曲线与第一条曲线、第二条曲线在连接点处曲率连续，且为五阶或七阶样条曲线。图 6-1-80 所示的就是这两种连续方式的对比图。

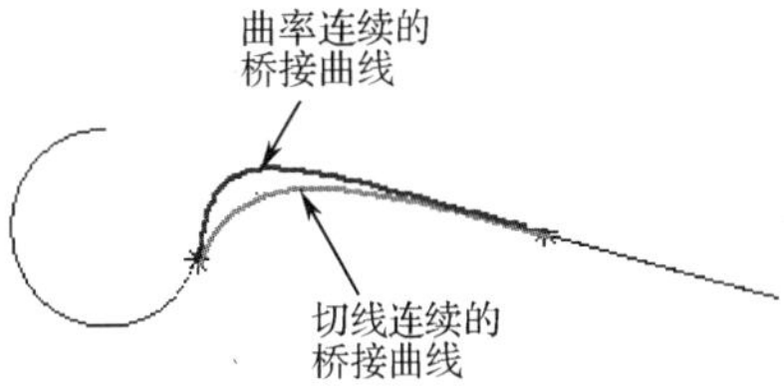

2．位置

本功能用于设定桥接曲线的起、止点位置。首先应选择起、止点所在的曲线，即要桥接的第一条曲线或第二条

图 6-1-80　两种连续方式对比图

曲线。然后通过下列方式来设定桥接点的位置：通过在"U 向百分比"、"弧长百分比"文本框中输入点在选定曲线上位置的百分比值或通过拖曳其下方的百分比滑尺来设定。

3．形状控制

本选项用于设定桥接曲线的形状控制方式。桥接曲线的形状控制方式有以下 2 种，选择不同的方式其下方的参数设置选项也有所不同。

（1）相切幅值。该方式允许通过改变桥接曲线与第一条曲线或第二条曲线连接点的切矢量值，来控制桥接曲线的形状。切矢量值的改变是通过分别拖曳选项中的起始和结束滑尺，或直接在其对应文本框中输入切矢量值来实现的。

（2）深度和歪斜度。在切线连续方式下选择该形状控制方式时，允许通过改变桥接曲线的桥接深度值来控制桥接曲线的形状。

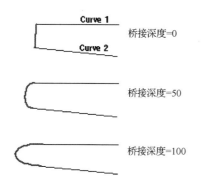

图 6-1-81　桥接深度对桥接曲线形状的影响

深度值是桥接曲线峰值点的深度，即影响桥接曲线形状的曲率的百分比，其值可通过拖曳深度滑尺或直接在深度文本框中输入百分比来实现。桥接深度对桥接曲线形状的影响如图 6-1-81 所示。

（四）简化曲线

选择"菜单"→"插入"→"派生曲线"→"简化"命令（此图标需要定制），系统会弹出如图 6-1-82 所示的"简化曲线"对话框，它用于以一条最合适的逼近曲线来简化一组选择的曲线，它可以将这组曲线简化为圆弧或直线的组合，即将高次方曲线降成二次或一次方曲线。

在"简化曲线"对话框中用户可以选择原曲线的保留方式，系统提供了保留、删除和隐藏 3 种方式。我们可以选定一种方式，然后系统弹出如图 6-1-83 所示的"选择要逼近的曲线"对话框，要求用户在绘图工作区中依次选取要简化的曲线，用户最多可选取 512 条曲线。选择曲线后单击"确定"按钮，则系统用一条与其逼近的曲线来拟合所选的多条曲线。如果要了解简化后曲线的形式和阶数，可以选择"菜单"→"信息"→"对象"命令，在出现的对话框中选择曲线，然后在弹出的文本框中就可以看到曲线的信息。另外完成简化操作后，可以查看状态栏来了解简化后的曲线数目。

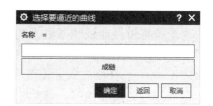

图 6-1-82　"简化曲线"对话框　　　　图 6-1-83　"选择要逼近的曲线"对话框

（五）镜像曲线

选择"菜单"→"插入"→"派生曲线"→"镜像"命令，系统弹出如图 6-1-84 所示的"镜像曲线"对话框。此时系统进入曲线镜像操作功能，它可以将所选的多条曲线通过镜像平面进行镜像。选择要镜像的曲线如图 6-1-85 所示，然后选取镜像平面，单击对话框中的"确定"按钮，结果如图 6-1-86 所示。

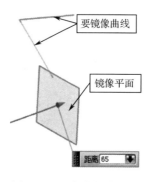

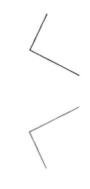

图 6-1-84　"镜像曲线"对话框　　　图 6-1-85　镜像曲线选取　　　图 6-1-86　镜像结果

（六）缠绕曲线

Step1：选择"菜单"→"插入"→"派生曲线"→"缠绕/展开曲线"命令，系统会出现如图 6-1-87 所示的"缠绕/展开曲线"对话框。它用于将选定曲线由一平面包覆在一锥面或柱面上生成一包覆曲线或将选定曲线由一锥面或柱面展开至一平面生成一条展开曲线。

Step2：设置类型，本选项用于设置曲线为包覆还是展开的形式。

Step3：单击"选择曲线或点"，此时系统要求确定欲缠绕或展开的曲线，移动鼠标到绘图栏中选择缠绕或展开曲线。

Step4：单击"选择对象"，此提示用户确定被包覆对象的表面。在选取时，系统只允许选取圆锥或圆柱的实体表面。移动鼠标选择圆柱面，如图 6-1-88 所示。

Step5：单击"选择面"，在选取时，系统要求包覆平面要与被包覆表面相切，否则将会提示错误信息；单击对话框中的"确定"按钮，结果如图 6-1-89 所示。

图 6-1-87 "缠绕/展开曲线"对话框

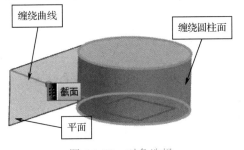

图 6-1-88 对象选择

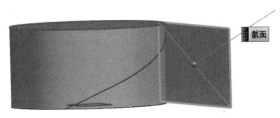

图 6-1-89 缠绕结果

对话框中还有切割线角度功能选项，说明如下。

切割线角度：该选项用于确定实体在包覆面上旋转时的起始角度（以包覆面与被包覆面的切线为基准来度量），它直接影响到包覆或展开曲线的形态。该文本框中的角度值在 0 到 360 度之间，图 6-1-90 和图 6-1-91 所示的就是角度值在进行包覆/展开时，对圆柱和圆锥操作的影响。

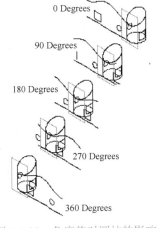

图 6-1-90 角度值对圆柱的影响

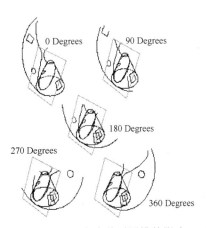

图 6-1-91 角度值对圆锥的影响

（七）抽取

在"命令查找器"中搜索"抽取曲线"命令，调入工具条，单击"抽取曲线"命令时，系统会出现如图 6-1-92 的"抽取曲线"对话框。它用于基于一个或多个选择对象的边缘和表面生成曲线（直线、弧、二次曲线和样条曲线等），抽取的曲线与原对象无相关性。

在"抽取曲线"对话框中提供了 6 种抽取曲线类型。从中选取欲抽取的曲线类型后，再选择欲从中抽取曲线的对象即可完成操作。下面分别介绍这 5 种抽取曲线类型的用法。

1. 边曲线

本功能用于指定由表面或实体的边缘抽取曲线。图 6-1-93 所示就是本方式的示例。

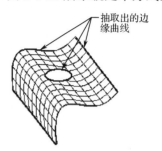

图 6-1-92 "抽取曲线"对话框　　　　图 6-1-93 "边曲线"方式

2. 轮廓曲线

该选项用于从轮廓被设置为不可见的视图中抽取曲线。

3. 完全在工作视图中

该选项用于对视图中的所有边缘抽取曲线，此时产生的曲线将与工作视图的设置有关。

4. 阴影轮廓

该选项用于对选定对象的不可见隐形线的抽取。

5. 精确轮廓

本功能用于在实体表面上可见轮廓线的抽取，如图 6-1-94 所示

（八）截面曲线创建

单击"曲线"工具条中的"派生"→"截面曲线"按钮，或者选择"菜单"→"插入"→"派生曲线"→"截面"命令，系统会出现如图 6-1-95 所示的"截面曲线"对话框。本功能可以用设定的截面与选定的实体或平面或表面等相交，从而产生平面或表面的交线，或者实体的轮廓线。

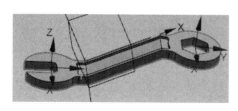

图 6-1-94　精确轮廓　　　　　　　　图 6-1-95 "截面曲线"对话框

在对话框中，开始时步骤栏中的第一个图标是激活的，此时提示选择要剖切的对象的实体或者平面等，选定以后单击鼠标中键，或激活"剖切平面"，此时提示选择截面。选定以后再单击"确定"按钮，就可以完成截面操作。图 6-1-96 和图 6-1-97 为截面操作示意图。

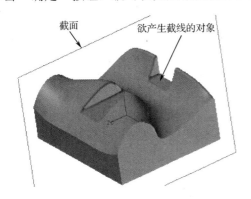

截面　欲产生截线的对象

图 6-1-96　第一步　选定对象

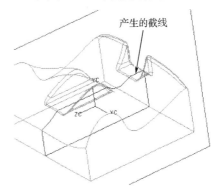

产生的截线

图 6-1-97　第二步　选定截面并生成截线

在对话框的"类型"设置方式栏中共有 4 种设置方式供选择，现在分别说明如下。

➤ 选定的平面。本方式让用户在绘图工作区中，用鼠标直接点取选择某平面作为截面。

➤ 平行平面。本方式用于设置一组等间距的平行平面作为截面。选定本方式后，图 6-1-95 所示对话框中的待显示区出现如图 6-1-98 所示的文本框。这时只要在起点（Start Distance）和终点（End Distance）、步进（Step Distance）文本框中输入与参考平面平行的一组平面的起始距离和终止距离、间距（与参考平面之间的距离），并选定参考平面后即可完成操作，如图 6-1-99 所示。

平面位置	∧
起点	0.0000
终点	10.0000
步进	5.0000

图 6-1-98　待显示区显示（平行平面）

图 6-1-99　参考平面选择

➤ 径向平面。本方式用于设定一组等角度扇形展开的放射平面作为截面。选定本方式后，对话框中的步骤栏变为如图 6-1-100 所示显示；第一个同样是选择实体，第二个步骤为指定"径向轴"，此时提示定义轴线的方向，同时在待显示区中出现矢量构造器，用户可以用其设定一个轴线的方向然后单击鼠标中键，这时"参考平面上的点"激活，同时待选区域出现点构造器和文本框，利用点构造器设定一个点作为轴线上的点，同上指定一组平面的起始距离和终止距离、间距（与参考平面之间的距离），再单击"确定"按钮即可完成操作。

➤ 垂直于曲线的平面。本方式用于设定一个或一组与选定曲线垂直的平面作为截面。选定本方式后，主对话框中的待显区域中出现如图 6-1-101 所示的下拉菜单和文本框，菜单平面位置（截面组间隔方式）中用于设置截面组之间的间隔方式。系统提供了 5 种间隔方式：Equal Arc Length（等弧长）、Equal Parameters（等参数）、Geometric Progression（等比级数）、Chordal Tolerance（弦长公差）和 Incremental Arc Length（递增弧长）。我们选定一种方式，然后再在文本框中输入截面的数量以及在曲线上分布的百分比，最后单击"确定"按钮即可完成操作。

图 6-1-100　待显示区显示（径向平面）

图 6-1-101　待显示区显示（垂直于曲线的平面）

（九）相交曲线

选择"菜单"→"插入"→"派生曲线"→"相交曲线"命令，系统会出现如图 6-1-102 所示的"相交曲线"对话框。它用于生成两组对象的交线，各组对象可分别为一个表面（若为多个表面，则必须属于同一实体）或一个参考面或一个片体或一个实体。

在对话框中的"第一组"面是自动激活的，提示选择第一组对象；再单击"第二组"下的"选择面"，同时提示选择第二组对象，选定以后并设定好对话框中其他选项后单击"确定"按钮，即可生成两组对象的交线。图 6-1-103 所示的就是两组对象进行交线操作的图例。

图 6-1-102　相交曲线对话框

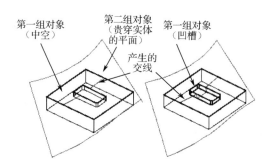

图 6-1-103　曲线的交线

三、曲面创建

（一）由点创建曲面

1．四点曲面

四点曲面：通过指定四点来构建曲面，如图 6-1-104 所示。

操作：选择"菜单"→"插入"→"曲面"→"四点曲面"命令，或直接单击"q 曲面"工具条中的"基本"→"四点曲面"按钮◇，弹出如图 6-1-104 所示"四点曲面"对话框。依次指定四点，对话框中"确定"按钮可用，单击"确定"按钮即可完成曲面创建。

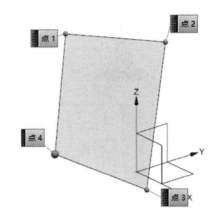

图 6-1-104 "四点曲面"对话框及操作示意图

2．通过点

通过点："通过点"是通过矩形阵列点来直接创建曲面的，所有点均在曲面上。

操作：选择"菜单"→"插入"→"曲面"→"通过点"命令或单击 ❖ 按钮，弹出图 6-1-105 所示对话框，单击"确定"按钮，出现如图 6-1-106 所示"过点"对话框，选择"在矩形内的对象成链"，出现"指定点"对话框，移动鼠标到绘图区，框选构建曲面的一行点，选择起点和终点，如图 6-1-107 所示，完成一行的选择，系统提示"指定成链矩形，指出拐点，同前一步，指定矩形，框选第二行点"，完成 4 行点的选择后（比行阶次多 1），出现如图 6-1-108 所示对话框，可以继续指定下一行，也可选择"所有指定的点"，完成曲面创建。

"通过点"对话框各参数选项介绍如下。

① "补片类型"下拉列表框中有两个选项："单个"和"多个"。

➢ "单个"：所创建的片体由一个补片体构成。

➢ "多个"：所创建的片体由多个补片体构成。

② "沿以下方向封闭"下拉列表框中有 4 个选项："两者皆否"、"行"、"列"、"两者皆是"。

➢ "两者皆否"：所创建的曲面沿行和列皆不封闭。

➢ "行"：所创建的曲面沿行封闭。

➢ "列"：所创建的曲面沿列封闭。

➢ "两者皆是"：所创建的曲面沿行和列皆封闭。

③ "行阶次"：定义曲面行的阶次。

④ "行阶次"：定义曲面行的阶次。

⑤ "文件中的点"：导入".dat"格式数据文件中的点作为"通过点"构建曲面。

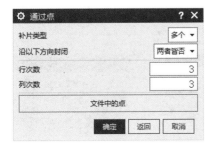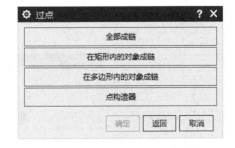

图 6-1-105 "通过点"对话框   图 6-1-106 "过点"对话框

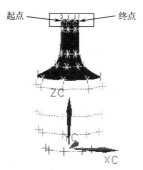

起点 终点

图 6-1-107 点选择示意图　　　图 6-1-108 完成四行选择后的"过点"对话框

3．从极点

从极点：用定义曲面极点的矩形阵列点创建曲面。

创建方法同"通过点"，但可以通过极点更好地控制曲面的外形。对话框含义也同上。

操作：选择"菜单"→"插入"→"曲面"→"从极点"命令，弹出图 6-1-112 所示对话框，单击"确定"按钮，出现如图 6-1-113 所示"点"对话框，移动鼠标到绘图区，依次指定完一行后（见图 6-1-114），单击图 6-1-113 所示"点"对话框中的"确定"按钮，出现如图 6-1-115 所示对话框，单击"是"按钮，继续下一行的选择，直至完成 4 行点（比行阶次多 1）选择后，出现如图 6-1-116 所示对话框。可以继续指定下一行，也可选择"所有指定的点"，完成曲面创建。

图 6-1-112 "从极点"对话框

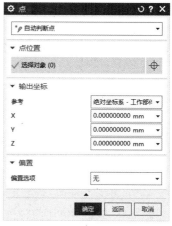

图 6-1-113 "点"对话框

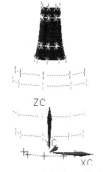

图 6-1-114 选择点及构建结果

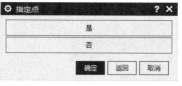

图 6-1-115 指定完一行点后的"指定点"对话框

图 6-1-116 指定完四行点后的"从极点"对话框

4．拟合曲面

拟合曲面：创建逼近于大片数据点"云"的片体。

操作：选择"菜单"→"插入"→"曲面"→"拟合曲面"命令，弹出如图 6-1-117 所示对话框，移动鼠标到绘图区（见图 6-1-118），框选构建曲面点云（见图 6-1-119），单击鼠标中键确定或单击对话框中的"确定"按钮，完成曲面创建，如图 6-1-120 所示。

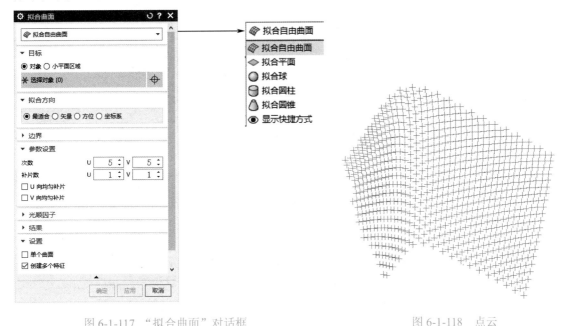

图 6-1-117 "拟合曲面"对话框　　　　　　　　图 6-1-118 点云

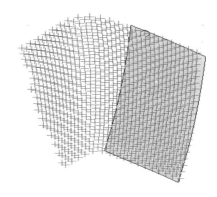

图 6-1-119 框选点云　　　　　　　　图 6-1-120 构建成的曲面

"拟合曲面"对话框中各选项含义介绍如下。

（1）"拟合自由曲面"：选择要创建曲面所需的数据"点"云，可以框选，拟合成自由曲面。

（2）"拟合平面"：选择要创建曲面所需的数据"点"云构建拟合成平面。

（3）"拟合球"：选择要创建曲面所需的数据"点"云构建拟合成球面。

（4）"拟合圆柱"：选择要创建曲面所需的数据"点"云构建拟合成圆柱面。

（5）"拟合圆锥"：选择要创建曲面所需的数据"点"云构建拟合成圆锥。

（6）U 向阶次：定义创建曲面 U 方向的阶次。

（7）V 向阶次：定义创建曲面 V 方向的阶次。

（8）U 向补片数：定义创建曲面 U 方向的补片数目。

（9）V 向补片数：定义创建曲面 V 方向的补片数目。

（10）"拟合方向"下拉列表框选项介绍如下。

➤ "最适合"：自动选择最佳拟合方向。

➤ "矢量"：按指定矢量作为创建曲面方向。

➤ "方位"：按指定方位作为创建曲面方位。

➤ "坐标系"：以指定的 CSYS 坐标系作为创建曲面的坐标系。

（11）边界：该选项用于设置框选点的范围，配合坐标系所设置的平面选取点。

（二）由线创建的曲面

1．通过曲线组

通过曲线组：通过多个截面创建体，此时直纹面形状改变以穿过各截面。

操作：选择"菜单"→"插入"→"网格曲面"→"通过曲线组"命令，会弹出"通过曲线组"对话框，如图 6-1-121 所示，指定截面线串和设置相应的"通过曲线组"参数，移动鼠标到绘图区域，选择完截面线 1 后，单击鼠标中键确定，然后选择截面线 2，单击鼠标中键确定，依次选择截面线串直至最后一条（见图 6-1-122），设置"连续性"下的"第一个截面"为"G1（相切）"，移动鼠标选择第一组截面线所在的曲面（见图 6-1-123），在"最后一个截面"的下拉菜单中选择"G1（相切）"，单击"确定"按钮，完成曲面创建，结果如图 6-1-124 所示。

温馨提示：同样，如果截面线方向不一致或起点没有对齐，就会产生扭曲变形。

图 6-1-121　"通过曲线组"对话框

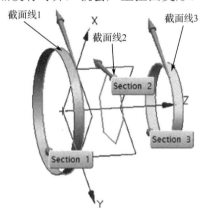

图 6-1-122　通过曲线组截面线选择

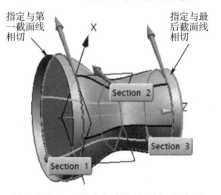

图 6-1-123　通过曲线组截面与约束面

① 连续性：有以下三个选项。

➤ G0（位置）：定义第一条或最后一条截面线无约束，即不做任何形式的改变。

➤ G1（相切）：定义第一条或最后一条截面线与所选取的曲面相切，所产生的曲面与所选取的曲面切线斜率连续。

➤ G2（曲率）：定义第一条或最后一条截面线与所选取的曲面相切，且使其曲率连续。

② 对齐方式。该下拉列表框用于调整所创建的曲面，其对齐方式如图 6-1-125 所示。

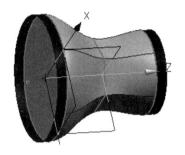

图 6-1-124　通过曲线组创建曲面结果　　　　　图 6-1-125　对齐方式下拉列表

➤ 参数：选择此选项，则所选取的曲线将在相等参数区间等分，即所选取的曲线全长将完全被等分。

➤ 弧长：选择此选项，则所选的曲线将沿相等的弧长定义线段，即所选取的曲线全长将完全被等分。

➤ 根据点：选择此选项，则可在所选取的曲线上，定义依序点的位置，当定义依序点后，曲面将据依序点的路径创建。

➤ 距离：选取该选项，对话框会出现"指定矢量"选项，并以矢量构造器定义对齐的曲线或对齐轴向。

➤ 角度：选择此选项，对话框会出现"指定矢量"和"指定点"选项，则曲面的构面会沿其所设置的轴向向外等分，扩到最后一条选取的曲线。

➤ 脊线：选择此选项，则当定义完曲线后，系统会要求选取脊线，选取脊线后，所产生的曲面范围会以所选取的脊线长度为准。但所选取的脊线平面必须与曲线的平面垂直，即所选取的脊线与曲线须为共面关系。

➤ 根据段：选择此选项，则所产生的曲面会以所选取曲线的剖切段或点为穿越点。

③ 输出曲面选项。

➤ V 向封闭：选择"V 向封闭"复选框后，其所创建的曲面会将 V 方向闭合，反之将不闭合。

➤ 垂直于终止面：选择此选项，其所创建的曲面将会于最后一条截面线所在曲面垂直。

➤ 构造：选择此选项下拉列表有 3 选项，即"法向"、"样条点"、"简单"。

④ 公差选项。该选项用于设置所产生的曲面与所选取的断面曲线之间的误差值。若设置为零，则所产生的曲面将会完全沿着所选取的断面曲线创建。

2．通过曲线网格

通过曲线网格：通过一个方向的截面网格和另一方向的引导线创建体，此时直纹面形状匹配曲线网格。

操作：选择"菜单"→"插入"→"网格曲面"→"通过曲线网格"命令或单击"曲面"工具条中的 ⬦ 按钮，弹出如图 6-1-43 所示对话框，同时提示定义主曲线、交叉曲线、脊线，如图 6-1-126 所示，选择完一条主曲线后按鼠标中键确定，选择完最后一条主曲线，单击一下"交叉曲线"下的"选择曲线"，然后依次选择交叉曲线，每选一条曲线按鼠标中键确定。该工具将根据选择的空间曲线创建曲面或是实体。选择各类曲线后单击"确定"按钮，完成的曲面如图 6-1-127 所示，因是封闭曲线，所以形成的是实体。

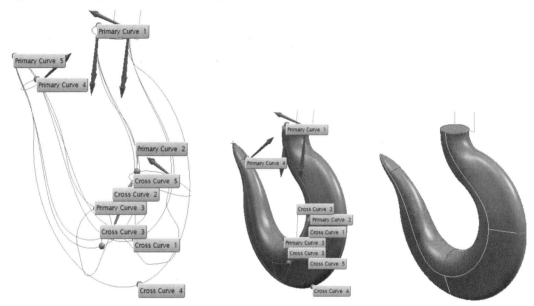

图 6-1-126 通过曲线网格主线串和交叉线串选择　　　　图 6-1-127 通过网格曲线造型结果

其中各项参数说明如下。

（1）输出曲面选项。用于设置系统在生成曲面时考虑主曲线（Primary Curve）和交叉曲线（Cross Curve）的方式，共有三个选项：两者（Both），选择此选项，则所产生的曲面会沿主曲线与交叉曲线的中点创建；Primary（主要的），选择此选项，则所产生的曲面会沿主曲线创建；Cross（交叉的），选择此选项，所产生的曲面会沿交叉曲线创建。绘制如图 6-1-128 所示的曲线作为生成曲面的依据。

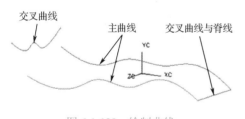

图 6-1-128 绘制曲线

在这里，其中的一条交叉曲线和主曲线在空间上是不相交的。单击"通过曲线网格"按钮创建曲面，按提示首先选择主曲线，接着选择交叉曲线和脊线，在输出曲面选项中"着重"设置为 Both "两者皆是"，单击"确定"按钮生成曲面，其效果见图 6-1-129 中的曲面二。重新单击"通过曲线网格"按钮，按同样的方式选择以上各类曲线，在输出曲面选项中"着重"设置为 Cross "交叉线串"，其效果见图中的曲面一。用同样的方法将"着重"设置为 Primary "主要线串"，其效果见图中的曲面三。这时比较三个曲面，即可理解三种不同的强调方式，其效果如图 6-1-129 所示。

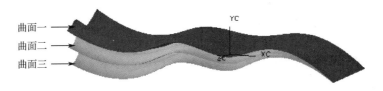

图 6-1-129　曲面比较

（2）公差。该选项用于设置曲线与主要弧之间的公差。当曲线与主要的弧不相交时，其曲线与主要弧之间的距离不得超过所设置的交叉公差值。若超过所设置的公差值时，系统会显示错误信息，并无法生成曲面，提示重新操作。

（3）第一主线串：用于定义第一条主曲线与已经存在的面的约束关系，目的在于可以使生成的曲面与已经存在的曲面在第一条主曲线处符合一定的关系，共有三个选项。

➤ G0（无约束）：定义第一条主曲线无约束，即不可改变形式，生成的曲面在公差范围内要严格沿着第一条主线串。

➤ G1（相切）：定义第一条主曲线与所选取的曲面相切，且所产生的曲面与所选取曲面的切线斜率连续，选择该选项后，系统将提示选择曲面。

➤ G2（曲率）：定义第一条主曲线与所选取曲面相切，且使其曲率连续，该选项比 G1（相切）有更高的要求。

（4）最后主线串。用于定义最后一条主线串与已经存在的面的约束关系，目的在于可以使生成的曲面与已经存在的曲面在最后一条主线串处符合一定的关系，共有三个选项，同第一主线串相同并具有同样的含义，在此不赘述。

（5）第一条交叉线串。用于定义第一条交叉线串与已经存在的面的约束关系，目的在于可以使生成的曲面与已经存在的曲面在第一条交叉线串处符合一定的关系。

（6）最后交叉线串。用于定义最后一条交叉线串与已经存在的面的约束关系，目的在于可以使生成的曲面与已经存在的曲面在最后一条交叉线串处符合一定的关系。

（7）输出曲面选项中构造选项。用于设置生成的曲面符合各条曲线的程度，共有三个选项。

➤ 法向：选择该选项，系统将按照正常的过程创建实体或是曲面，该选项具有最高的精度，因此将生成较多的块，占据最多的存储空间。

➤ 样条点：该选项要求选择的曲线必须是具有与选择的点数目相同的单一 B 样条曲线。这时生成的实体和曲面将通过控制点并在该点处与选择的曲线相切。

➤ 简单：该选项可以对曲线的数学方程进行简化，以提高曲线的连续性。运用该选项生成的曲面或是实体具有最好的光滑度，生成的块数也是最少的，因此占用最少的存储空间。

温馨提示：主曲线和交叉线串选择时都有方向性。注意箭头方向要一致。

3．扫掠

扫掠：通过沿一个或多个引导线扫掠截面来创建体，使用各种方法控制沿着引导线的形状。

操作：选择"菜单"→"插入"→"扫掠"→"扫掠"，系统弹出如图 6-1-130 所示"扫掠"对话框，让用户指定截面线串和设置相应的"扫掠"命令参数。如图 6-1-131 所示，移动鼠标到绘图区域，选择完截面线串 1 后，单击鼠标中键确定，然后选择截面线串 2，单击鼠标中键确定，依次选择截面线串直至最后一条，单击"确定"按钮，完成曲面创建，结果如图 6-1-132 所示。

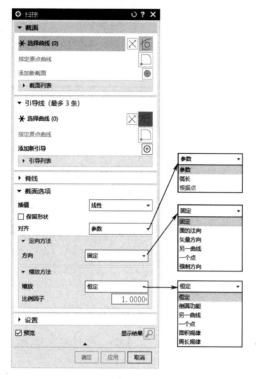

图 6-1-130 "扫掠"对话框

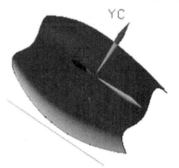

图 6-1-131 扫掠引导线和截面线

图 6-1-132 扫掠结果

温馨提示：在几何上，引导线是母线，根据三点确定一个平面的原理，用户最多可以设置 3 条引导线。

而其断面连接最多可选取 400 条线段。创建时如果仅定义单条曲线，由于限制条件较少，因此会有较多的选项设置来定义所要创建的曲面。而定义两条引导线时，由于方位已为第二条引导线控制，所以定义两条引导线时，其设置选项中并不会出现定义方位变化的选项，而定义三条引导线时，其三条引导线相互定义曲面的方位及比例变化，故当定义三条引导线时，系统并不会显示方位变化及比例变化的设置选项，表 6-1-1 所示为定义不同引导线、断面数与设置选项的列表。

表 6-1-1 定义不同引导线、断面数与设置选项的列表

	一条引导线		两条引导线		三条引导线	
	单 一 断 面	多 重 断 面	单 一 断 面	多 重 断 面	单 一 断 面	多 重 断 面
对齐方式	☆	☆	☆	☆		☆
方位变化	☆	☆				
比例变化	☆	☆	☆	☆		
脊线			☆	☆	☆	☆

下面对各个选项组进行介绍。

① 对齐方法选项组。该选项用于定义产生曲面的对齐方式，其对齐方式包括参数、弧

长 2 个选项，在该对话框中，各项参数含义如下。

➤ 参数：空间中的点将沿着定义曲线通过相等参数区间，其曲线的全部长度将完全被等分。

➤ 弧长：空间中的点将沿着定义曲线通过相等弧长区间，其曲线部分长度将完全被等分。

② "定向方法"选项组：当我们选择单一导线创建平滑曲面时，为了定义曲面的方向，必须进入定位方法选项组。

➤ 固定：选择该选项，则不需重新定义方向，断面线将按照其所在的平面的法线方向生成曲面，并将沿着引导线保持这个方向，图 6-1-133 所示为断面线和引导线，图 6-1-134 所示为按照固定方向生成的曲面。

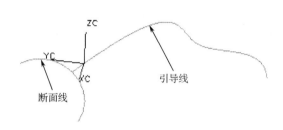

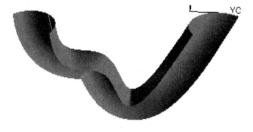

图 6-1-133　选择断面线和引导线　　　　图 6-1-134　生成曲面

➤ 面的法向：选择该选项，则系统会要求选取一个曲面，以所选取的曲面向量方向和沿着引导线的方向产生曲面。

➤ 矢量方向：若选取该选项，则系统会显示矢量构造器，并以矢量构造器定义平滑曲面的方位。其曲面会以所定义矢量为方位，并沿着引导线的长度创建。如向量方向与引导线相切，则系统将显示错误信息。

➤ 另一曲线：若选取该选项，定义平面上的曲线或实体边线为平滑曲面方位控制线。

➤ 一个点：若选取该选项，则可以通过点构造器定义一点，使断面沿着引导线的长度延伸到该点的方向。

➤ 强制方向：当选取强制方向选项后，系统即显示"坐标系"对话框，并以"坐标系"对话框选取强制方向。

③ 缩放方法：该对话框用于选取单一引导线时，定义曲面的比例变化。比例变化用于设置断面线在通过引导线时，断面线尺寸的放大与缩小比例。

➤ 恒定：若选取该选项，对话框中将弹出"比例因子"选项，可输入断面与产生曲面的缩放比率，该选项会以所选取的断面为基准线，若将缩放比率设为 0.5，则所创建的曲面大小将会为断面的一半。

➤ 倒圆功能：若选取该选项，则可定义所产生曲面的起始缩放值与终止缩放值，起始缩放值可定义所产生曲面的第一剖面大小，终止缩放值可定义所产生曲面的最后剖面大小。其缩放标准以所选取的断面为准。当选取该选项后，虽然选取为单一断面，但系统仍要求定义起始断面与终点断面的插补方式，当定义插补方式之后，才开始定义混合函数的缩放值。

➤ 另一曲线：若选取该选项，则所产生的曲面将以所指定的另一曲线为一条母线沿引导线创建。图 6-1-135、图 6-1-136 说明了这种比例变化方法。

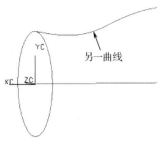

图 6-1-135　选择另一曲线　　　　　　　图 6-1-136　生成实体

➢ 一个点：若选取该选项，则系统会以断面、引导线、点等 3 个对象定义产生的曲面缩放比例。

➢ 面积规律：该选项可用法则曲线定义曲面的比例变化方式。其下拉列表如图 6-1-137 所示。该列表共有 7 个选项，在此不做一一介绍。

➢ 周长规律：该选项与面积规律的选项相同，其不同之处仅在于使用周长法则时，曲线 Y 轴定义的终点值为所创建曲面的周长，而面积规律定义为面积大小。

④ 脊线。该选项用于在定义平滑曲面的对齐方式及各项变化后，定义所要创建曲面的脊线，其定义脊线的选项为选择性的。若不定义脊线，则可单击"确定"按钮生成实体或曲面。

图 6-1-137　"面积规律"列表

⑤ 公差：该选项用于定义所产生曲面与所选取曲线之间的最大误差值，公差值越大，其所产生的曲面会越不符合所选取的曲线大小，若将公差设为零，则所产生的曲面完全符合所选取的曲线。

4. N 边曲面

操作：选择"菜单"→"插入"→"网格曲面"→"N 边曲面"命令，系统会弹出如图 6-1-158 所示"N 边曲面"对话框，指定外环曲线和设置相应的"N 边曲面"参数，移动鼠标到绘图区域，选择完线串，设置相应的"N 边曲面"，单击"确定"按钮，完成曲面创建，结果如图 6-1-139 所示。

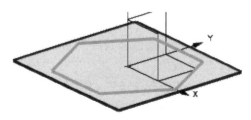

图 6-1-138　"N 边曲面"对话框　　　　图 6-1-139　矢量控制选项下的 N 边曲面

① 类型，共有两个类型。

➤ 已修剪，通过所选择的封闭的边缘或是封闭的曲线生成一个单一的曲面。

➤ 三角形（多个三角形片体），通过每个选择的边和中心点生成一个三角形的片体。

② UV 方向，该选项只有在"类型"中选为"已修剪"才有，UV 方向参数如图 6-1-140 所示，共有三个选项。

➤ 脊线：当选中该选项后，"UV 方向"－"脊线"项变为可选；通过指定脊线来控制 N 边曲面形状。

➤ 矢量：选中该选项后，"UV 方向"－"矢量"项变为可选；通过指定矢量来控制 N 边曲面形状。

➤ 区域：选中该选项后，"UV 方向"－"定义矩形"变为可选；通过定义矩形来控制 N 边曲面形状。

图 6-1-140　UV 方向参数

③ 形状控制，用于控制 N 边曲面的中心平缓，如图 6-1-141、图 6-1-145 所示，拖动"中心平缓"下的滑块，可以改变 N 边曲面形状。

图 6-1-141　"已修剪"-"形状控制"选项　　图 6-1-142　形状控制中心调节后的 N 边曲面

④ "三角形"类型。多个三角形片体通过每个选择的边和中心点生成一个三角形的片体，对话框如图 6-1-143 所示。

选择曲线，顶点在边界中心如图 6-1-144 所示；如图 6-1-145 所示，可以点开"形状控制"，展开"中心控制"条，通过拖动滑块，调节中心，变化如图 6-1-146 所示。

四、修剪片体

操作：选择"菜单"→"插入"→"修剪"→"修剪片体"命令或单击工具条中的"修剪片体"按钮，弹出如图 6-1-147 所示的"修剪片体"对话框。按图 6-1-148 所示选择一个目标曲面，在需要修剪的部分上单击鼠标左键，然后单击"边界"下的"选择对象"，选择图中的修剪边界曲面，这时对话框中"确定"按钮将亮显，如没有问题，单击"确定"按钮完成修剪，结果如图 6-1-149 所示。

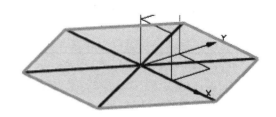

图 6-1-143 "N 边曲面"-"三角形"对话框　　图 6-1-144 "三角形"选项下的 N 边曲面（拖动前）

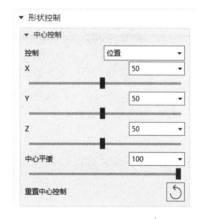

图 6-1-145 "三角形"-"形状控制"选项　　图 6-1-146 形状控制中心调节后的 N 边曲面（拖动后）

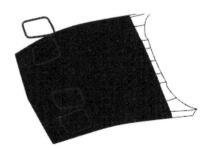

图 6-1-148 "修剪片体"修剪边界选择

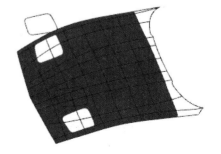

图 6-1-147 "修剪片体"对话框　　　　图 6-1-149 修剪结果

下面介绍一些主要选项。

> 目标：该选项用于选择将要做修剪的曲面，此时过滤器下拉列表中将自动选择 Sheet（曲面）选项，用户无法选择曲面以外的对象。

> 边界：该选项用于选择作为修剪用的对象，此边界为表面、基准平面、曲线或边缘的其中之一。系统将以此边界作为修剪物体的边界。

> 投影方向：该选项有三个，"垂直于面"——该选项用于将投影轴向定义在沿表面的正交方向，即选择步骤中的修剪边界将沿目标形体的正交方向投影。"垂直于曲线平面"——该选项用于将投影轴向定义在曲线平面的法向。"沿矢量"——该选项以矢量构造器定义投影轴向，选择后系统将显示矢量构造器，用户可依需求选择投影矢量。

> 区域：该选项用于选择将要保留或舍弃的区域。

● 保留：将选择的区域设置为保留。

● 舍弃：将选择的区域设置为不保留。

课后拓展

【重点串联】——汤匙建模关键步骤

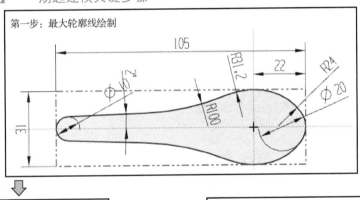

第一步：最大轮廓线绘制

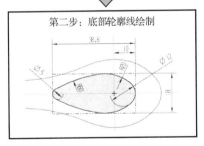

第二步：底部轮廓线绘制

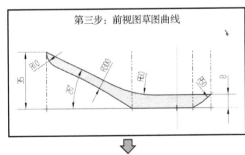

第三步：前视图草图曲线

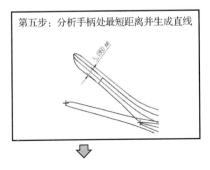

第五步：分析手柄处最短距离并生成直线

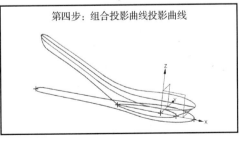

第四步：组合投影曲线投影曲线

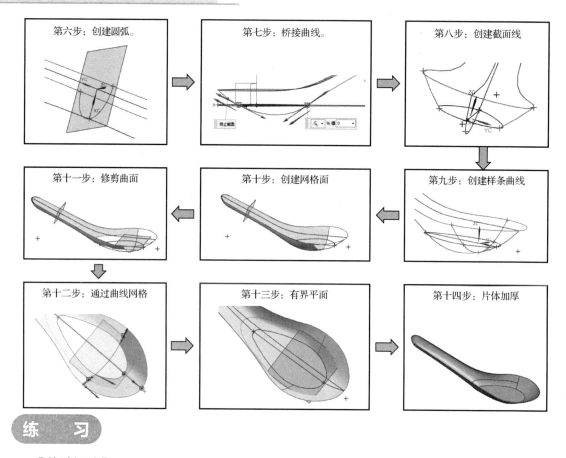

![练习]

【基础训练】

选择题

1. "N×N 曲面"是指可以通过选择多条剖面线串和引导线来生成曲面。其中"N×N"不包括（　　）。

A. 1×1　　　　　　　B. 1×2　　　　　　　C. 2×0　　　　　　　D. 2×2

E. N×N　　　　　　　F. 0×1

2. 关于有界平面的说法，下列哪个选项是不正确的（　　）。

A. 要创建一个有界平面，必须建立边界

B. 所选线串必须共面并形成一个封闭的形状

C. 边界线串只能由单个对象组成

D. 每个对象可以是曲线、实体边缘或实体面

3. 在使用曲线网格命令时，已经选择了所有的封闭主线串，如何选择交叉线串以生成封闭实体？（　　）

A. 利用补片体和缝合来生成实体

B. 着重选择两者皆是

C. 构造选择"法向"

D. 再次选择第一个交叉线串作为最后的交叉线串

4. 单击下列哪个图标可以实现抽取虚拟曲线？（　　）

A. ![图标]　　　　　　B. ![图标]　　　　　　C. ![图标]　　　　　　D. ![图标]

5. 用"四点曲面"命令创建曲面时则（　　）。

A．可以选择任意四点　　　　　　　　　B．四点共线

C．有三点共线　　　　　　　　　　　　D．每三个点都不在一条直线上

6. 下图是通过哪个命令将两个曲面连接的？（　　）

A．匹配边　　　　　　　B．变换　　　　　　　C．缝合　　　　　　　D．修剪片体

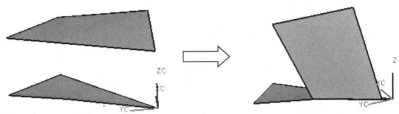

7. 以下哪个选项中的曲线不能利用"通过曲线网格"命令将其转为曲面？（　　）

A. 　　　　　　B.

C. 　　　　　　D.

8. 选择（　　）可以创造测量距离、长度或角度的特性。

A．"分析"｜"距离"，"长度"，"角度"　　　B．"信息"｜"对象"

C．"尺寸"　　　　　　　　　　　　　　　　D．"偏置曲线"

【技能实训】

利用"曲面"命令，根据提供的线架（见图 6-1-150（a））创建曲面。

要求：G1 连续，曲面光滑过渡，能向内加厚 2mm（见图 6-1-150（b））。完成后进行面/反射分析（见图 6-1-150（c））。

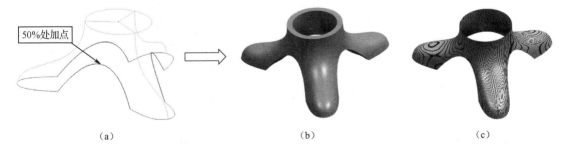

（a）　　　　　　　　　　　（b）　　　　　　　　　　　（c）

图 6-1-150　练习图

任务 6.2 礼帽三维数字建模

任务引入

图 6-2-1 礼帽视图

前面，我们学习了实体建模，主要通过基本曲线、草图曲线使用拉伸、回转等设计特征完成实体创建，应用细节特征修饰直接建成实体。但在我们的实际设计过程中，产品是非常复杂的，一般由复杂曲面包裹，无法用设计特征直接建模，需要先创建曲面，再用曲面加厚或封闭曲面创建实体，例如我们要完成的礼帽。UG NX 的曲面功能非常强大，是 NX 特色之一。下面我们用曲面来完成如图 6-2-1 所示礼帽的创建。

任务分析

礼帽是我们生活中常用物品，一般说，外形看似简洁，但却是由多组曲面组成的，无法用设计特征直接建模。建模时，我们要先分析图 6-2-1 所示的礼帽的要求，建立正确建模思路：先构造曲线，再由线构面。如图 6-2-2 所示，先绘制基本曲线，通过偏置拔模方式构建空间曲线；接着使用曲线桥接等构建过渡曲线；完成曲线构建后，使用曲面命令构建各外形曲面，通过缝合组成一体，使用加厚完成实体，最后进行圆角细节造型，最终完成礼帽建模。通过礼帽建模，要求：掌握网格曲面创建；掌握曲面编辑；掌握曲面细节特征创建，同时要求会直纹面创建、会通过曲线组创建曲面、会桥接曲面、会延伸曲面、会规律延伸曲面、会曲面倒圆。

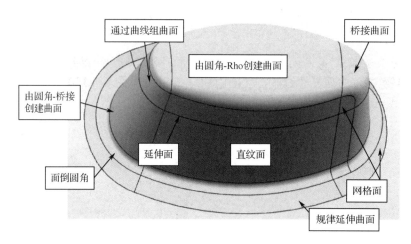

图 6-2-2 礼帽特征分解图

任务实施

礼帽 1

礼帽 2

Step1：创建文档

启动 UG NX 2212，"新建"文件，选择"模型"，输入文件名"礼帽"，单位为"毫米"，确定后，进入礼帽建模模块。

Step2：构建曲线

✧ 设置工作层。设置第 41 层为工作层，在 XC-YC 平面创建曲线。

温馨提示：由于礼帽创建曲面较多，为了能清楚显示建议设置层，分类放置。

✧ 绘制直线 1 和圆弧 1。应用"基本曲线"→"直
线"命令，用坐标为（0，0，0）和（100，0，0）
两点绘制直线 1；应用"基本曲线"→"圆弧"
命令，过起点（0，−30，0）、圆弧上的点（50，
−40，0）、终点（100，−30，0）绘制圆弧 1，结
果如图 6-2-3 所示。

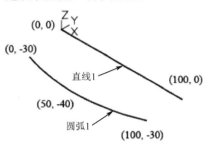

图 6-2-3　曲线

Step3：偏置曲线

（1）单击"曲线"工具条中的"偏置曲线"按钮，
弹出如图 6-2-4（a）所示"偏置曲线"对话框。

（2）移动鼠标到绘图区域选择圆弧 1，如图 6-2-4（b）所示。

（3）设置"偏置类型"为"拔模"，"偏置"中"高度"设置为−50mm（正负取决于鼠标
点下去的位置，如果方向向上，则数值为正），"角度"设置为 10°。

（4）设置完成后，对话框"确定"按钮激活，单击"确定"按钮，完成圆弧 1 的偏置，
结果如图 6-2-4（c）所示。

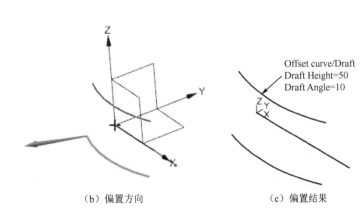

（a）"偏置曲线"对话框　　　　　（b）偏置方向　　　　　（c）偏置结果

图 6-2-4　偏置曲线

Step4：创建直纹面

设置第 101 层为工作层，第 41 层可选。直纹面创建步骤如下。

图 6-2-5 "直纹"对话框

① 调用"直纹"创建命令。单击"曲面"工具条中的"基本"→"直纹"按钮，弹出"直纹"对话框，如图 6-2-5 所示。

② 选择截面线串。激活"截面 1"，移动鼠标到绘图区域，如图 6-2-6 所示选择截面线串 1；按鼠标中键或单击对话框中"截面 2"-"选择曲线"，激活该选项，移动鼠标选择截面线串 2。

③ 完成直纹面创建。完成截面线串的选择后，对话框中"确定"、"应用"按钮激活可用，单击"确定"按钮，即完成直纹面创建，结果如图 6-2-7 所示。

温馨提示：注意鼠标选择位置，图 6-2-6 所示为截面线串选择，要注意鼠标单击的位置，确保箭头要一致；不一致时，可单击对话框中的"反向"图标✕。

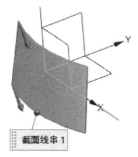

图 6-2-6 截面线串选择

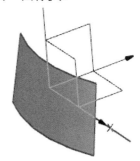

图 6-2-7 创建成的直纹面

Step5：延伸曲面

设置第 102 层为工作层，第 101、41 层可选。

1．相切延伸直纹面顶部

➤ 调用"延伸曲面"命令 🫓。

选择"菜单"→"插入"→"弯边曲面"→"延伸"命令，或单击"曲面"工具条中的"基本"→"延伸"按钮 🫓，弹出如图 6-2-8 所示"延伸曲面"对话框。

➤ 选择延伸边。移动鼠标到绘图区域，如图 6-2-9 所示，选择靠近边的待延伸面。

➤ 设置对话框中的参数。在如图 6-2-8 所示对话框中，设置"类型"为"边"，"延伸"下的"方法"为"相切"，"距离"为"按长度"，在"长度"文本框中输入 10mm；单击"应用"按钮，即完成直纹面相切延伸，结果如图 6-2-10 所示。

图 6-2-8 "延伸曲面"对话框

2．圆弧延伸直纹面的侧面

顶面是相切延伸的，侧面是圆弧延伸的。由于上一步单击的是"应用"按钮，"延伸曲面"对话框还保留，可以直接继续使用。

（1）选择要延伸的边。激活"要延伸的边"选项，移动鼠标到绘图区域中，如图 6-2-11

所示，选择靠近前侧面的边的面。

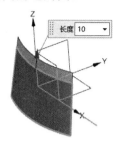

图 6-2-9　"延伸"边的选择

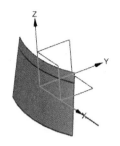

图 6-2-10　延伸曲面结果

（2）设置对话框中的参数。在对话框中，设置"延伸"方法为"圆弧"，"距离"为"按百分比"，"长度"文本框中输入 10%；其他设置与上一步相同，单击"确定"按钮，即完成直纹面前侧面延伸，结果如图 6-2-12 所示。

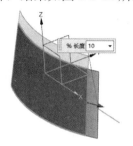

图 6-2-11　侧面延伸

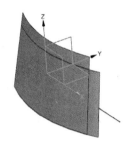

图 6-2-12　侧面延伸结果

Step6：镜像体

（1）选择"菜单"→"插入"→"关联复制"→"镜像几何体"命令，或单击"主页"工具条→"基本"→"镜像几何体"按钮，弹出"镜像几何体"对话框。

（2）选择要镜像实体。移动鼠标到绘图区域选择直纹面、两延伸面，单击鼠标中键确定。

（3）选择"镜像平面"为"XC-ZC"基准面。

（4）单击对话框中的"确定"按钮，完成镜像体操作，结果如图 6-2-13 所示。

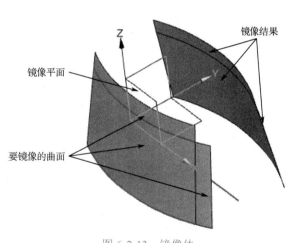

图 6-2-13　镜像体

Step7：桥接前端延伸曲面

设置第 103 层为工作层，第 101、102 层可选。

（1）调用"桥接"曲面命令。选择"菜单"→"插入"→"细节特征"→"桥接"命令，出现如图 6-2-14 所示"桥接曲面"对话框。

（2）选择桥接的边。激活"选择边 1"，移动鼠标到绘图区域，如图 6-2-15 所示，选择要桥接的面的边线 1；按鼠标中键或单击对话框中的"选择边 2"激活该选项，移动鼠标选择要桥接的面的边线 2。

（3）设置对话框中的参数。在对话框中"边1连续性"及"边2连续性"都设置成"G1（相切）"，"流向"设为"等参数"，分别调整"边1恒定"、"边2恒定"值，改变相切幅值，单击"确定"按钮，即完成延伸曲面的桥接创建，结果如图6-2-16所示。

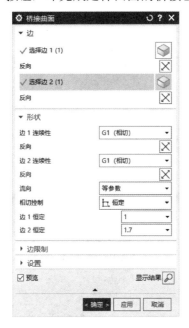

图 6-2-15 桥接边选择

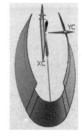

图 6-2-14 "桥接曲面"对话框

图 6-2-16 桥接曲面结果

图 6-2-17 "截面曲面"对话框

Step8：用截面（二次曲线—Rho）桥接顶部延伸曲面

设置第104层为工作层，第101、102、103层可选。

① 调用截面命令。选择"菜单"→"插入"→"扫掠"→"截面"命令，弹出如图6-2-17所示"截面曲面"对话框。

② 选择引导线。激活"选择起始引导线"选项，移动鼠标到绘图区域，如图6-2-18所示选择起始引导线；按鼠标中键确定或单击对话框中的"选择终止引导线"，激活该选项，移动鼠标选择终止引导线。

③ 选择斜率控制——按面。激活"选择起始面"选项，移动鼠标到绘图区域，如图6-2-18所示选择起始面；按鼠标中键确定或单击对话框中的"选择终止面"，激活该选项，移动鼠标选择终止面。

④ 设置对话框中的参数。在对话框中，"截面控制"下的"剖切方法"设为"Rho"；"规律类型"设为"恒定"，值为0.1。

⑤ 选择脊线。激活"脊线"选项，移动鼠标到绘图区域选择直线。

⑥ 完成曲面桥接。完成设置与选择后，对话框中的"确定"与"应用"按钮可用，单击"确定"按钮，即完成延伸曲面的桥接创建，结果如图6-2-19所示。

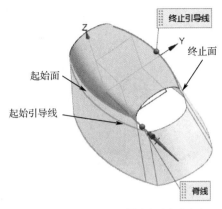

图 6-2-18　引导线与斜率控制面选取

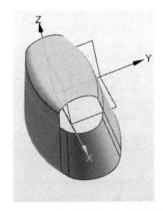

图 6-2-19　截面曲线-Rho 曲面结果

Step9：规律延伸曲面

设置第 105 层为工作层，第 101 层可选。

1．调用"规律延伸"命令

单击"曲面"选项卡→"基本"→"规律延伸"图标，或选择"菜单"→"插入"→"弯边曲面"→"规律延伸"命令，弹出如图 6-2-20 所示"规律延伸"对话框。

2．基本轮廓线选择

激活"选择曲线"选项，移动鼠标到绘图区域，如图 6-2-21 选择基本轮廓线。

3．参考面选择

激活"选择面"选项，移动鼠标到绘图区域，如图 6-2-21 选择参考面。

4．设置对话框中的参数

对话框参数设置如图 6-2-20 所示。单击"确定"按钮，即完成曲面的规律延伸创建，同理将另一侧完成规律延伸，结果如图 6-2-22 所示。

Step10：桥接后端面——步骤同 Step7

设置第 106 层为工作层，第 101、102、103、104、105 层可选。

1．调用"桥接"命令

选择"菜单"→"插入"→"细节特征"→"桥接"命令，出现"桥接曲面"对话框。

图 6-2-20　"规律延伸"对话框

2．选择桥接的边

激活"选择边 1"，移动鼠标到绘图区域，如图 6-2-23 所示，选择要桥接的面的边线 1；按鼠标中键或单击对话框中的"选择边 2"，激活该选项，移动鼠标选择要桥接的面的边线 2。

3．设置对话框中的参数

如图 6-2-14 所示，在对话框中"边 1 连续性"及"边 2 连续性"都设置成"G1（相切）"，"流向"设为"垂直"，分别调整"边 1 恒定"、"边 2 恒定"的值为 1.5，改变相切幅值，单击"确定"按钮，即完成延伸曲面的桥接创建，结果如图 6-2-24 所示。

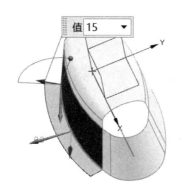

图 6-2-21 基本轮廓线及参考面选择

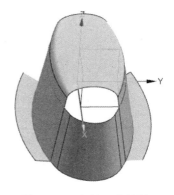

图 6-2-22 规律延伸结果

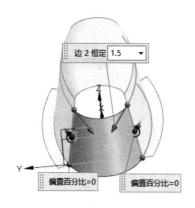

图 6-2-23 后端面桥接边的选择

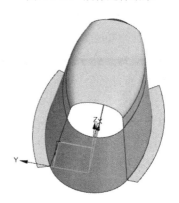

图 6-2-24 桥接结果

Step11：桥接曲线

设置第 45 层为工作层，如图 6-2-25 所示，桥接曲线，相切幅值设置为 1。

Step12：通过曲线组

设置第 107 层为工作层，第 101、102、103、104、105、106 层为可选层。

1. 选择菜单命令。

选择"菜单"→"插入"→"网格曲面"→"通过曲线组"命令，出现如图 6-2-26 所示"通过曲线组"对话框。

2. 选择截面线

激活"截面"下的"选择曲线"选项，移动鼠标到绘图区域，如图 6-2-27 所示选择截面线 1，按鼠标中键确定或单击对话框中的"添加新截面"激活该选项，移动鼠择选择截面线 2。

3. 连续性

激活"第一个截面"选项，文本框中选择"G1（相切）"，移动鼠标到绘图区域，如图 6-2-27 选择起始面。

4. 设置对话框中的参数

默认对话框参数设置，单击"确定"按钮，即完成通过曲线组曲面创建，结果如图 6-2-28 所示。

Step13：桥接曲面

设置第 108 层为工作层，第 101、102、103、104、105、106、107 为层可选层，桥接曲面 1，参数均选择默认，结果如图 6-2-29 所示。

继续桥接曲面 2，"流向"设为"垂直"，其他参数均选择默认，结果如图 6-2-30 所示。

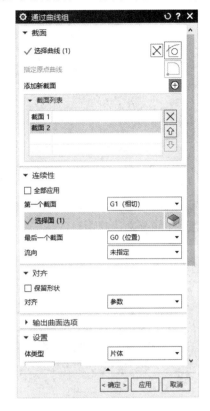

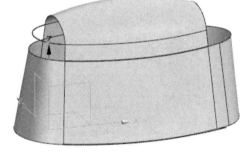

图 6-2-25　桥接曲线　　　　　　　　　　图 6-2-26　"通过曲线组"对话框

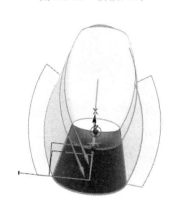　　　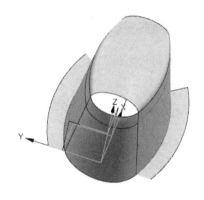

图 6-2-27　截面线及第一个截面选择　　　　图 6-2-28　通过曲线组曲面

Step14：应用"通过曲线网格"完成剩余曲面

设置第 46 层为工作层，第 101、102、103、104、105、106、107、108 层为可选层。桥接帽檐两侧曲线，结果如图 6-2-31 所示。

温馨提示：帽檐曲线如果不合适，则可以适当改变相切幅值。

设置第 109 层为工作层，使用"通过曲线网格"创建两端帽檐曲面及帽顶的两个洞，相邻面需要设置为相切，结果如图 6-2-32 所示。

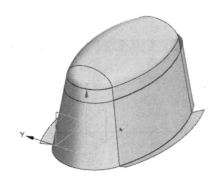

图 6-2-29 桥接曲面 1

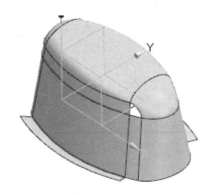

图 6-2-30 桥接曲面 2

温馨提示：绘制帽顶两个洞时，第一、第二主曲线分别选择两直线交点及圆弧边，第一、第二交叉曲线分别选择两直线边。

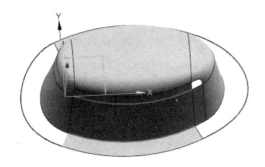

图 6-2-31 桥接曲线

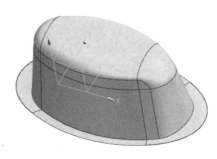

图 6-2-32 通过曲线网格曲面

图 6-2-33 "面倒圆"对话框

Step15：面倒圆

设置第 110 层为工作层，第 101、102、103、104、105、106、108、109 层为可选层。

1. 调用"面倒圆"命令

选择"菜单"→"插入"→"细节特征"→"面倒圆"命令，或直接单击"曲面"工作组中的"基本"→"面倒圆"按钮，出现图 6-2-33 所示"面倒圆"对话框。

2. 定义类型

在"类型"选择框中选择"双面"。

3. 选择面链

激活"面"下的"选择面 1"选项，移动鼠标到绘图区域，如图 6-2-34 所示选择面链 1——帽圈；按鼠标中键确定，或单击对话框中的"选择面 2"，激活该选项，移动鼠标选择面链 2——帽檐。

4. 对话框中参数设置

对话框参数设置如图 6-2-33 所示，单击"确定"按钮，即完成面倒圆创建，至此，则完成了整个礼帽的创建，结果如图 6-2-35 所示。

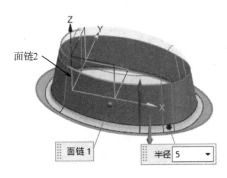

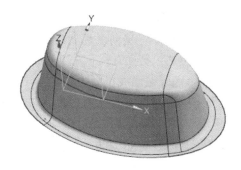

图 6-2-34　面倒圆角示意　　　　　　　图 6-2-35　完成的礼帽

Step15：缝合：

将所有曲面缝合，将曲线层、基准层隐藏，部件导航器记录如图 6-2-36 所示，保存文件。

图 6-2-36　特征树

相关知识

一、直纹面

直纹面：在直纹形状为线性过渡的两个截面之间创建体。

通过两条曲线生成片体（两条不封闭曲线）或实体（两条封闭曲线）。如果设置成"片体"，则两条封闭曲线所构成的曲面也可以生成"片体"，自动默认为实体，操作步骤如下。

Step1：新建文件

打开 UG NX 2212，新建"直纹面"文件。

Step2：创建截面线串——椭圆

查找"椭圆"命令，将其添加至"曲线"工具条，创建椭圆 1，中心为（0，0，0），长半轴为 30，短半轴为 20；创建椭圆 2，中心（0，0，30），长半轴为 20，短半轴为 15，结果如图 6-2-37 所示。

Step3：调用直纹面命令

单击"曲面"工具条中的"基本"→"直纹"按钮，弹出"直纹"对话框，根据要求指定截面线串和设置相应的直纹面参数，如图 6-2-38 所示。

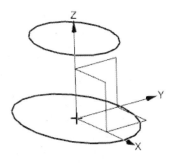

图 6-2-37　创建成的椭圆

Step4：选择截面线串

如图6-2-39所示，移动鼠标到绘图区域，选择完截面线串1后，按鼠标中键确定或移动鼠标到对话框中的"截面2"下激活"选择曲线"，选择截面线串2，按鼠标中键确定。

温馨提示：选择截面线串后生成的箭头，两截面线串位置要对齐，箭头要一致，如图6-2-39所示，否则生成的直纹面会产生扭曲，如图6-2-40所示，双击箭头可以使其"反向"，单击对话框中的"反向"图标也可改变方向。

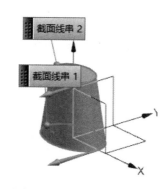

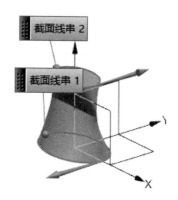

图6-2-38 "直纹"对话框　　　图6-2-39 直纹面截面选择　　　图6-2-40 直纹面产生扭曲

Step5：完成创建

其他参数按图6-2-38所示设置，完成设置与选择后，对话框中的"确定"、"应用"按钮可用，单击"确定"按钮，完成直纹面创建。

对话框中参数设置介绍如下。

"对齐"下拉列表框中有7个选项："参数"、"弧长"、"根据点"、"距离"、"角度"、"脊线"、"可拓展"。

"参数"：表示空间中的点将会沿着所指定的曲线以相等参数的间距穿过曲线产生曲面。所选取曲线的全部长度将完全被等分，如图6-2-41所示。

"弧长"：表示空间中的点将会沿着所指定的曲线以相等弧长的间距穿过曲线产生曲面。所选取曲线的全部长度将根据曲线周长进行等分，如图6-2-41所示。

"根据点"：选择该选项，则可根据所选取的顺序在连接线上定义曲面的路径走向，该选项用于连接线中。在所选取的形体中含有角点时使用该选项，如图6-2-42所示。

"距离"：表示空间中的点将会沿着所指定的矢量方向以相等参数的间距穿过曲线产生曲面。如图6-2-43所示，该项在对话框中将增添"指定矢量"选项，如图6-2-44所示。

"角度"：表示空间中的点将会沿着矢量所指定的方向及指定点穿过曲线产生曲面，如图6-2-45所示，该项在对话框中将增添"指定矢量"及"指定点"选项，如图6-2-46所示。

"脊线"：表示空间中的点将会沿着脊线所指定的曲线穿过曲线产生曲面，如图6-2-47所示。该项在对话框中将增添"选择脊线"选项，如图6-2-48所示。

"可拓展"：该选项将起始面与终止面填料选项，如图6-2-49所示。该项在对话框中将增添"起始加注口曲面类型"、"终止加注口曲面类型"选项，如图 6-2-50 所示。

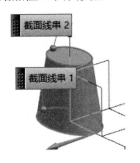

图 6-2-41 参数、弧长

图 6-2-42 根据点

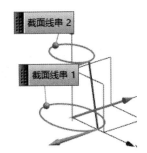

图 6-2-43 距离

图 6-2-44 "距离"增添选项

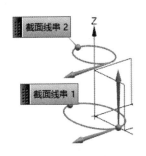

图 6-2-45 角度

图 6-2-46 "角度"增添选项

图 6-2-47 脊线

图 6-2-48 "脊线"增添项

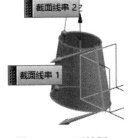

图 6-2-49 可扩展

图 6-2-50 "可扩展"增添项

二、截面

截面：用二次曲线构造技法定义截面创建体。

选择"菜单"→"插入"→"扫掠"→"截面曲面"命令，或单击"曲面"工具条中的"基本"→"截面曲面"按钮，弹出如图 6-2-51 所示的"截面曲面"对话框。

三、扩大面

选择"菜单"→"编辑"→"曲面"→"扩大"命令，或单击"曲面"工具条中的"编辑"→"扩大"按钮 ，弹出如图 6-2-52 所示的"扩大"对话框。

图 6-2-51 "截面曲面"对话框

图 6-2-52 "扩大"对话框

操作：选择要扩大曲面，拖动相应滑块即可自动生成新曲面，如图 6-2-53 所示。

温馨提示：如果需要对曲面四个方向进行同比例增减，把"全部"选项勾选，则"U 向起点百分比"、"U 向终点百分比"、"V 向起点百分比"、"V 向终点百分比"四个输入文本框同时增加（或减少）同样的比例。

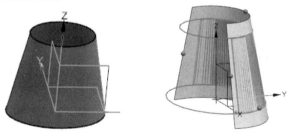

图 6-2-53 生成新曲面过程

➢ U 向起点百分比：该文本框中将输入 U 向最小处边缘进行变化的比例，当将扩大类型设置为线性时，文本框中数值的变化范围是 0%～100%，即只可以在这个边缘上生成一个比原曲面大的曲面；当选择自然项时，文本框中数值的变化范围是-99%～100%，即可以生成一个大于或是小于原曲面的曲面。"U 向终点百分比"、"V 向起点百分比"、"V 向终点百分比"三项与设置方式和功能类似，这里不一一讲述。

➤ 重置调整大小参数：单击该选项后，系统将自动恢复设置，即生成一个与原曲面同样大小的曲面。

➤ 设置：用来设置扩大曲面的类型，共有两个选项：线性，选择该选项，只可以对选择的曲面按照一定的方式进行扩大，不能进行缩小的操作；自然，选择该选项，既可以创建一个比原曲面大的曲面也可以创建一个小于该曲面的曲面。

四、面倒圆

在选定面组之间添加相切圆角面，圆角形状可以是圆形、二次曲线或规律控制。

操作：选择"菜单"→"插入"→"细节特征"→"面倒圆"命令，系统会弹出"面倒圆"对话框（如图 6-2-33 所示），指定选择类型，再指定面链，设置相应的参数，如图 6-2-54 所示，移动鼠标到绘图区域，选择完"面链 1"后，移动鼠标到对话框中单击"选择面 2"，单击鼠标中键确定，然后选择"面链 2"，设置相应的参数，单击"确定"按钮，完成面倒圆。

五、样式倒圆

选择"菜单"→"插入"→"细节特征"→"样式倒圆"命令，系统会弹出"样式倒圆"对话框（如图 6-2-55 所示），按选择步骤选择相应的面和线，如图 6-2-56 所示移动鼠标到绘图区域，选择完第一组面后，移动鼠标到对话框中单击"选择面链 2"，或单击鼠标中键确定，然后选择第二组面，依次选择第一相切曲线、第二相切曲线、"脊线"；设置相应的参数，单击"确定"按钮，完成样式倒圆，如图 6-2-57 所示。

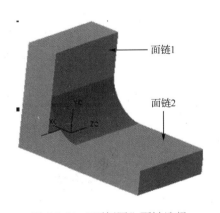

图 6-2-54 "面倒圆"面链选择

图 6-2-55 "样式倒圆"对话框

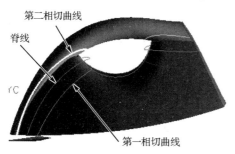

图 6-2-56 "样式倒圆"面链选择　　　　图 6-2-57 "样式倒圆"结果

课后拓展

【重点串联】——礼帽建模关键步骤

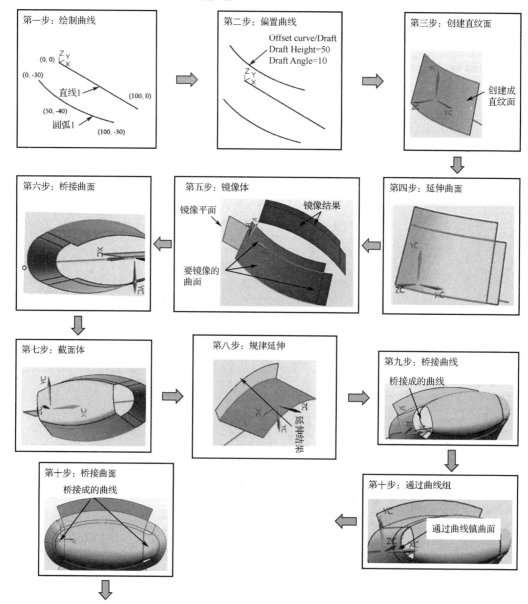

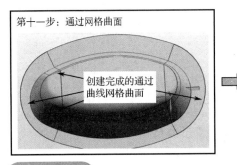

第十一步：通过网格曲面

创建完成的通过
曲线网格曲面

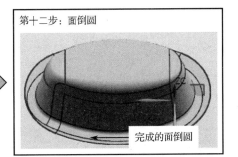

第十二步：面倒圆

完成的面倒圆

练 习

【基础训练】

选择题

1. 连续性共有四种类型的形式，可以使对象连续但不相切的是（　　　）。

A．G0　　　　　　　B．G1　　　　　　　C．G2　　　　　　　D．对称的

2. 关于有界平面的说法，下列哪个选项是不正确的（　　　）。

A．要创建一个有界平面，必须建立边界

B．所选线串必须共面并形成一个封闭的形状

C．边界线串只能由单个对象组成

D．每个对象可以是曲线、实体边缘或实体面

3. 下图所示从曲线到曲面是应用了哪个命令实现的（　　　）。

A．直纹　　　　　　B．通过曲线组　　　　C．已扫掠　　　　　D．截型体

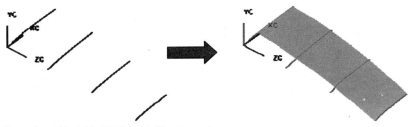

4. "桥接"曲面的连续类型不能是（　　　）。

A．位置　　　　　　B．相切　　　　　　　C．曲率

5. 以下哪个选项不是"样式圆角"创建两个曲面壁之间的弯曲圆角的方法（　　　）。

A．规律　　　　　　B．曲线　　　　　　　C．轮廓（配置文件）D．曲率

6. "使样条向各个数据点（即极点）移动，但并不通过该点，端点处除外。"这句话描述的是创建样条曲线的哪种类型（　　　）。

A．根据极点　　　　B．通过点　　　　　　C．拟合　　　　　　D．垂直于两面

7. "通过条纹反射在曲面上的影像反映曲面的连续性"描述的是（　　　）。

A．剖面分析　　　　　　　　　　　　B．曲线分析—曲率梳

C．面分析—半径　　　　　　　　　　D．面分析—反射

8. 阶次是指描述曲面参数方程的次方数，UG NX中可以定义的最高阶次和一般建议采用的阶次分别是（　　　）。

A．24，5　　　　　　B．12，3　　　　　　C．12，4　　　　　　D．24，3

9. "通过曲线网格"中必须有主曲线和交叉曲线，其中主曲线不可以是（　　　）。

A．一个点　　　　　　B．两个点　　　　　C．一个点和一条曲线

D．两条曲线　　　　　E．多条曲线

【技能实训】

1．利用曲面造型设计知识，对提供的水杯局部曲面（见图 6-2-58（a））创建完整曲面。

要求：G2 连续，平滑过渡（见图 6-2-58（b）），手把内部尽量平顺，并做面/反射分析。

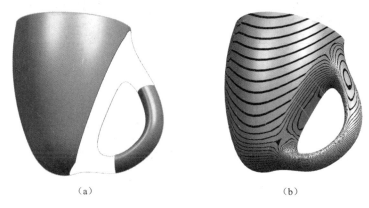

（a）　　　　　　　　　　　　　　　　（b）

图 6-2-58　练习图 1

2．根据所学曲面造型知识，对提供的局部曲面（见图 6-2-59（a））创建完整曲面（见图 6-2-59（b））。

要求：G1 连续，并做面/反射分析（见图 6-2-59（c））。

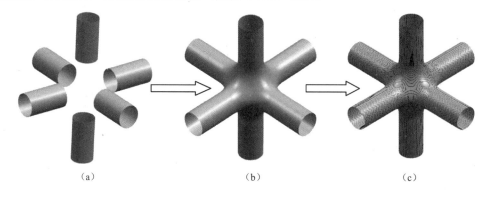

（a）　　　　　　　　　　　（b）　　　　　　　　　　（c）

图 6-2-59　练习图 2